"十四五"职业教育国家规划教材
"十二五"职业教育国家规划教材
经全国职业教育教材审定委员会审定
高等职业教育农业农村部"十三五"规划教材

大学生
职业道德教育

第三版

张守琴 陈德奎 主编

DAXUESHENG
ZHIYE DAODE JIAOYU

中国农业出版社
北 京

内容简介

本教材从职业道德实践的视界，以职场和大学生就业、生存、发展需求为出发点和落脚点，从现代企业文化以及企业家、员工必备的素质着手，系统阐述了职业道德和职业素质及其基本要求，荟萃了古今中外及现代企业典型案例资料，内容丰富、思想深刻、通俗易懂。

本教材以大学生——未来员工的视角进行深层剖析，从大学生自身生存和发展的需要角度出发，向大学生讲述：爱岗敬业可以得到什么，承担责任可以得到什么，积极进取可以得到什么，诚实守信可以得到什么等，不做到这些，你的职业生涯将可能不会有突破性的发展。通过这些内容，避免单一的道德说教，突出职业道德对人生事业成功的作用与意义，引导学生对职业道德价值做出正确的评判，懂得作为一名员工应该珍视什么和坚持什么，有效帮助从业者更快捷地实现职业目标，促使自身职业生涯快速有效发展。

全书分企业之基和立业之魂上、下两篇，共16个模块，主要包括：企业文化、企业家必备的素质、企业需要的员工、培养职业素质、职业道德、职业理想、确立积极进取的工作态度、勇于承担责任、爱岗敬业、诚实守信、遵纪守法、办事公道、团结合作、服务群众、开拓创新、奉献社会等内容，并辅以学习目标、名言警句、案例、案例分析、复习思考等小板块，结构新颖，内容丰富。

本教材既是职业道德教育的教科书，也是可读性极强的通俗读物，还可作为各高等职业院校、成人教育和现代远程教育进行职业道德教育、就业创业指导等的教材和参考书。

第三版编审人员

主　编　张守琴　陈德奎

副主编　王　倩　付晓峰　马富贵

编　者　（以姓氏笔画为序）

马富贵　王　倩　王军威　王蓉生

付晓峰　礼国华　刘海余　关　震

孙新华　李　娜　李明霞　张守琴

陈德奎　赵　越　赵丽梅　贾利香

审　稿　宋连喜　宫麟丰

第一版编审人员

主　编　张守琴　宫麟丰

副主编　陈德奎　严文恒　王军威　王蓉生

编　者　（以姓氏笔画为序）

王军威　王蓉生　礼国华　关　震

孙新华　严文恒　张守琴　陈德奎

赵　越　侯建军　宫麟丰　贾利香

唐守营　陶晓颖　逯永强

审　稿　里　勇　宋连喜

第二版编审人员

主　编　张守琴　陈德奎

副主编　礼国华　贾利香　王军威　赵　越

编　者　（以姓氏笔画为序）

王军威　王蓉生　付晓峰　礼国华

刘海余　关　震　孙新华　严文恒

张守琴　陈德奎　赵　越　侯建军

贾利香　唐守营　陶晓颖　逯永强

审　稿　宋连喜　宫麟丰

第三版前言

青年兴则国家兴，青年强则国家强。中华民族的伟大复兴与党和人民事业的向前推进迫切需要新时代青年大学生的接续奋斗，需要新时代大学生有崇高理想、过硬本领及勇于担当的精神。因此作为今后国家和社会栋梁之才的大学生，在未走出校园工作之前一定要培养和提高自己的职业道德素质。同时作为职业生活中应当自觉遵循的要求与准则，职业道德关系每个人的事业发展与人生幸福，因而职业道德教育是人生的必修课。

高等职业教育是我国高等教育的重要组成部分，针对高等职业教育的培养目标和特点，落实教育部“高等职业院校要坚持育人为本，德育为先，把立德树人作为根本任务”的要求，高等职业院校（简称“高职院校”）必须加强大学生职业道德教育。

中共十九大报告指出：“完善职业教育和培训体系，深化产教融合、校企合作；建设知识型、技能型、创新型劳动者大军，弘扬劳模精神和工匠精神，营造劳动光荣的社会风尚和精益求精的敬业风气。”这为职业教育发展指明了方向，规划了前景。“工匠精神”，既是一种职业精神，同时又是职业道德、职业能力的体现。精益求精、坚持、严谨、专注、创新是工匠须具备的优良品质。大学生终究要步入职场，工匠精神不可缺，职业教育培养学生这些优良品质责无旁贷。

职业道德教育是职业教育的灵魂和生命线。职业道德问题一直影响着大学生就业和自身的发展，也困扰着企业的发展。工匠精神、忠诚担当、团队合作、遵纪守法、奉献社会等，都是大学生步入职场必须面对和亟待提高的问题。因此对大学生开展职业道德教育，防范“职业道德风险”势在必行。这要求高职院校教师既要注重对大学生专业知识、专业技能的教育和培养，还要重视对大学生职业道德素质的培养。一个人若有良好的职业道德，他就会从职业劳动中体会到人生的乐趣，不断完善自我，实现自身的发展，实现人生的价值，促进事业成功。职业道德是一个人职业生涯成败的重要因素。高职院校必须构建由大学生角色向职业人角色转换的对接平台，培养学生的职业道德，使大学毕业生尽可能快地实现角色转换，顺利步入职场。

高职院校需要设立职业道德教育独立的课程体系，体现职业道德教育的基本内容。在职业道德教育实践中，我们率先提出并创建了“大学生职业道德教育企业主修课”这种方式方法，经过近十年的探索和实践证明教师课堂教学、下企业教学和企业培训相结合的办法是行之有效的，也与党的十九大提出的“产教融合、校企合作”要求相符合。本教材正是与这种全新的德育实践教学相配套编写而成。

本教材在第一、二版的基础上进一步进行了修订，根据新时代大学生的职业道德教育内涵，结合高职教育及社会实际，坚持正确的价值导向，与时俱进及时补充新的时代内容，使内容更符合时代要求，案例更贴近学生实际、语言更加准确。

本教材分上、下两篇。上篇为企业之基，充分利用学生顶岗实习时机，在进行专业实践的同时开展职业道德实践。学生走进企业，了解企业和企业文化、了解成功企业家必备的素质、胆略及远见卓识，体验感受企业员工成长经历及企业对员工要求，引导大学生努力培养自身素质，尽快适应企业，成为一名合格的职场人。下篇为立业之魂，以丰富多彩的案例，生动有趣地将职业理想、职业职责、职业纪律等职业道德的基本构成要素和“爱岗敬业、诚实守信、办事公道、服务群众、奉献社会”这一职业道德建设的基本要求与职业精神体现出来，引发学生对职业道德价值的深刻思考，培养其职业道德判断与选择能力。本教材在编写中体现了以下特色：

1. 教育逻辑特色。改变了“知”必致“行”的教育逻辑，代之以“行”致真“知”思维，即以案例之“行”，启迪职业道德之“知”。

2. 校企结合特色。本教材由企业一线人员、管理层人员与高职院校教师共同编写完成，不仅有利于学生真正地认识企业和直面职业的道德需求，更有利于把学生的专业实践与职业道德实践紧密地融合起来，从而实现德育课程的企业主修功能。

3. 内容结构特色。本教材编写打破以往模式，以职业道德实践指导为主，采用模块式结构：每个模块除正文外，又包括学习目标、名言警句、案例、案例分析、复习思考等小版块，以案例为起点，通过案例分析引发思考和培养道德判断力，从而进行详细的知识介绍，强化学生职业道德应用、认知与深刻领悟，拓展职业道德知识与实践视野，从而与学习目标、名言警句一起推动职业道德境界的提升。

4. 案例引导特色。本教材不是抽象的理论体系，而是具有职业性、生动性、趣味性与启发性的感性材料体系，很多内容可以根据企业主修实际来安排学生自学，或采取学生阅读—师资质疑—争鸣探讨—小结诱导的方法来进行。

本教材由辽宁农业职业技术学院的张守琴、陈德奎担任主编，并负责全书的统稿工作；辽宁农业职业技术学院的王倩、付晓峰、马富贵担任副主编，天津中升集团挑战（天津）动物药业有限公司贾利香，大连职业技术学院的王蓉生，辽宁农业职业技术学院的礼国华、王军威、孙新华、李明霞、赵越、赵丽梅、李娜、关震，天津中升集团刘海余参加了编写。全书最后由辽宁农业职业技术学院宋连喜教授、宫麟丰教授审稿。

本教材在编写过程中参考了一些相关书籍和资料，天津中升集团提供了企业相关资料，在此向相关作者及专家致以诚挚的谢意！

由于编者水平有限，书中不当之处在所难免，诚望教育界同仁不吝指出，以便在今后修订时加以完善。

编　者

2019 年 5 月

第一版前言

我国自古以来就有重视德育的传统，新中国成立后历次教育方针的修订也始终把“德育”放在首位。教育部《关于全面提高高等职业教育教学质量的若干意见》（教高〔2006〕16号）强调“高等职业院校要坚持育人为本，德育为先，把立德树人作为根本任务”。

作为职业生活中应当自觉遵循的要求与准则，职业道德关系每个人的事业发展与人生幸福，因而职业道德教育是人生的必修课。

大学生终究要步入职场，职业道德问题一直影响着大学生就业和自身的发展，也困扰着企业的发展。因此，对大学生开展职业道德教育，防范“职业道德风险”，势在必行。然而，以往的职业道德教育却未受到足够的重视：一方面，职业道德教育在高职院校没有设独立的课程体系，而是借助于思想道德修养与法律基础课程的教学蜻蜓点水般地触及；另一方面，在高职院校以专业实践教学体系为根本特色的教育系统中，也不具备条件建立一个完善的职业道德教育课程体系来实现职业道德教育的任务。面临高职教育特殊的教育背景、面对尚无职业理解的教育对象、面对灌输说教式的低效教育行为与思维习惯，如何改革、创新大学生职业道德教育的路径和方法，使其既避免空洞的理论说教，又能较完整地体现职业道德教育的基本内容；既避免庞大的课程体系，又能产生良好的教育效果，就成为教育工作者不断深思和探索的问题。在实践中，我们率先提出并创建了“企业主修课”这种体现“工学结合、校企合作”特征的行之有效的职业道德教育途径和方法，本教材正是与这种全新的德育实践相配套编写而成的。

本教材分上、下两篇。上篇为企业之基，充分利用学生顶岗实习时机，在进行专业实践的同时开展职业道德实践。学生走进企业，了解企业和企业文化、了解成功企业家必备的素质、胆略及远见卓识，体验并感受企业员工成长经历及企业对员工要求，引导学生努力培养自身素质，尽快适应企业，成为一名合格的职场人。下篇为立业之魂，以丰富多彩的案例，生动有趣地将职业理想、职业职责、职业纪律等职业道德的基本构成要素和“爱岗敬业、诚实守信、办事公道、服务群众、奉献社会”这一职业道德建设的基本要求与职业精神体现出来，引发学生对职业道德价值的深刻思考，培养其职业道德判断与选择能力。本教材在编写上体现了以下特色：

1. 教育逻辑特色。改变了“知”必致“行”的教育逻辑，代之以“行”致真“知”思维，即以案例之“行”，启迪职业道德之“知”。

2. 校企结合特色。本教材由企业一线人员、管理层人员与高职院校教师共同编写而成，不仅有利于学生真正地认识企业和直面职业的道德需求，更有利于把学生的专业实践与职业道德实践紧密地结合起来，从而实现德育课程的企业主修功能。

3. 内容结构特色。本教材打破以往模式，以职业道德实践指导为主，吸收企业培训的优点，采用模块式结构。每个模块除正文外，又包括学习目标、名言警句、案例、案例分析、复习思考等小板块，其中以案例为起点，以案例分析引发思考和培养道德判断与选择能力，从而进行详细的知识介绍，来强化学生的职业道德应用、认知与深刻领悟，拓展职业道德知识与实践视野，进而与学习目标、名言警句一起推动职业道德境界的提升。

4. 案例引导特色。本教材不是抽象的理论体系，而是具有职业性、生动性、趣味性与启发性的感性材料体系，很多内容可以根据企业主修实际来安排学生自学，或采取学生阅读—师资质疑—争鸣探讨—小结诱导的方法来进行。

本教材由辽宁农业职业技术学院的张守琴、宫麟丰担任主编，并负责全书的统稿工作；辽宁农业职业技术学院的陈德奎、王军威，天津挑战生物技术有限公司的严文恒和大连职业技术学院的王蓉生担任副主编；辽宁农业职业技术学院的礼国华、孙新华、赵越、关震，阜新高等专科学校的陶晓颖，天津挑战生物技术有限公司的贾利香、唐守营、侯建军、逯永强也参加了编写。全书最后由辽宁农业职业技术学院的里勇、宋连喜审稿。

本教材在编写过程中参考了一些相关书籍和资料，在此向相关作者及专家致以诚挚的谢意。

由于编者水平有限，书中不当之处在所难免，诚望教育界同仁不吝指出，以便在今后修订时加以完善。

编　者

2010 年 5 月

第二版前言

高等职业教育是我国高等教育的重要组成部分，针对高等职业教育的培养目标和特点，为进一步落实教育部“高等职业院校要坚持育人为本，德育为先，把立德树人作为根本任务”的要求，高等职业院校必须加强大学生的职业道德教育。

作为职业生活中应当自觉遵循的要求与准则，职业道德涉及每个人的事业发展与人生幸福，因而职业道德教育是人生的必修课。

大学生终究要步入职场，职业道德问题一直影响着大学生就业和自身的发展，也困扰着企业的发展。对大学生开展职业道德教育，防范“职业道德风险”势在必行。高等职业教育实质上是一种职业教育，这种职业教育要求高等职业院校教师既要注重对大学生专业知识、专业技能的教育和培养，更要重视对大学生职业道德素质的培养。职业道德教育是职业教育的灵魂和生命线。一个人若有良好的职业道德，就会从职业劳动中体会到人生的乐趣，实现人生的价值，促进事业成功，不断完善自我，实现自身的发展。传统观念认为，高等职业教育主要培养学生的专业知识、专业技能。实际上，一个人仅有专业技能是不够的，如果其职业素质差，尤其是职业道德素质差，就很难适应职业要求，更谈不上职业发展了。因此，职业道德是一个人职业生涯成败的重要因素之一。高等职业院校必须构建由大学生角色向职业人角色转换的对接平台，培养学生的职业道德，使大学毕业生尽快实现角色转换，顺利步入职场。

高等职业院校需要设立职业道德教育独立的课程体系，体现职业道德教育的基本内容。但是以往的职业道德教育在这方面做得不够，一方面，已有的高校包括高等职业院校在道德教育方面没有独立的课程体系，而是借助于思想道德修养与法律基础课的教学来蜻蜓点水般地触及；另一方面，缺乏与行业、企业的实际联系，职业道德教育大多局限于一般说教，学生对企业的体验很少，参与程度不高。而各专业课教师和学生普遍存在着专业课比职业道德教育重要的思想，在教学中忽视了职业道德教育，甚至学生在各项技能证书的考试中即便有职业道德课程考试，也大多自学，效果甚微。因此必须完善职业道德教育教学体系。在实践中，我们率先提出并创建了“企业主修课”这种体现“工学结合、校企合作”特征的行之有效的职业道德教育途径和方法，本教材正是与这种全新的德育实践相配套编写而成的。

本教材在第一版的基础上进行了修订，更新了一些案例和有关具体内容，使案例更加贴切、语言更加准确、内容与时俱进。

本教材分上、下两篇。上篇为企业之基，充分利用学生顶岗实习时机，在进行专业实践的同时开展职业道德实践。学生走进企业，了解企业和企业文化、了解成功企业家必备的素质、胆略及远见卓识，体验并感受企业员工成长经历及企业对员工要求，引导学生努力培养自身素质，尽快适应企业，成为一名合格的职场人。下篇为立业之魂，通过丰富多彩的案例，生动有趣地将职业理想、职业职责、职业纪律等职业道德的基本构成要素和“爱岗敬业、诚实守信、办事公道、服务群众、奉献社会”这一职业道德建设的基本要求与职业精神体现出来，引发学生对职业道德价值的深刻思考，培养其职业道德判断与选择能力。本教材在编写中体现了以下特色：

1. 教育逻辑特色。改变了“知”必致“行”的教育逻辑，代之以“行”致真“知”思维，即以案例之“行”，启迪职业道德之“知”。

2. 校企结合特色。本教材由企业一线人员、管理层人员与高等职业院校教师共同编写完成，不仅有利于学生真正地认识企业和直面职业的道德需求，更有利于把学生的专业实践与职业道德实践紧密地融合起来，从而实现德育课程的企业主修功能。

3. 内容结构特色。本教材的编写打破以往模式，以职业道德实践指导为主，吸收企业培训的优点，采用模块式结构。每个模块除正文外，又包括学习目标、名言警句、案例、案例分析、复习思考等小版块。其中以案例为起点，以案例分析引发思考和培养道德判断力，从而进行详细的知识介绍，强化学生的职业道德应用、认知与深刻领悟，拓展职业道德知识与实践视野，进而与学习目标、名言警句一起推动职业道德境界的提升。

4. 案例引导特色。本教材不是抽象的理论体系，而是具有职业性、生动性、趣味性与启发性的感性材料体系，很多内容可以根据企业主修实际来安排学生自学，或采取学生阅读—师资质疑—争鸣探讨—小结诱导的方法来进行。

本教材由辽宁农业职业技术学院的张守琴、陈德奎担任主编，并负责全书的统稿工作；辽宁农业职业技术学院的礼国华、天津中升投资集团股份有限公司挑战（天津）动物药业有限公司的贾利香、辽宁农业职业技术学院的王军威、赵越担任副主编；辽宁农业职业技术学院的孙新华、关震、付晓峰，阜新高等专科学校的陶晓颖，大连职业技术学院的王蓉生，天津中升投资集团股份有限公司的严文恒、侯建军，天津中升投资集团股份有限公司挑战（天津）动物药业有限公司的逯永强、刘海余，挑战（北京）生物技术有限公司的唐守营参加了编写。全书最后由辽宁农业职业技术学院的宋连喜、宫麟丰审稿。

本教材在编写过程中参考了一些相关书籍和资料，其中天津中升投资集团股份有限公司提供了企业相关资料，在此向相关作者及专家致以诚挚的谢意！

由于编者水平有限，书中不当之处在所难免，诚望教育界同仁不吝指出，以便在今后修订时加以完善。

编　者

2014年1月

目录

上　篇

企业之基

模块一

成功企业的不朽灵魂——企业文化

学习目标

了解企业文化在一个企业中的作用和地位；认识到只有认同一个企业的企业文化，才有可能在这个企业中得到成长和发展。

名言警句

1. 企业短期发展需要靠制度，但若要长期发展就必须靠企业文化。

——佚　名

2. 世界上一切资源都可能枯竭，只有一种资源可以生生不息，那就是文化。

——任正非

3. 那些伟大的领导者、伟大的公司、伟大的组织之所以伟大，不仅仅因为他们所具备的能力，还因为他们的个性……

——卡莉·费奥瑞纳

4. 建设企业文化是团队合作的头等大事。

——佚　名

5. 你们这些当老总的，真的把这些死而不亡的文化搞通了，搞懂了，你才能把企业做到基业长青。

——翟鸿燊

案　例

生生不息的华为文化

华为投资控股有限公司是一家股份制民营企业，1987 年创立，当时的注册资本为 2.1 万元，现今已经发展成为拥有 18 万名员工、产品覆盖全球 170 多个国家，2018 年全球销售收入 7 212 亿元、净利润 593 亿元的大型企业；2018 年《财富》世界 500 强排行榜第 72 名、中国民营企业 500 强第 1 名。

32 年过去了，华为已成长为全球最大的电信网络解决方案供应商、全球第一大通信设备供应商、全球第二大电信基站设备供应商、全球第三大智能手机厂商，更是全球领先的信息与通信解决方案供应商，是 5G 革命性技术的先锋。2019 年 4 月 17 日，华为创始人任正非入选《时代》杂志“全球百位最具影响力人物”榜单。

华为之所以能够在行业内发展得如此迅速并确立霸主地位，很大程度上取决于其奉行的“狼性文化”。

华为非常崇尚狼，华为总裁任正非本人时刻保持着危机意识，他认为狼是企业学习的榜样，要向狼学习“狼性”。狼有三大特征，一是敏锐的嗅觉；二是不屈不挠，奋不顾身的进攻精神；三是群体奋斗意识。这三个品质正是华为狼性文化的精髓。

以“狼性文化”为标志，华为的发展更在于综合管理制胜法则，如：华为在组织上强调采取团队运作方式；在工作态度考评上强调集体奋斗、奉献精神；在工资和奖金分配上注重能力不搞平均主义，强调能力和绩效；在知识产权上，保护个人的创造发明；在股权分配上强调个人的能力和潜力。

企业要获得快速发展，不仅需要拥有一位优秀的企业家，还必须拥有一套有效的企业制度和企业文化，这才是企业持续发展的动力源泉。《华为基本法》就是总裁任正非开始建立一个使企业基业长青的制度，一个向“世界级”目标迈进的企业的起点。

1994 年、1995 年，华为开始进入大规模的扩张时期，员工人数迅速增加。而这个时候，华为原有的管理体系已经不能支撑公司的发展。在与中国人民大学的专家们反复交流之后，华为决定委托他们为华为建立一套文化体系，并由此催生了《华为基本法》。

《华为基本法》可以理解为华为用以实现“无为而治”目的的一个重要工具。华为这部总计 6 章、103 条的企业内部规章，内容涵盖了企业发展战略、产品与技术政策、组织建立的原则、人力资源管理与开发，以及与之相适应的管理模式和管理制度等。

在华为的发展史上，这部《华为基本法》具有非同一般的影响力。它是中国第一部总结企业战略、价值观和经营管理原则及企业进行各项经营管理的纲领性文件，也是制定各项具体管理制度的依据。因此，《华为基本法》对于中国企业而言，具有很重要的示范意义。

案例分析

企业文化是一个企业的灵魂，将会指引企业前进的方向；企业文化也是衡量员工称职与否的重要手段，优秀的企业文化将会极大地促进企业的发展，帮助企业超越制度而实现无为而治。以企业文化为先导来经营企业，是华为的基本理念，从而引领华为不断发展壮大。

一、企业文化是企业的灵魂

美国知名管理行为和领导权威约翰·科特教授与其研究小组，用了 11 年时间对企业文化对企业经营业绩的影响力进行研究，结果表明：凡是重视企业文化因素特征的公司，其经营业绩远远胜于那些不重视企业文化建设的公司。

（一）企业文化内涵

企业文化是在一定的环境条件下，企业在组织生产经营活动过程中形成的具有本企业特色的文化观念、文化形式和行为模式，以及与之相适应的制度和组织机构。企业文化体现了企业及其成员的价值准则、行为规范、共同信念及凝聚力。

企业文化特指企业在长期生产经营活动中确立的，被企业全体员工普遍认可和共同遵循的价值观念和行为规范的总称。通俗地讲，就是每一位员工都明白怎样做是对企业有利的，而且都自觉自愿地这样做，久而久之便形成了一种习惯；再经过一定时间的积淀，习惯成了自然，成了人们头脑里一种牢固的“观念”，而这种“观念”一旦形成，又会反作用于（约束）大家的行为，逐渐以规章制度、道德公允的形式成为众人的“行为规范”。

企业文化是企业的灵魂，是推动企业发展的不竭动力。它包含着非常丰富的内容，一个企业由其价值观、信念、仪式、符号、处事方式等组成的特有的文化形象，构成企业文化。其核心是企业的精神和价值观。

企业文化是一个由核心层、中间层和外围层构成的多层次的生态系统，根据内容大致可以分为理念层、制度层、行为层、物质层，企业文化的各个层面是和谐统一、相互渗透的。

（二）汇聚力量的中升文化

下面以中升文化为例，更直观、更深入地了解企业文化内涵及其富有的生命力。

天津中升投资集团股份有限公司（以下简称天津中升集团）是一家拥有12家全资及控股子公司的综合型高新技术股份制农业产业化集团公司，分布在天津、安徽、黑龙江、吉林等地。总部位于环渤海经济带中心城市——天津。集团现有业务涉及实体投资、原料药及饲料添加剂、动物保健品、饲料、养殖、食品和国际贸易等领域。

经过10多年的发展，集团以高效的产品和精湛的技术赢得了业界的广泛认可，先后被认定为“天津市科技型中小企业”“国家火炬计划重点高新技术企业”。集团成功获得了50多项授权专利，2011年集团成为兽用化学药品产业技术创新战略联盟24家创建单位之一，被评为“中国畜牧兽医科技创新领军企业”，2012年12月荣获西青区企业技术中心、青年就业见习基地称号。

天津中升集团能够在竞争激烈的市场站稳脚跟，保持快速稳定的发展，一个重要原因是培育了凝聚人心、不断向上的企业文化，中升集团独特的企业文化理念及核心价值观、行动导向体系激发每个员工创新的活力，从而为企业快速稳定发展提供了强大的精神动力和团队凝聚力。

企业文化理念是企业所形成的具有自身特点的经营宗旨、价值观念和道德行为准则的综合。企业一贯性的活动必定是在一个长期形成的较深层次的“想法”支配下进行的，而这个想法就是企业理念。世界上的成功企业之所以能够与众不同、鹤立鸡群，是因为他们有一套独特的优秀的企业理念。在发展过程中，中升集团沉积了深厚的文化底蕴，这是宝贵的精神财富，形成了比较强大的中升力量。

1. 融汇上升力量的企业徽标　企业徽标是一个符号，也是一种标志，更是一种象征。

外形上，天津中升集团的企业徽标融合“中”“升”二字，左右对称，上下呼应。“中”字内部含着上升的箭头，把中升集团的名称形象化地表现了出来。

色彩上采用绿色与蓝色的融合，表现了绿色生态与蓝色科技的结合，展示了中升集团在动物保健品、饲料等相关产业中以科技创新为基础、以绿色生态为目标的企业发展路径。

天津中升集团的企业徽标虽是一个标志，但却有着深刻的内涵。“中”字寓意着中升集团以“雄厚的实力、超前的思维、持续的行为”来打造“行业中的主角”“社会中的主流”“发展中的主导”的决心。徽标内部的箭头表达了“升”的寓意，表示上升的力量，表达了集团作为一个坚强的整体朝着发展目标迈进的拼搏状态。

中升集团的企业徽标以形象的方式通过造型及色彩的综合运用，集中展现了集团的理念、实力与发展思路，并以醒目、简洁的视觉效果表达了对集团蓬勃发展的期望与祝愿。

2. 提升执行力的企业法则 中升集团制定了一系列法则，如诚信法则、人本法则、精品法则、创新法则、服从法则、感恩法则，遵守这些法则集团长远发展就有了保障。

诚信于员工，诚信于客户，诚信于社会，这是中升集团长远发展的根本保障。关爱员工，以人为本，就能形成更强的凝聚力。不断出精品，企业不断创新，“永远都比别人快半步”，集团就会更具活力，也更具竞争力。服从是执行力的重要表现，在责任与任务面前没有任何理由推脱，“保证完成”、挑战自我激发员工的创造活力。秉承一颗感恩的心，感谢企业、感激家人、感恩社会，让团队更融洽，让社会更和谐，让生活更阳光。

3. 凝聚人心的核心价值体系 科学的企业价值观是天津中升集团企业文化的核心。建立一个科学的、能够让员工都认同的价值观非常重要。天津中升集团董事长董泽武说：“在中升事业成长壮大的历程中，企业文化已成为统一中升人价值追求、连接中升人理想抱负的思想纽带，根植于每一位中升人的精神世界里。文化是中升事业生生不息的‘基因密码’，不仅对如何凝聚人心、外树形象有着明确的导向，而且对如何进一步提升中升集团的创造力与和谐发展力有着准确的定位。”

在企业发展壮大的过程中，天津中升集团形成了包括核心价值观、企业发展愿景、企业使命、企业精神在内的一系列核心价值体系，成为增强企业凝聚力的强大力量。

核心价值观：仁爱聚力，精诚致远。

（1）仁爱聚力。“仁”是儒家文化的核心思想，是建立和谐人际关系的基本道德准则，是中升集团重要的管理思想。通过仁爱治企，将中升人紧紧地凝聚在一起，让员工找到归属，体现出中升集团海纳百川的胸怀，以此为基础，在集团内部形成彼此尊重、相互关爱的文化氛围。

（2）精诚致远。“诚”是中国传统道德观中为人处世的根本道德标准，是“礼”的核心范畴和人生的最高境界，是中升集团长期推崇的基本信念和奉行的目标。中升集团坚持以客户为中心，健全诚信机制，建设诚信文化，为社会奉献优质产品，为广大客户提供增值服务。

“仁爱聚力、精诚致远”是中升集团内部管理与外部经营的完美融合，将中升集团多年来形成的文化底蕴融为一体，体现出中升集团明礼为先、诚信为本的高贵品质。

发展愿景：树行业影响力品牌，建农业产业化集团。

发展愿景是企业及其内部全体员工共同追求的企业发展愿望和长远目标的情景描述，对企业发展具有导向功能，对员工具有激励与凝聚的作用。

“树行业影响力品牌、建农业产业化集团”的发展愿景凝聚了中升人对未来发展的美好愿望与期盼，是中升集团永不停歇的事业追求。

中升集团始终以战略的眼光规划未来，以动物保健品产业为基础，发展饲料及化工产业，逐步进入养殖产业，实现从原料到配套再到终端产品的产业链模式。产业化经营模式将不断提升中升集团的竞争力，强化其在行业中的话语权。

企业使命：引领技术进步，推动行业发展，服务健康生活。

企业使命是企业核心价值观的载体和反映，是企业生存与发展的理由，是企业承担的最根本、最具价值、最崇高的责任和任务。

“引领技术进步、推动行业发展、服务健康生活”是中升集团的根本任务，也是实现其长远发展的重要基础。

自创业以来，各成员单位始终把质量问题放在首要位置来抓，相继通过了质量安全认证，用安全、可靠的产品服务于广大客户。面对新的机遇与挑战，中升集团需积极引进先进技术和优秀人才，加强科技创新与应用，强化自身科研实力，推动行业技术水平的不断提高。

企业精神：创业，创新，创享。

企业精神是企业员工共同的内心态度、思想境界和理想追求，是企业历史传统、创业意识、价值观、行为准则、精神动力的综合反映。

（1）创业是秉承的态度。中升人要志存高远，树立坚韧不拔的斗志，发扬艰苦奋斗的精神，始终保持创业的激情，用实际行动强化自身的事业心和责任感，提高工作主动性、积极性。

（2）创新是持续的过程。广大员工需要培育创新思维，勇于开拓、锐意进取，在工作过程中敢于打破束缚，尊重他人的不同意见，在内部形成尊重创新、鼓励创新的文化氛围。

（3）创享是奋斗的目标。团队成员应坚守工作岗位，积极进取，努力实现与集团共同的发展目标。要强化员工的自豪感与归属感，同心同德，为中升事业的长远发展携手努力。

“三创”的企业精神是中升集团优良传统的高度提炼与统一，体现了中升人刚健的品格、积极向上的心态以及永不满足的进取精神，是中升集团持续发展的精神动力。

4. 科学规范的行动导向体系　天津中升集团在实践中逐步形成了包括思想道德准则、职业道德准则和用人、生产、管理、服务、研发等理念在内的行动导向体系。

公司制定了员工必须遵守的思想道德准则，如捍卫国家尊严，维护国家利益；遵守国家法律，信守社会公德；尊重民族习惯，与人和谐共处等。同时制定了员工必须遵守的职业道德准则，如热爱本职工作，完成任务高效；遵守上班时间，做好岗前准备；举止标准规范，姿态端庄得体；严守公司机密，保护客户信息等。这些准则的制定使员工首先从思想上重视，行动上有章可循。同时天津中升集团还把先进的理念渗透到各个环节、各个方面，如确定了人本化、制度化、标准化、精细化的管理理念；信任、善任、胜任的人才理念；真诚、专业、快捷、安全的服务理念；契合市场需求、注重价值转化的研发理念；勤思广行、蓄力提升的工作理念；严格标准、严守规程、严控品质的生产理念；凝结智慧、互信共融的团队理念；整合资源、把握先机、勇于开拓、快速行动的市场理念。

企业文化是企业生存的基础、发展的动力、行为的准则、成功的关键，它贯穿于企业发展的全过程，渗透于生产经营的各个方面。确立企业文化的一个重要目的就是建设一支意志统一、行动一致、执行有力、活力充沛的职工队伍，让职工在参与中获益，在娱乐中感受，在工作生活中实践，在潜移默化中提高，从而促进企业和谐有效地持续发展。

二、企业文化影响员工的思想和行为

员工是企业最宝贵的财富之一，对于企业文化而言，员工是企业文化的积极参与者和建设者。企业文化成功与否的关键就在于员工是否认同，是否接受，是否执行企业文化制度。人创造了文化，享受文化，传承文化，企业文化最终是指向人、关心人的，因而企业文化必然对企业员工有深刻的影响。

（一）企业文化增强员工对企业的认同感

企业中人是最活跃的生产要素。人的工作效率，取决于他们对于其他人和事的基本看法和态度。员工认同企业的看法和做法，做起事来就爽快，并且会从工作中得到极大的心理满足；员工如果不认同企业的看法和做法，压力超过人的承受力，内心就会抗拒，就要怠工或罢工，做事自然也就马马虎虎，很难发挥出主观能动性和聪明才智，工作业绩自然也就无法接近理想的要求。

> 安然公司的倒闭震惊世界。因为它的超常规发展带有一种传奇色彩，由一个不起眼的地方性企业在短短几年中迅速发展成为世界级的大集团。它的经营理念是为获得成功不择手段，对内部员工采取残酷的优胜劣汰制度，即“压力锅”文化。前安然公司石油和天然气勘探部门负责人福里斯特·霍格伦说：“驱动力是一种非凡的形象，并且使其业绩记录不断上升。”但是这种“只能成功”的格言在这种环境下，使偷窃他人成果变成很平常的事情。一位安然公司的员工心有余悸地描述到：“在公司中处处感受到尔虞我诈、弱肉强食，下班时不但要把文件资料锁在柜子里，还要仔细地检查一遍，以免被同事窃取，使自己的劳动成果化为乌有。”在安然，失败者总是中途出局，获胜者会留下来，做成最大交易的那些人可以得到数百万美元的奖金。
>
> 这是安然公司的“赢者获得一切”的文化的缩影。该公司的雇员说，必须保持安然股价持续上升的压力，诱使高级管理者在投资和会计程序方面冒更大的风险。他们说，其结果就是虚报收入和隐瞒越来越多的债务，从而造成“一座用纸牌搭成的房子”。必然的结果是树倒猢狲散。是安然公司恶劣畸形的企业文化把它自己放置在火山口上，导致其毁灭倒闭也不足为奇。

只有得到员工认同的企业文化，才是有价值的企业文化。从表面上说，企业文化可以通过醒目的标志、标语口号、员工行为、着装规定、公司历史、传奇事迹、公司惯例及各种仪式等体现出来。然而，在这些有形文化特征的背后，那些不可见更不可触摸的企业核心价值观、信仰以及全体员工的共同假设（shared assumptions），才是企业文化的核心。公司徽标、宣传栏、办公室布局、组织里曾发生的某些光辉事迹，可能会得到员工的认同，但远不足以赢得员工的信任或改变他们的观点，也远不足以让公司在市场中获胜。公司的文化必须被员工认同，才能提高工作效率。

荀子云：“木受绳则直，金就砺则利。”这是说环境对事物的影响不可低估，而人最容易受环境的影响。一个企业效益可观，充满活力，如日中天，企业在社会上的形象光彩夺目，这个企业的员工走出去就会让人羡慕，在这种企业环境中工作的员工会因自己是该企业的一员感到自豪，对企业形象会有强烈的认同感。千万别小看这种对企业形象的认同感，它会使每一位员工的行为举止自觉地维护好企业形象，从而促进员工在工作中努力为企业创造财富，使企业不断发展壮大，企业形象更完美；在生活中会注意自己的言行，即使在社会交往中也会有所选择，尽量结交正派的朋友，参与健康向上的活动。所以良好的企业环境对员工影响的结果，必然使企业更兴旺，社会形象更美好，形成良性循环。

要得到大家的认同，企业高层管理者应该创造各种机会让全体员工参与进来，共同铸就优秀的企业文化。

（1）要强化宣传。确定适合企业员工的核心价值观、企业精神，加强宣传攻势，像海尔那样，高频率、全覆盖、多渠道地宣传，潜心入脑、家喻户晓。

（2）从点滴做起。企业文化的精髓更集中在企业日常管理的点点滴滴上。作为企业管理者，不管是高层还是中层，都应该从自己的工作出发，首先改变自己的观念和作风，从小事做起，从身边做起。

在思科广泛流传着这样一个故事：一位思科总部的员工看到他们的总裁钱珀斯先生大老远地从街对面小跑着过来，这位员工后来才知道，原来钱珀斯先生看到公司门口的停车位已满，就把车停到街对面，但又有几位重要客人在公司等着他，所以他只好小跑着回到公司。因为在思科，最好的停车位是留给员工的，管理人员哪怕是公司总裁也不能享有特权。再比如通用公司，他们有一个价值观的卡片，要求每个人必须随身携带，就连总裁也随时都会拿出这个小卡片，对员工进行宣传、对顾客进行讲解。

（3）采取易于被员工接受的方式。企业文化的理念大都比较抽象，因此，企业领导者需要策划、寻找各种适合员工的方式，传播企业理念，做到潜心入脑。蒙牛集团把理念故事化，即把企业理念变成生动活泼的寓言和故事进行宣传。蒙牛集团的企业文化强调竞争，他们通过非洲大草原上“狮子与羚羊”的故事，将企业文化生动活泼地体现出来：清晨醒来，狮子的想法是要跑过最慢的羚羊；而羚羊此时想的则是要跑过速度最快的狮子。“物竞天择、适者生存”，大自然的法则对于企业的生存和发展同样适用。有的企业把故事理念化。在企业文化的长期建设中，先进人物的评选和宣传要以理念为核心，注重从理念方面对先进人物和事迹进行提炼，对符合企业文化的人物和事迹进行宣传报道。在一家合资公司的企业文化咨询项目中，他们按照企业文化的要求进行先进人物的评选，并在公司内部和相关媒体上进行了广泛的宣传，让全体员工都知道为什么他们是先进的，他们做的哪些事是符合公司的企业文化的，这样的榜样为其他员工树立了一面旗帜，同时也使企业文化的推广变得具体而生动。

（二）企业文化激发员工的积极性和挑战性

企业的员工能否主动积极参与工作，将直接决定着企业的经营绩效。有效的文化有助于员工工作积极性的提高，在这种文化氛围中的员工通常会自主进行工作，而无须别人请求或要求采取行动，并使自己和企业获得成功。不仅如此，员工还会主动承担其工作责任。与此同时，在激烈的市场竞争中，企业的发展常常会面临各种压力，这种压力通常会使企业有着这样或那样的挑战性工作。高绩效的企业文化能提高员工面对挑战性的勇气和自信心，使员工主动接受这些工作，进而提高企业对环境的应变能力。

（三）企业文化激发员工的团队精神与创新精神

高效的企业文化能营造良好的氛围，促进企业员工团队精神和创新精神的培养。团队精神在企业发展中的重要性日益被人们所认识，其具体表现为：团队成员在提高个人绩效的同时能帮助他人提高工作绩效，并提高团队的绩效。优秀的团队常常是由多种类型的成员组成的，例如有的成员表现出优秀的组织才能，能够将成员组织起来，并根据各自不同的特长将组织的任务分解给成员；有的则以充沛的活力和积极向上的进取精神影响并激励其他成员努力工作，提高团队的整体绩效；有的实事求是，以诚恳的态度指出他人的不足，并帮助其改进，或者以勤恳踏实的态度，快速完成工作，促进团队绩效的提高等。

在竞争激烈的市场中，创新精神对企业来说也是非常重要的，在很多行业中，一个企业如果想要处于领先地位，或者是想保持已有的竞争优势，都必须有很强的创新能力。一个具有创新能力的企业不仅其员工要具有创新能力，而且还要能创设帮助他人进行创新活动的组织结构与程序（企业文化）。在鼓励创新的企业文化中，企业的员工对新的工作方法和工艺程序持积极态度，能在工作中找出创新点，并主动试验改革，积极创新。

（四）企业文化激发员工对自我发展的追求

对自我发展的追求表现为人们对不断成长、学习和发展的强烈愿望并将其行动化。在高效的企业文化中，企业能为员工提供多种发展机会以发挥他们的专长与技能，而员工能在众多技能中选择适合自己以及自己未来发展所需要的技能。通常，自我发展能力强的员工能对自己所拥有的技能进行准确评价，并努力获得进一步发展所需要的技能，这些员工能寻找并把握有利于自身成长的机会，在自我发展中促进企业的发展。与此同时，高效文化中的员工常常能虚心听取他人对自己的评价，并尽量从他人那里获得自身所不具有的长处。

当代企业大都已经建立了自己的企业文化。模仿也好，借鉴也罢，这些都已经不重要了。重要的是，在建立了企业文化之后，要重视企业文化的维护、创新和发展，要总结和挖掘出适合自身企业发展的核心经营理念，同时随着企业外部环境的变化、企业内部自身的发展，不断地补充和更新。凡是一成不变的企业文化，不但对企业的发展没有积极作用，相反会有消极作用，封闭和墨守成规只会成为企业进一步成长的“绊脚石”。

三、企业文化是企业制胜的法宝

哈佛商学院通过对世界各国企业的长期分析研究得出结论：“一个企业本身特定的管理文化，即企业文化，是当代社会影响企业本身业绩的深层重要原因。”现代经济活动往往是经济、文化一体化的运作，经济的发展比任何时候都呼唤文化的支持。任何一家想成功的企业，都必须充分认识到企业文化的必要性和不可估量的巨大作用，在市场竞争中依靠文化来带动生产力，从而提高竞争力。

（一）企业的生存和发展离不开企业文化

《世界企业家》讯：从美国的金融危机、华尔街的垃圾债券、日本的黑大米事件，再到中国的三鹿奶粉事件、襄汾溃坝事件，这些仅仅是经济发展与社会文明冲突的小小的缩影。其中的共同“根源”和“元凶”，就是没有高尚文化、文明道德、价值伦理和规范制度约束的“资本的贪婪”。

经济发展的过程可以说是一个文化发展的过程。就像不同的自然资源会形成不同的市场一样，不同的文化资源也会形成不同的市场。如在美国、日本等国家的海外华人圈，资本的积累方式有很大的差别，原因在于它们的文化差异很大。产权明晰和自由贸易很重要，但不能保证经济的发展。文化必须是总体上支持商业和企业家精神的文化，而鼓励企业家精神的方式会因文化背景的不同而有所不同。了解文化在经济中的作用对于了解不同文化走向经济繁荣的道路至关重要。西方培养孩子的方式是培养他们成年以后的冒险精神，这是企业家必备的素质；儒家思想注重长远规划，这可能是一些亚洲国家储蓄率较高的原因之一；非洲部落的血缘关系提供了一张关系网，商人可以通过它获得培训和启动资金。一些经济政策能够在某个社会取得成功，却不一定适用于其他文化背景的社会。只有认识不同文化背景为市场参与者提供新机会的方法，才能理解文化在经济发展中的作用。有利于经济增长的文化模式是在吸收不同方面的文化因素中形成的。

美国历史学家戴维·兰德斯在《国家的穷与富》一书中断言："如果经济发展给了我们什么启示，那就是文化乃举足轻重的因素。"同样，企业的生存和发展也离不开企业文化的哺育。诺贝尔经济学奖得主诺思说过："自由市场经济制度本身并不能保证效率，一个有效率的自由市场制度，除了需要有效的产权和法律制度相配合之外，还需要在诚实、正直、公正、正义等方面有良好道德的人去操作这个市场。"市场经济是信用经济，必须建立信用文化。

优秀的企业文化应该以人为本，以顾客为中心，努力服务社会，同时，平等对待员工，平衡相关者的利益，提倡团队精神，并鼓励创新。世界500强企业管理演变的历史证明，那些能够持续成长的公司，尽管它们的经营战略和实践活动总是不断地适应着变化的外部世界，却始终保持着稳定不变的核心价值观和基本目标。在不断发展的过程中又能保持其核心价值观不变，正是世界500强企业成功的深层原因。

文化是经济发展的深层推动力，用文化手段促进国际贸易，已经成为西方发达国家的"国际营销艺术"。在产品质量达到一定程度时，对产品的市场地位和由地位决定的价位以及产品的市场销售量发挥重要决定作用的是产品自身的文化含量。有文化的企业未必都成功，但没有文化的企业注定不会成功。如何科学地继承和发扬中国优秀的传统文化，吸取国学精粹与人文底蕴，融合西方先进的科学技术和管理思想，科学地总结中国企业管理理论与实践，对于探索适合中国国情的中国化管理之路，提升中国企业的生命力与核心竞争能力，具有很强的现实意义。

（二）企业文化能推动企业提高核心竞争力

在现代企业的治理过程中有两个重要的工具：一个是"硬件"，即企业的治理结构和管理制度；另一个是"软件"，那就是企业文化。管理制度能告诉员工该干什么和不该干什么，而企业文化却能把来自五湖四海的员工融合到一起，使他们为了一个共同的目标而奋斗。

企业文化作为一种无形资产同时也是一把无形的利器，对企业能力的形成、保持和促进都起着根本性的作用，是企业的灵魂。健康的企业文化，能使企业在生产经营的实践过程中逐步形成企业的基本价值观、企业精神、企业目标和道德规范，提高职工的思想、文化、科技和业务素质，增强企业的战斗力和凝聚力。在一个拥有优秀企业文化的企业中工作，会觉得有一种自豪感，从而产生自信心，在一种相对宽松的心理环境中生活，对个人的身心健康和事业发展都会产生积极的作用。

企业的竞争力可分为三个层面：第一层面是产品层，包括企业产品生产及质量控制能力，企业的服务、成本控制、营销、研发能力；第二层面是制度层，包括各经营管理要素组成的结构平台、企业内外环境、资源关系、企业运行机制、企业规模、品牌、企业产权制度；第三层面是核心层，包括以企业理念、企业价值观为核心的企业文化，内外一致的企业形象，企业创新能力，差异化、个性化的企业特色，稳健的财务、拥有卓越的远见和长远的全球化发展目标。第一层面是表层的竞争力，第二层面是支持平台的竞争力，第三层面是最核心的竞争力。从这一结论中我们可以看出企业文化对企业增强竞争力的重要作用。

企业文化简单明确，价值观得到组织成员的广泛认同，在这种价值观指导下的企业实践活动中，企业的主要成员会产生使命感，员工对企业及企业的领导人、企业形象将产生强烈的认同感。这是企业文化成为企业发展内在动力的基础。

（三）企业文化铸就企业品牌

企业文化和企业经济实力是构成企业品牌形象的两大基本要素，二者相辅相成。企业品牌展示一个企业的形象，企业形象是企业经济实力和企业文化内涵的综合体现。评估一个企业的经济实力如何，主要看企业的规模、效益、资本积累、竞争力和市场占有率等。

企业如果形成了一种与市场经济相适应的企业精神、发展战略、经营思想和管理理念，即企业品牌，就能产生强大的团体向心力和凝聚力，激发员工的积极性和创造精神，从而推动企业经济实力持续发展。

（四）企业文化能促使企业可持续成长

众所周知，物质资源总有一天会枯竭，但是企业文化却是生生不息的，它会成为支撑企业可持续成长的支柱。世界上著名的长寿公司都有一个共同特征，就是它们都有一套坚持不懈的核心价值观，有其独特的企业文化。企业文化的本质体现在其核心价值观上，企业成长的可持续关键是它追求的长治久安的核心价值观要被接班人确认，接班人又具有自我批判的能力，这样就能使核心价值观在适应技术与社会环境变化的前提下得以继承和延续。

虽说没有好的企业文化的企业也可以成长，但没有好的企业文化的企业却难以实现可持续成长。没有文化就好像没有灵魂，没有指引企业长期发展的明灯，因而无法获得牵引企业不断向前发展的动力。文化不解决企业赢利不赢利的问题，文化只解决企业成长持续不持续的问题。从这个意义上说，企业能否不断成长为世界级企业，成为长寿公司，与企业文化建设的成败有着密切关系。

（五）良好的企业文化是企业留人的法宝

在当今，知识时代的来临使人才成为企业生存和发展的关键。企业引入大量的优秀人才，并留住人才，对企业的发展来说是非常重要的。因为这些是能够推动企业实现升值的人力资本。对这些人才的争夺已经成为当前国际竞争的一个重要方面。“最重要的不是金钱，而是企业文化。”如果单纯以金钱报酬为标准，只会造成员工没有归属感，频繁跳槽，企业不敢对员工培训进行投资，长此以往，形成恶性循环，对人才成长和企业发展都会造成消极影响。一项全球性的人力资源统计数字表明，在跨国公司中，89%的辞职人员说，他们并不是因为报酬太低而提交辞呈的。

只有努力把自己的企业文化培育成优秀的企业文化，形成一股强大的凝聚力和向心力，才有可能达到不战而屈人之兵。时不我待，面对市场竞争的日趋激烈，面对知识经济的时代潮流，培育优秀的企业文化已迫在眉睫。撑起一根树枝，你将赢得一片绿荫；撑起一把雨伞，你将赢得一方晴空；撑起企业文化的大旗，你将赢得企业的腾飞！

总之，一个优秀的公司必然会形成自己的文化，没有文化的公司就如同一个人没有灵魂。优秀的企业文化就是强化以人为本，发挥文化观念的引导作用和文化机制的激励作用，培养追求创新、参与竞争的群体意识，促进企业管理的现代化。作为企业文化核心，人是企业精神的基石，企业价值观体现企业的宗旨和信念，具有导向、凝聚、规范、激励的功能。成功的企业往往能创造一种使企业全体员工衷心认同的核心价值观和使命感、一个促进员工奋发向上的心理环境、一个确保企业经营业绩不断提高、积极推动组织变革和发展的企业文化，为每一个员工提供一种共同的理想追求，重视信仰与企业价值观的塑造，这便是企业成功的原动力。

复习思考

1. 什么是企业文化？
2. 你认为什么样的企业文化是优秀的企业文化？
3. 企业文化的作用是什么？

模块二

成功企业的制胜法宝——企业家必备素质

学习目标

了解一个成功企业家必备的素质；明确企业家成功的关键。用心学、用心做，准备好，成功离你不远。

名言警句

1. 心胸只能装下柴米油盐，那就只能得到柴米油盐。心胸能包容天下得失，那就一定能够得到天下人的认同。

——佚　名

2. 能舍一池之水，便能做一池之主；能舍一江之水，便能成一江之气。

——佚　名

3. 留一步路宽，让一分人前。

——佚　名

4. 做成功一个店之后离你大的成功就不远了，所以你首先就是脚踏实地、集中精力地先做出一家，也是要放弃掉连锁的这种，不要在将来如何做连锁方面做太多的梦，先脚踏实地做出第一家。

——史玉柱

5. 经常想着如何往前进一步，一旦停止了这种想法，就代表开始退步。

——野村德七（野村证券公司创办人）

6. 如果运气不好的话，干脆忘掉命运这回事，全力以赴地工作吧！

——稻盛和夫（京都陶瓷公司名誉董事）

案　例

史玉柱与他的巨人集团

从巨人汉卡到巨人大厦，从脑白金到黄金搭档，史玉柱是具有争议和传奇色彩的创业者之一。

他曾经是莘莘学子万分敬仰的创业天才，5 年时间内跻身财富榜第 8 位；也曾是无数企业家引以为戒的失败典型，一夜之间负债 2.5 亿元；而如今他又是一个著名的东山再起者，再次创业成为一个保健巨鳄、网游新锐，身家数十亿的资本家。史玉柱再次崛起的故事，突显出“执着与毅力”的魅力与价值。事业的跌宕起伏、世间的是非议论，唯有敢与苦难做伴的人，才能从跌倒的阴影中爬起来，迈向成功。

史玉柱独特的商业禀赋——发现能力、创造力能、市场感觉、营销手段等，使他成为中国改革开放40年来少有的商业人物。

1989年，一个安徽省统计局的年轻干部向单位递交了辞职申请，打算南下深圳。面对家人和朋友的反对，他的回答很简单：“如果下海失败，我就跳海。”后来，一家叫“上海健特生物科技有限公司”的企业成立，推出了一款畅销十多年的保健产品“脑白金”。当时，没有人知道，运作这款保健品的人与几年前运作“脑黄金”的是同一个人。而且，这个人还背负着巨额债务。2009年，是这个人在商海里打拼的第20个年头，在这20年里，他经历过荣辱盛衰、大起大落，直到再次成为令人景仰的成功商人。这个人就是史玉柱。

如果说史玉柱的第一次成功，源于他的“本我”——对成功的强烈渴望和敢闯敢拼的赌徒天性，那么，他的第二次成功，源于他的“超自我”——高度的理性对“本我”的克制，他改变了自己。

案例分析

企业家的胸怀决定企业的规模，这是大家公认的观点，也是企业家必须牢记的一个观点。企业的成败与企业家的修养、气质有很大关系，因为企业家很多的气质和修养都是企业家胸怀的反映。在企业管理中，有了胸怀才能容纳思想，有了思想才有智慧，有了智慧才有思路，有了思路才有出路。思路决定出路，目标决定胜负，态度决定高度，这是企业发展的必然。所以，要想真正把握事物，就要从把握事物的根源做起，拥有良好的胸怀。

心量豁达、胸怀坦荡正是现代企业家的必备素质。这不仅是保持企业不断进步的需要，而且是企业家本人不断提高的需要。所以，现代企业家应当不断加强自己的胸怀修养，真正达到心胸包天地。并且，企业家贵在拥有不怕失败的冒险精神和百折不挠的拼搏精神。

一、心胸宽广是成功企业家必备的素质

企业家所具备的素质能力，是整个企业管理工作的灵魂所在，夸张地讲它关系到一个企业现在和未来的发展，这是从小处讲；从大处讲，国家的经济是以千千万万的企业的创收为基础的，如果企业家缺乏管理企业所具备的素质，企业的效益上不去，整个国家的经济就会随之衰落，这样说来企业家的素质能力并不是一个小问题。

（一）现代企业家的胸怀内涵

改革开放后，我国企业发展迅速，涌现出了一批批成功的创业者，但半路夭折者也不在少数。究其原因，除了企业生存发展的环境的影响之外，主要与创业者本人的综合素质有关：有的创业者小富即安，量小难容他人，导致企业人才流失，合伙人闹分裂，甚至亲人间也恩断义绝；有的创业者自高自满，目中无人，没有长远的发展眼光，致使企业缺乏发展后劲，一步步走向没落。归根结底，这是一个企业家的心胸问题。的确，经济的发展多元化要求现代企业家应具备更为宽广的心胸，以适应企业在更大范围内的发展。

作为一位成功的现代企业家，其胸怀的内涵应该包括什么呢？其实，成功企业家的胸怀内涵并不神秘。

首先，成功企业家的胸怀是冤枉、委屈和不理解撑大的。企业家要站在整个企业的角度，去思考问题、制定策略、安排人员。为了企业的发展，企业家有时不得不牺牲局部利益。在这个过程中，难免造成部分人员的不理解，甚至误解。加上我国的人情传统习惯，致使企业家不得不在为企业发展付出精力和汗水的同时，还要承受冤枉、委屈、不理解。这时的企业家必须豁达大度，让自己的心胸不断扩大。只有这样，企业家才不会患得患失、斤斤计较，才能避免盲目冲动和决策失误。

另一个方面就是要站得更高、看得更远。企业家既要胸怀全局，又要躬行务实。企业的经营环境在不断转化，面临的竞争情况也在时刻改变。企业家必须站在时代、行业的高度去思考发展战略，既要长短结合，又要虚实相配，在胸怀中透出智慧，确保企业长足发展。

第三个特点是敞开胸怀、拥抱发展。企业家的首要责任就是促使企业不断地发展壮大，成功的现代企业家更应如此。企业家必须敞开自己的胸怀，不断接受新的信息，进行开放性思考，不为小利所困惑。既要有政治家的心胸，又要有金融家的信誉；既要有经济学家的头脑，又要有军事家的胆略。

胸襟开阔、雍容大度是中华民族的优良传统，有容乃大不仅是历代明君的治国策略，也是成功领导人必备的基本素质。同样，这种美德对于现代企业的管理者来说也显得越发重要，更是成功的现代企业家的必备素质。那么，一个现代企业家应具备什么样的心胸呢？

（二）海纳百川，有容乃大

现代企业家如果胸怀狭隘，没有容人、容物的度量，不仅难以成就大事业，恐怕也难以与人亲切地交往、和睦地相处，甚至内心也永远感到孤单、寂寞。企业家拥有宽大的胸怀不仅能收揽人心，在自己身边聚集优秀人才，还能使人心悦诚服、同心协力、互助互爱，同时，也可以使自己头脑清晰、心态平稳，见识、胆识随之而拓展，为来日谋求更大的发展打下基础。古往今来，凡成大业者必有过人心胸。

> 战国时期，楚庄王有一次因征战大获全胜而在国都大宴文武群臣。有一人乘狂风吹灭蜡烛之机拉住了楚庄王爱妃许姬的衣袖。许姬在黑暗中抓住对方的缨带，要求庄王立即点亮蜡烛。但庄王却不动声色，反而要求在场的所有人都解开缨带，摘下帽子，开怀痛饮，尽欢而散。后来，在庄王讨伐郑国时，有一部将唐狡骁勇善战，威震敌胆，立下赫赫战功。庄王下令重赏他，唐狡却谢绝了。他告诉庄王，宴会上拉许姬衣袖的就是自己，大王却对此不予追究，令他感恩不尽，所以舍命相报。正是庄王过人的心胸，才得到唐狡奋力死战的回报。

企业家在企业充当的角色就是庄王，在经营管理中也必须有容人之过、谅人之短的心胸。只有这样，才能稳稳地笼络住人心。身为企业领导，容人是首要之德。能容一个班的人，只能当班长；能容一个团的人，只能当团长；能容亿万人的人，就能成为亿万人的领袖。现代企业家就是要以领袖的心胸来要求自己，以便真正适应企业发展的需要。

豁达，是楚庄王绝缨之宴上的宽宏大量；是韩信被辱后的挥之而去和衣锦还乡后的宽容忍让；是曾国藩书信中的坦然自若；是一位老者在传家之宝被鉴定为赝品之后的淡然一笑。这是一种胸襟、一种气度，更是一种修养。

心胸宽则能容，能容则众归，众归则才聚，才聚则企业强，这是企业制胜的基本之道，也是企业健康成长的基本原则。

心胸宽则思路广，思路广则出路多，出路多则竞争力强，竞争力强则企业兴，企业兴则国家旺，国家旺则人民才能得到真正的幸福。

（三）大度量，是大智慧

“将军额上能跑马，宰相肚里能撑船”，这是企业家的大修养。清末名人曾国藩家族中有件代代相传的趣事。相传曾国藩在京城做官时，有一天，湖南老家来信，称府上为盖新宅，与邻居为一墙之隔的地界发生争执，几乎闹到要打官司的地步，甚是不快，老家的人欲求助于曾国藩的权势。曾国藩收到此信后，便联想起康熙年间大学士张英写的诗。于是，他写了一封长信给弟弟曾国潢，并附上张英的诗：“千里修书只为墙，让他三尺又何妨。长城万里今犹在，不见当年秦始皇。”曾家父子兄弟读了曾国藩的信和诗后，心胸豁然开朗：“让他三尺又何妨！”于是，毅然将地退缩了三尺。曾家的这一举动深深地感动了邻居，邻居不仅不再与曾家争执，见自家的地很方便曾家，也秉着“让他三尺又何妨”的宽容，转让给曾家扩建新宅。于是，就有了历史上著名的“六尺胡同”。企业家又何尝不应如此呢？要有谦让之德、容人之肚、纳人之量，既展现自己的风范，又赢得他人的尊重，这是一种大智慧的体现。

（四）从志向和抱负中，往往可以看出企业家的心胸

什么样的胸怀反映什么样的抱负，自古此说极多。宋朝的辛弃疾志在恢复祖国山河，胸怀大众，为祖国的统一奋战了一生。周恩来读中学时便有了“为中华之崛起而读书”的志向，他鞠躬尽瘁，死而后已，为民族的独立、国家的稳定做出了不朽的贡献。大志向需要大心胸，胸不藏志，再大的抱负也只能是纸上谈兵。企业要想做大做强，企业家就要站得高一点、看得远一点。

（五）企业的战略、人格化、价值观体现胸怀

从本质上说，企业的战略是企业家胸怀的体现。企业家有多大的胸怀，想做多大的事业，就会制定相应的战略措施。相反，从企业的发展战略措施也可以看出企业家的胸怀所在。如果心胸之中只有眼前利益，总盘算一己私利，这种企业采取的战略就必然以私利为核心，注定不能获得真正的成功。

挑战集团的企业价值观：“知识和人才是宝贵的财富，品质和服务是永恒的主题；人的价值高于物的价值，共同的价值高于个人的价值。”在挑战集团的企业价值观中可以清楚地看到一个字——“人”，“以人为本”是该集团的核心价值观，以人为中心，以关心人、爱护人的人本主义思想为导向，把人才培养作为重要内容。挑战集团强调在员工技术训练和技能训练上投资，把人的发展视为目标，以此作为企业提高效率、获得更多利润的途径。

企业家的胸中所藏直接反映出企业家的价值观问题，企业家的价值观体现在企业当中就是企业的“人格”。为了大多数人的利益、为了时代的使命而发展企业，企业家的价值观就是社会化的、利他的，企业在社会上体现出来的“人格”就是服务大众、为大众谋福利的。所以，企业家的胸怀就是一扇窗，从中可以看出企业家的人格、价值观，更能体现企业战略、企业前途。

(六) 心量扩展法

企业的发展要求企业家不断地扩展自己的心量，不断地更新自己心胸中的信息结构。扩展心量的方法很多，以下5个方面是必须注意的：

1. 大舍而后大取，没有舍就没有得 小取小舍是百姓的胸怀，大取大舍则是将相之气。心胸只能装下柴米油盐，那就只能得到柴米油盐；心胸能包容天下得失，那就一定能够得到天下人的认同。故能舍一池之水，便能做一池之主；能舍一江之水，便能成一江之气。现代企业家要懂得取舍之道的真谛，善于取舍方能扩展心量。

2. 走过炼狱到天堂 企业家要想始终保持企业的发展壮大，就要有承受巨大痛苦的心理准备。实际上，真正意义上的心胸开阔是在不断的痛苦考验中锻炼出来的。企业家追求的是更大的成功，需要宽广的胸怀，必须承受巨大的痛苦。只有从炼狱中走出来的人，才会发现通向幸福的途径，才会达到通过炼狱到天堂的境界。

3. 学会“释怀” 世间万事皆有不足：天倾西北，地陷东南，天地尚且如此，何况人乎？成大业者要有平常心，要有那份拿得起、放得下的豁达与豪迈，要显英雄本色。耿耿于怀的小家子气，既伤害自己身体又影响企业士气。得与失在企业发展中皆属正常，胜与败更是兵家常道。几分超然，几分大度，放心胸于天地间，置得失于坦然处；留一步路宽，让一分人前，学会“释怀”方见天地宽。

4. “夹着尾巴做人”是心胸开阔的真谛 “夹着尾巴做人”并不是说企业家要畏首畏尾、瞻前顾后，而是提倡企业家要有谦虚的美德，站在高处看远处，通过提高自身修养汇集百家之长。相反，自高、自傲、自大则是心胸狭小的表现，不是真正企业家的本色。

5. “忍让、中庸、和合”的诀窍 企业家在扩展心量的过程中，要注重不断学习。在这方面，必须明白三个道理：

(1) 忍让。忍让是心量扩展的基本功，也是企业家必备的基本素质。在历史上，孔子、韩信等许多伟人都是在承受了奇耻大辱之后才名达天下的。企业家在很多时候也需要“忍辱负重”，才能最终实现自己的目标。

(2) 中庸。中庸之道乃为人之道、为官之道、为财之道、为业之道，同样也是扩展心量之道。只有真正把握了中庸之道，才能把握胸怀中的度与量的关系，才能不偏、不倚、不盲。立中正之胸气，求开阔之心怀。

(3) 和合。和合是一个较高的境界，它包括了和生、和处、和立、和达、和爱的观念。只有这样，才能为企业的发展寻求到更合适的方法与途径。

二、成功企业家必备的能力和良好的素质修养体系

(一) 成功企业家必备的能力

1. 冒险能力 成功企业家要有冒险能力，即勇于承担风险的能力，不敢冒险的人是不会求新求变的，也不可能创新和进取。风险其实并不可怕，因为风险有时可以成为契机，但企业家不能盲目地冒险，他们理智的分析和行为会使失败的概率降低，成功的概率提高。

2. 创新能力 创新意识是企业家的生命与灵魂，也是企业家青春永驻的奥秘。创新和冒险在某种程度上是统一的，创新会使行为的结果产生很大的不确定性，不确定性又是冒险行为的前提。

3. 主动能力　企业家是企业的带头人，要有一种主动工作和主动影响他人的自动自发的能力。企业家要有一种永远积极向上的心态，面对困难和变幻莫测的环境从不低头。企业的活力，归根结底是企业家的活力。

4. 奉献能力　企业家应该承担更多的社会责任，只注重眼前利益，放弃社会公德，是不能持续发展的。企业家是否具备责任感和奉献精神直接决定了员工的工作热情和创造力。如果没有胸怀天下的旷达胸襟，如果没有以提高社会和人民的利益为己任的大度之气，是很难成为一个高瞻远瞩的企业家的。

5. 学习能力　在科技飞速发展，社会文化和社会意识日益更新，行业竞争日益激烈的社会背景下，企业家如果不学习，那就是后退。此外还要会学习，能够理清头绪，善于分析和抓住主要矛盾。失败并不可怕，关键是要从中总结出经验教训来。一个能力暂时不是很强的人，只要坚持学习，善于学习，一定会成为一个能力出众的人。

6. 拼搏能力　企业家是时代的"弄潮儿"，也是拼搏奋进的先锋。在激烈竞争的夹缝中成长和壮大需要更大的勇气和毅力。只有靠着顽强拼搏的能力，企业家才能带领员工锐意进取，创造出企业的辉煌。

7. 人文能力　企业家应该是以天下为己任，具备完整高尚的人格，对社会有所建树和贡献，并站在历史的高度总揽企业全局，推动一个企业乃至一个行业发展的人。企业家要以尊重人、识别人、培养人、用好人、留住人的观念来培养和锻炼员工，使员工具备创新才能，员工以严守承诺的工作作风和团结、创新、积极向上的精神状态投入企业，共同推动企业的发展，从而达到人企合一的境界。

8. 团队能力　企业家应多考虑如何将部门间的断层衔接起来，发挥团队的整体作用，避免扯皮和推诿。要使员工不但愿意动脑筋，愿意主动地做事，而且善于与周围的人合作。

9. 沟通能力　企业家最显著的特点就是要有全方位的沟通能力，包括对内和对外两方面的沟通。聪明的企业家会在"尊重"和"激励"上下工夫，了解员工的需求，然后满足他，而不是欺压他、解聘他。

（二）"三识"与"三性"

企业家素质是指作为企业领导者的企业家要管理好企业应具备的素质。一个企业家良好的素质与修养是企业取得成功的关键。

企业家的良好素质与修养首先在于"三识"与"三性"的培养。"三识"即胆识、见识与学识；"三性"即悟性、韧性与理性。

1. 胆识　就是企业家有胆有谋、有魄力、勇于竞争、善于挑战，就是要高瞻远瞩具有远见卓识，要足智多谋有韬略，要机智果断能随机应变，要标新立异敢与创新。企业成功的关键就在于及时把握市场的机遇，勇于创新、敢于冒险，及早地做出决策和采取行动，始终走在同行业的前列。

著名经济学家熊彼特认为企业家的唯一职能就是创新。他认为创新就是建立一种新的生产函数，就是把生产要素按一种新的方法组织起来。这就是说，把一种从来没有过的生产要素和生产条件的"新组合"引入生产体系。熊彼特把企业创新分为五种情况：①引进新产品；②引进新技术，即新的生产方法；③开辟新的市场；④采用新的原材料；⑤实现新的组织。企业家就是要不断创新，引进新的生产要素和生产条件的"新组合"，从而推动企业的迅速发展。

2. 见识 就是企业家要有丰富的经营管理经验，要能了解整个市场、技术发展的趋势，了解国家的政策趋向，能迅速预见未来环境的变化，审时度势，权衡利弊，迅速做出反应，采取相应的政策措施，制定出相应的战略目标，使企业立于不败之地。

市场经济条件下，企业家要懂得市场运行的基本规律。市场经济讲求效率、讲求竞争，同时竞争中存在着危险。这就要求企业家在经营过程中要有竞争意识，更要有风险防范意识。济南三株集团的失败很大程度上就是因为集团领导人缺乏风险意识，没有合理地预期经营过程中可能出现的风险，建立起风险防范体系。当一件小小的“常德事件”发生后，就失去了对策，结果使企业遭受了巨大的损失。

3. 学识 就是企业家要思维敏捷，知识渊博。在现代知识经济社会和信息社会，企业家必须牢牢掌握三方面的知识：一是有关本企业经营领域和相关领域的技术知识；二是丰富、先进和完善的现代管理科学、决策科学、领导科学理论和方法体系；三是有关计算机科学、信息科学的知识。除此之外，企业家还应掌握一定的诸如法律、社会学、环境科学等其他学科的知识。

目前，我国很多企业家都缺少科学的经营管理知识。许多企业家都是因为在市场经济改革浪潮中抓住了某一个机遇而成功的。当企业发展到一定的规模后，这些企业的经营管理者就不知道如何去运作和经营他们的企业了。他们往往不知道如何去分析、发现和认识市场环境中存在的机会与威胁，不懂得如何去评价企业自身的优势和劣势，不懂得科学决策的程序，从而无法为企业的生存与发展制订正确的战略目标，企业的发展没有明确的方向，这种企业最终只有失败的可能。

4. 悟性 就是要求企业家有迅速接受知识的能力。企业家要有很强的思维能力、记忆存储能力、逻辑推断能力，要有敏锐的洞察力和科学的预测决策能力。企业家往往都是“千里眼”“顺风耳”。企业家有敏锐的眼光，能从纷繁复杂的现象、数据资料中把握本质、反应迅速，能在别人睡醒动身之前早行一步。

5. 韧性 这是企业家成功的保障，它体现了企业家的人格魅力。企业家往往都有坚强的意志、稳定的情绪和丰富的情感，都有不达目的不罢休的毅力，都有对自己从事的经营管理事业崇高的敬业精神，有克服自己情绪冲动的忍耐力和克制力。只有这样，企业家才能在经营管理中，做到不骄不躁，沉着冷静，才能激发出企业家最大的智慧。

6. 理性 就是要讲求实事求是。其实，实事求是讲起来容易做起来难，做到了什么事情都容易解决。江苏省华西村原党委书记吴仁宝就说过：“千难万难，实事求是最难，讲了实事求是，就没有过不去的难关。”企业家在经营管理中，一定要按照市场经济的客观规律办事，切忌主观臆断、盲目冲动去做决策，这样只会导致决策的失败。

中国很多企业家身上都缺乏一定的理性。沈阳飞龙集团总裁姜伟在总结他失败的原因时就说过，因为缺乏理性才导致了他的失败。世界著名投资专家沃伦·巴菲特曾讲过：“我的成功并非源于高的智商，我认为最重要的是理性。我总是把智商和才能比作发动机的动力，但是输出功率，也就是工作的效率则取决于理性。”由此可见，理性对于一个企业家成功地经营管理一个企业来说是相当重要的。而中国很多企业家往往在取得了一定的成功后，就让胜利冲昏了头脑，不按客观规律去办事，异想天开。比如有的集团，成立没几年就要成为世界500强；有的集团刚有点发展，就要建亚洲第一大厦。另外，中国还有很多企业都有“世界企业500强情结”。当然，这里并不是说不需要为企业的发展制订远景目标，关键在于目标的制订要具有科学性，要站在战略的角度，否则理想只会变成空想、幻想。

（三）高尚的道德情操

除了认真培养上述“三识”与“三性”之外，一个优秀的企业家良好的素质修养还表现在：企业家应具有高尚的道德情操，要把自己个人的利益与整个企业和整个社会的利益联系在一起，要顾全大局。企业家制订战略决策和目标一定要以满足人民的生活需求、提高人民的生活水平和促进整个社会的进步为出发点，要以民族沧桑为己任，只有这样，企业才能获得长期的生存与发展。企业家还应敢于负责，勇于承担责任。特别是在现代市场经济条件下，现代企业公司制最大的特点就是实行企业所有权与经营权的分离，而且企业只对债务清偿负有限责任。企业家一般只是公司、企业的经营者，不是所有者。企业所有权与经营权的分离能让真正懂管理的人才来经营、运作企业，有利于企业的生存与发展。但同时也产生了一系列的矛盾，比如所有者与经营者之间目标不同，即所有者与经营者为了追求自身利益而产生的目标取向不一致；信息不对称，即经营者掌握有关生产经营过程的全部信息，而所有者很难获得；责任不对等，即经营者对企业经营失败承担的责任、遭受的损失要比所有者小得多。正因为存在这样的矛盾，就容易产生经营者不负责任的决策行为，甚至直接侵害所有者的利益。这就更加要求企业家的决策行为一定要对整个公司的资产负责，要保证国有资产的保值与增值。这些品质对于我们社会主义国家的企业家来说显得尤为重要。

说到道德，不能不提到我国古代儒家管理思想的“义利观”。“义”主要是指对管理者的道德要求，“利”主要是指管理者的物质及精神需要。孔子曰：“富与贵，是人之所欲也；不以其道得之，不处也。贫与贱，是人之所恶也；不以其道得之，不去也。”“志士仁人，无求生以害人，有杀身以求仁。”荀子曰：“先义而后利者荣，先利而后义者辱；荣者常通，辱者常穷；通者常制人，穷者常制于人，是荣辱之大分也。”“义之所在，不倾于权，不顾其利，举国而与之不为改视，重死、持义而不桡，是士君子之勇也。”这些都说明了一个普通的道理，用到这里，那就是企业家制定战略决策和经营管理过程中，要以国家利益、人民利益和整个企业集体的利益为重，要考虑企业的长远发展。在我国改革开放和市场经济体制建立与完善的过程中，海尔、长虹、联想、北大方正等企业之所以能够取得快速的发展，不能不说除了得益于张瑞敏、倪润峰、柳传志、王选等优秀企业家优秀的经营管理素质与修养外，还与他们高尚的道德情操有关。他们总是以民族沧桑为己任，从长远出发，全局出发，来考虑企业的发展。

（四）企业家的素质与修养体系

上述企业家的素质与修养的综合形成了企业家的素质与修养体系。这个体系由三个部分组成：一是企业家的基本素质修养，包括企业家完备的知识体系、高尚的道德情操、高的智商（IQ）等；二是企业一般经营管理方面的素质与修养，包括企业家应掌握现代先进的管理科学理论与方法，充分了解市场环境发展的规律、发展趋势，有敏锐的政治头脑等；最后是最高层的战略决策素质，包括企业家高的情商（EQ），即坚强的毅力、稳定的情绪、丰富的情感、崇高的敬业精神，还包括企业家的远见卓识，企业家要能解放思想、实事求是等。企业家要有勇于竞争、善于挑战、敢于冒险、敢于承担责任的精神，要有标新立异、富于创新的精神。前两部分是整个体系的基础，是每一个普通经营管理者都应有的基本素质。只有后一部分才是整个体系的核心，它不是一般经营管理者所能具备的，它要通过企业家在长期实践过程中的自我修养和锤炼才能形成。只有具备战略决策素质与修养的经营管理者才能称得上真正的企业家。

复习思考

1. 你认为企业家应该具有怎样的心胸?
2. 优秀企业家应具有哪些能力?
3. 企业家良好素质与修养体系是什么?
4. 你距离优秀企业家还有多远?

模块三

成功企业的成败关键——企业需要的员工

学习目标

了解企业最需要的员工类型，要想成为一名合格的员工应该具备的素质；明确什么样的员工能够在企业受到青睐和器重并且能够脱颖而出，快速发展。

名言警句

1. 有德有才破格重用；有德无才培养使用；无德有才限制使用；无德无才坚决不用。

——牛根生

2. 员工精神是每一个优秀员工必备的职业精神，也是最基本的职业道德准则——职业基准。

——埃得加·沙因

3. 能力可锻炼，热情是关键；如果你有远见，又勤奋努力，你将来就更有可能实现你的目标；想成就大事业，就应该更新观念，大胆地推销自己。

——佚　名

两名超市职员给我们的启示

爱诺和布诺同时被一个超市聘用，开始都从最底层干起，可不久爱诺受到总经理的青睐，一再被提升，从领班到部门经理，布诺却一直在最底层混。终有一天，布诺向总经理辞职，并痛斥总经理不善识人，辛勤工作却不提拔，倒提拔那些吹牛拍马的人。

总经理耐心地听着，他了解这个小伙子，工作肯吃苦，但缺少点什么。为了说服布诺，总经理请他做一件事。

总经理说：

“你马上到集市上去，看看今天有卖什么的。”

布诺很快从集市回来说，刚才集市上只有一个农民拉车马铃薯卖。

“那一车约有多少袋？多少千克？”总经理问。

布诺又跑去，回来说有10袋。

“价格多少？”布诺再次跑到集上。

总经理望着气喘吁吁的布诺说："请休息一会儿，看爱诺是怎么做的。"说完叫爱诺，对他说："你马上到集市上去，看看今天有卖什么的。"

爱诺很快从集市回来，汇报说："到现在为止，只有一个农民在卖马铃薯，有10袋，价格适中，质量很好，且带回几个让经理看。这个农民过会儿还要弄几筐番茄上市，据他估计价格还公道，可进些货。这个价的番茄经理可能会要，所以不仅带回几个样品，且把老农带来了，他正在外面等回话。"

总经理看了一眼红了脸的布诺，说："请他进来。"

不用总经理说，布诺现在肯定知道为什么爱诺一再被提拔，而自己却一直在最底层的原因了吧？

案例分析

在公司里工作，一定要学会用业绩说话，用创新说话，否则你很难有出头之日，除非你对自己的事业目标毫无指望。

现在是一个讲究张扬自己个性的时代，尤其是身处职场的人们，在关键时刻恰当地张扬，不失为一个引起上司注意的好办法。

相信你能使自己活得更好，这只是第一步。要使自己的远见真正有价值，还需要和另一能力结合起来：如何使远见变成现实。有远见但不能把它变成现实的人，只是空想家。

如果你想解决问题，就必须负起责任，不要期待别人拔刀相助，要相信自己有解决问题的能力。如果期待别人的帮助，只会得到失望，更糟糕的是你可能变得愤世嫉俗而一事无成。

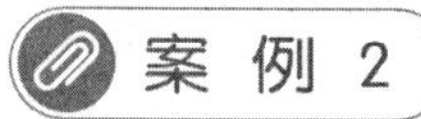

给加西亚的信

美西战争爆发后，美国需要立即与西班牙的反抗军首领加西亚取得联系，以获得他的支持。加西亚在古巴丛林的山里，没有人知道确切的地点，所以无法带信给他，而美国总统必须尽快地获得他的支持。

有人对总统说："有一个名叫罗文的人有办法找到加西亚，也只有他才找得到。"他们把罗文找来，交给他一封写给加西亚的信。罗文拿了信，把它装进一个油纸袋里，封好，放在胸口。三个星期之后，他徒步走过危机四伏的国家，把那封信交给了加西亚。

讲到这里，要强调的重点是，美国总统把一封写给加西亚的信交给罗文，而罗文接过信之后，并没有问："他在什么地方？"是的，罗文没有提问，其实他也不知道加西亚在什么地方。但是在他接过这封信的时候，他就以一个军人的高度责任感接过了一项神圣的任务。也许他会因为这项任务付出生命，但他什么也没有说，他所想到的只是如何把信送给加西亚。

案例分析

罗文这样高度负责的态度，的确值得大家学习。想要取得成功，所需要的不仅仅是书本上的知识和他人的种种教导，更需要一种孜孜不倦的敬业精神，而这种精神就源于一个人对工作的忠诚的信念。

司机威林热情周到的服务

一天，《纽约时报》著名专栏作家哈维·麦克在机场排队等候出租车。当一辆出租车停在哈维面前时，他眼前一亮，这辆车一尘不染，司机穿着整洁的白衬衫，系着黑领带，裤子熨烫得十分平整。他走下车来为哈维打开后车门，同时，他递给哈维一张薄薄的卡片说："我是您的司机威林，在我给您装行李的时候，希望您能够阅读一下我的工作介绍。"哈维拿起卡片看了起来："威林的任务：让我尊贵的顾客沉浸在愉快的氛围中，通过最快捷的、最安全的并且是最为廉价的路线，到达他的目的地。"哈维心里为之一振，尤其是他注意到出租车内同它的外观一样，也是一尘不染。哈维坐在座位上后，威林说："您要来杯咖啡吗？热水瓶里有加糖咖啡和无糖咖啡两种。"哈维说道："不用了，我还是喜欢喝点饮料。""没问题，在小冰箱里面有可乐、水，还有橙汁。"哈维有点惊讶，差点口吃起来："我，我还是来杯可乐吧。"递给哈维饮料后，威林说："如果您想看点东西的话，车里有《华尔街日报》《时代周刊》《体育画报》和《今日美国报》。"车开起来了，威林递给了哈维另一张卡片："这是我所搜集的播放音乐的电台频率，如果您喜欢的话，可以听一下收音机。"接着，威林问哈维车内温度是不是合适。然后，他为哈维制订出到达目的地的最佳路线。"告诉我，威林，你一向这样为顾客服务吗？"后视镜中的威林面带笑容："不，实际上，仅仅是最近两年才这样。在开始 5 年中，我的大多数时间都用来抱怨，就跟大多数出租车司机一样。后来，我在收音机中听到了心理学专家韦恩·戴尔的成长经历，他在一本名为《只要相信就能实现》的书中写道：'如果你在早上起床就期盼会有糟糕的一天，你将不会失望，因为糟糕的事情肯定会如约而至。停止抱怨！在竞争中改变自己，不要做鸭子，要做一只鹰。鸭子喋喋不休，抱怨不停，而鹰则越过人群展翅高飞。'"威林说："他真的让我茅塞顿开，韦恩说的就是我，我就是喋喋不休、抱怨不停，所以我决定改变自己的生活态度，变成一只鹰。"故事中的威林肯定是那种特别受顾客欢迎的司机，也正是顾客需要的司机。在企业中，同样需要这样的员工：他们不会像鸭子一样抱怨，而是像鹰一样在高空展翅翱翔。

案例分析

当企业员工对工作的难易程度、待遇的高低、工作环境的好坏等斤斤计较、怨声载道的时候，他们有没有经常自我反省：与社会提供给我的回报相比，我是否付出了足够的努力？我足够敬业吗？如果让我把信带给加西亚，我能吗？敬业首先要爱岗，一个人一旦爱上自己的职业，他就会全身心地投入到工作中，焕发出动力与热情。即使在平凡的岗位上，也能做出不平凡的事业。敬业的实质是投入并快乐地工作，达到"不是要我做，而是我要做"的境界。

总之，公司需要的就是能为企业创造价值的员工。他们站在企业立场，及时为企业解决问题，并主动提出合理化建议。敬业爱岗，努力工作，不计代价，有责任心，勤奋学习，敢于创新，如能做到这点，你一定是不可替代的员工，就是公司需要的员工。

一、企业最需要的员工

一个具有较高职业素养的人会受到企业的欢迎，因为对于一个企业来说，员工职业素养的高低决定了企业未来的发展，也决定了员工自身未来的发展。是否具备职业化的意识、道德、态度和职业化的技能、知识与行为，直接决定了企业和员工自身发展的潜力和成功的可能。

（一）企业用人标准举例

现代企业的竞争首先是人才的竞争，人才是企业最宝贵的智力资本。国际上的知名企业在人力资源的使用上各具特色，但又有相似之处。那么企业到底喜欢什么样的员工？

1. 挑战企业人才标准：忠诚，合作，能干，肯干 在天津中升集团挑战（天津）动物药业有限公司（以下简称挑战公司）吉林市场，有一个25岁的女孩，穿着朴素，性格开朗，每当公司有技术问题，考虑人选的时候，一定是她。她去过全国好多城市和农村，从不抱怨，不考虑个人得失，面对困难总是爽朗一笑，说："挑战一下。"据说这也是她选择挑战公司的原因之一。在一个大雪纷飞的寒冬，气温－18℃，上午7点多，一个养殖户走进了药店，说1 500只蛋鸡掉蛋很严重，已经三四天了。她问了半天，怕讲不明白耽误病情，就主动要求出诊。养殖户告诉药店大姐说不远，她就喊了一个三轮车，这车跑起来是四面漏风，她听说很近，连大衣也没套，结果在寒风中行驶了40多分钟才到。此时她已经瑟瑟发抖，养殖户让她坐到炕上暖一暖再说，可她一声怨言也没有，径直走进了鸡舍，看了现场，解剖了鸡，开完药就又乘车返回药店。回去时她脸和手发青，药店大姐边帮她暖手边说："傻姑娘，这药不卖还不行吗，那还是身体重要啊！"她说："也不是卖不卖药的问题，养殖户不容易，他们把全部家当都压在这点鸡上了，吃饭、供孩子上学都指着它，这个时候只能指望我这个兽医了，他着急，我更急。"她病了也从不耽误工作。总之，她走过的地方有口皆碑，对她的技术极其认可，对她的为人赞不绝口，也因此，公司把她提到重要的岗位。

挑战企业用人原则：第一，认同挑战企业文化；第二，以岗选人，用其所能；第三，能者上，平者让，庸者下；第四，不唯学历，不唯过去。

2. 诺基亚的企业文化的核心是"以人为本" 体现在人才的判断价值上，公司是通过两个方面去实践"以人为本"的：一是硬件系统，包括专业水平、业务水平和技术背景，一般由部门的执行经理来考察；二是软件系统，包括沟通能力、创新能力以及灵活性等，一般由人力资源部门来考察。

3. 摩托罗拉用5个E作为衡量人才的标准 第1个E——envision（远见卓识）：对科学技术和公司的前景有所了解，对未来有憧憬；第2个E——energy（活力）：要有创造力，并且能灵活地适应各种变化，具有凝聚力，带领团队共同进步；第3个E——execution（执行力）：不能光说不做，要行动迅速，且有步骤、有条理、有系统；第4个E——edge（果断）：有判断力，是非分明，敢于并且能够做出正确的决定；第5个E——ethics（道德）：品行端正、诚实、值得信任、尊重他人、具有合作精神。

4. 壳牌公司招聘人才主要是着眼于未来的需要，所以十分看重人的发展潜质 公司把发展潜质定义为"CAR"，即分析力（capacity），能够迅速分析数据，在信息不完整和不清晰的情况下能确定主要议题，分析外部环境的约束，分析潜在影响和联系，在复杂的环境中和局势不明的情况下能提出创造性的解决方案；成就力（achievement），给自己和他人有挑战性的目标，并能做出成果，百折不挠，能够权衡轻重缓急和不断变化的要求，有勇气处理不熟悉的问题；关系力（relation），尊重不同背景的人提出的意见并主动寻求这种意见，表现诚实和正直，有能力感染和激励他人，能坦率、直接和清晰地沟通，能和他人建立富有成效的工作关系。

5. 宝洁公司把对人才素质的要求归结为 8 个方面　领导能力、诚实正直、发展能力、承担风险、积极创新、解决问题、团结合作、专业技能。需要指出的是这 8 个方面是并列的，没有先后顺序，“诚实正直”和“专业技能”一样重要。

以上各大公司选才的相似之处可以归结为：做事有勇气、诚实可靠、讲原则、敬业、合作。

（二）老板最需要的员工

世界上没有两片完全相同的叶子，每个人都有自己最闪亮的一面。员工要想成为企业的中流砥柱、栋梁之才，除了提升自身技能外，提升职业素养也是必需的。说到底，人才最大的体现在于价值。一名最有价值的员工应该做到：先要有自己的付出，然后才有公司对自己的回报；善于站在对方的角度想问题，用希望他人对待自己的方式去对待他人；在工作中永远充满紧迫感；让自己成为一个解决问题的人，而不是问题制造者；从来不会说“这不是我的工作”。

1. 脚踏实地，自我提升　自觉地努力工作，努力地提升自身的素质和工作技能，不要只在意公司能否给你加薪、升职。在踏踏实实完成本职工作的同时，适当地做一些力所能及的其他工作，从小事开始做起，累积不同经验。事无大小，只要抱着学习的心态，就能从任何事情中习得所需要的知识和经验，而这种知识和经验的累积，在日后的工作中，必定会带来助益。

2. 打造良好的人际关系　要用真诚和服务的态度来打造你的人际关系圈。良好的人际关系能够让工作变得快乐，促进团队合作，增进企业凝聚力，提升工作效率。以己度人，以己思他，在工作中要懂得换位思考，试着站在他人的角度思考问题。打造良好的人际关系，营造和谐的团队氛围，往往能够让工作事半功倍。

3. 注重提升工作效率　“一寸光阴一寸金”，在这个寸阴寸金的时代，时间就是金钱，提升工作效率就是在相同的时间内为企业创造更多的价值。提升工作效率能够降低企业成本，提升企业竞争力，为企业带来经济效益。提升工作效率也就是要告诉你的老板，你愿意努力让他所花费的钱物有所值，甚至物超所值。

4. 成为解决问题的人　要学会成为老板的希望和助手，在工作中遇到问题时，你自己要想办法去解决这些问题，而不是把遇到的问题留给老板。老板有其自身的工作和责任，而员工要做的就是帮助老板分忧解难，而不是拿一些琐事去增加老板的工作。那些不论老板是否安排任务、自己主动促成业务的员工，交付任务、遇到问题后不会推脱的员工，能够主动请缨、排除万难、为公司创造价值的员工，是老板最需要的员工。“听命行事”不再是优秀员工的模式，积极主动的员工才是企业需要的。

身为企业的一员，如果能积极主动地提出合理化建议，将对整个公司的发展产生十分积极的意义。我们来看看企业需要的那种为企业发展提出合理建议的员工在哪里。

故事发生在美国鞋业大王罗宾·维勒的工厂里。当时，罗宾的事业刚刚起步。为了在短时期内取得最好的效果，他组织了一个研究班子，制作了几种款式新颖的鞋子投放市场。结果订单纷至沓来，以至于工厂生产忙不过来。为了解决这个问题，工厂招聘了一批生产鞋子的技工，但还是远远不够。这可怎么办？如果鞋子不能按期生产出来，工厂就不得不给客户一大笔钱作为赔偿。于是，罗宾召集大家开会研究对策。主管们讲了很多办法，但都不行。这时候，一位年轻的小工举手要求发言："我认为，我们的根本问题不是要找更多的技工，其实不用这些技工也能解决问题。为什么？因为真正的问题是提高生产效率，增加技工只是手段之一。"大多数人觉得他的话不着边际，但罗宾却很重视，鼓励他讲下去。他怯生生地提出："我们可以用机器来做鞋。"这在当时可是从来没有过的事，立即引起大家的哄堂大笑："孩子，用什么机器做鞋呀？你能制造这样的机器吗？"小工面红耳赤地坐下去了，但是他的话却深深触动了罗宾，罗宾说："这位小兄弟指出了我们的一个思想盲区：我们一直认为我们的问题是招更多的技工，但这位小兄弟却让我们看到了真正的问题是要提高效率。尽管他不会制造机器，但他的思路很重要，因此，我要奖励他500美元。"老板根据小工提出的新思路，立即组织专家研究生产鞋子的机器。4个月后，机器生产出来了，从此，世界进入了用机器生产鞋子的时代，罗宾·维勒也成了美国著名的鞋业大王。

企业在发展过程中总是会不可避免地遇到许多问题，一旦发现公司内部存在一些问题、一些不利于公司发展的情况时，员工需要做的不是躲在角落里埋怨，而是应该站出来为公司提出能够解决问题和改善不良状况的合理化建议，这不仅是员工的权利，也是员工的义务。

日本管理学家川上真史在他的《改变公司的员工在哪里》一书中提出这样的问题：我们的企业到底需要什么样的员工？能够改变公司命运的人是什么样的呢？他给出了下面的答案：①他们不把问题当问题，而把问题当课题；②他们有勇气迈出第一步；③他们能及时、准确地发射知识和信息；④他们时刻张开天线，接收一切能为企业带来效益的资讯；⑤他们能对企业的问题进行深入的分析、探讨，并解决问题；⑥他们善于用自己的语言来表达观点、远见和计划。用一句话概括，老板需要的员工必须能为企业创造价值。他们站在企业立场，及时为企业解决问题，并主动提出合理化建议。

5. 把你的工作当作事业来做 不论你处于职业生涯的哪个阶段，都要把工作当作你的事业来做，为你的工作灌注热情、进取和不断开拓，为企业创造、增加价值。永远不要有"这不是我的工作"的想法，一个人的难题就是另一个人的机遇，要牢牢把握工作中出现的任何机遇。

只要你能管得住自己，耐得住寂寞，不沉迷于那些片刻的欢娱……而是为实现明天的计划做着踏踏实实的努力，时间一久，你便拥有了别人难以企及的优势——让自己变得更有价值。就像最柔软的水能击破最坚固的岩石一样，平凡的事，如果能坚持做，就能出现奇迹。

（三）员工的八大禁忌

禁忌指不能轻易触犯的原则或规矩。工作中有许多原则是不能违反的。要做一个职业成功者，首要的问题是不要触犯企业的禁忌。

禁忌一：两面三刀。有些人表里不一、阳奉阴违、口是心非，嘴上一套、背地里又一套，善于耍两面派，搞阴谋，让人防不胜防。这样的人是最靠不住的，一旦让人识破，所有的人都会远离他（她），慢慢地自己失去人缘，在单位无法待下去。

禁忌二：自以为是，目中无人。有一些员工凭着自己某些方面的优势，目中无人，看不起别人，甚至对上司也不在话下，不服从命令，这其实恰恰是一种自卑的表现。也有一些人好夸夸其谈，自认为对公司内、外一切事务明察秋毫，喜欢对任何事情高谈阔论以表示自己无所不能。在他的眼里，公司的其他员工都是无能之辈，毫无用处。取得一点成绩便沾沾自喜，到处炫耀，从来不懂得自我批评。这样的行为是职场的大忌！

禁忌三：肆意宣扬上司的隐私。有的人常常把别人的缺点当作自己的谈资，把公司的缺点和失误当作宣传、标榜自己的工具，在背后谈公司及同事的缺点、讲公司及同事的坏话成了自己的乐趣，更有甚者到处探听上司的隐私肆意宣扬。这样的员工最让人讨厌，迟早有一天上司会找个理由“回敬”你，直到开除你。

禁忌四：心胸狭窄。团队作战讲究团结与配合，但许多职员心胸狭窄，不能接受不同意见，有机会作为团队首领时便唯我独尊，“顺我者昌，逆我者亡”；作为团队普通成员则行事孤僻、特立独行，将与自己意见相左之人视为寇仇，伺机报复。这样的员工必然是团队中的害群之马，有他在就不可能打造出一个优秀的团队。

禁忌五：不良的工作态度。工作不主动，不积极进取，得过且过，经常抱怨。时时觉得老板对自己不公，同事对自己不平，时刻存有抱怨的情绪。工作中出现问题从不在自己身上找原因，而是为了推卸责任一味寻找借口，在这样的员工身上任何失误的出现都有着他自认为非常合理的客观理由。不能主动承担责任的员工是永远都不可能有发展前途的。

禁忌六：我行我素。这种人不守规矩，不按照要求做事。把公司规章当成儿戏，随心所欲，想来就来、想走就走，我行我素；随便对规章予以“通融”“变通”，搞“灵活性”。有些人身在曹营心在汉，在公司不能安心工作，这山望着那山高，随时准备跳槽。

禁忌七：贪便宜。这种人小气，爱占公司的便宜，公私不分，把公司的资源拿来私用。小到一张纸、一支笔，大到电脑、汽车随便私用。用公司的电话解决私人问题，在工作的时间干私活，等等。对这样的员工，老板虽然有时碍于面子不便当面表示不满，但内心对这样的员工是一万个看不起。这种人在人际交往上，表现为抠门，爱占别人的便宜，朋友在一起经常吃饭、游玩等，这种人吃别人、用别人，但从不主动出钱。时间久了，朋友不愿意与之交往。

禁忌八：锋芒毕露。这种人好表现自己，爱招惹是非。中国人讲究绵里藏针，不喜欢爱出风头的人。应尽量谦虚做人，不要盛气凌人。还有的人爱挑事端，有一些员工为自己确立了救世主的身份，公司内部稍有不平之事便出面挑起事端。对这样的员工老板虽然有时表面上能够诚恳接受其建议及要求，但内心却对其非常反感，一旦有机会便会将之清理出公司。

二、乐在工作是员工的大智慧

在一个人清醒的时间里，工作占据了一半的时间，如果你认为工作是痛苦的，那么，在你清醒的人生中有一半是痛苦的。工作是练习、发展及培训自己的能力的最好方法。学习不只为报酬而工作，反而能使你获得更多的报酬，这也正是对“一分耕耘，一分收获”的理解。

什么是工作？“工”，上面的一横表示理想，下面的一横表示现实，而中间的一竖则表示行动，只有依靠努力，才能顶天立地。“作”，左边是个“人”，右边是个“乍”，就是说一个人初来乍到，首先就要学会做人，然后才可以做事、才可以成事。

工作就是依靠我们自身的有价值的劳动，实现做人与做事的完美结合，达到现实与理想和谐统一的过程。

企业是什么？企业是谋生的利益共同体，个性、能力发挥的场所，人际关系的场所，学习的场所，生活的场所，竞争的场所。

学生从学校到企业，要面临从学生到员工的角色转变：从学校到社会——从象牙塔到大炼炉；从被动到主动——在执行的同时要学会创新；从量变到质变——自己要养活自己；从成长到成熟——在不断的学习中逐渐成熟。

刚步入职场的年轻人首先要清楚你在为谁工作，如何工作，才能在工作中取得佳绩，为实现自己远大的抱负奠定基础。

（一）为自己工作

工作是为了自身素质的提高，同时也提高了应对职场的能力。乐在工作是为了成就事业，经常制订一些一般人难以逾越的标准，通过反复努力而最终达到。这是一种乐趣，会给你带来一种一般人永远无法体会到的幸福感，这时工作已经不是工作了，而是一个极为有趣的游戏，由你自己去操纵。

（二）工作不要 60 分

在以结果为导向的工作环境中，结果大于一切，要为达成结果找方法，而不是为达不成找借口。这是以你在多大程度上认同责任的价值理念，并身体力行为标准的，在每件工作的过程中都要求百分之百的努力，才能完成自身的责任目标。工作没有 100 分。在现实的工作环境中，一切都在不断地变化，不求甚解与精益求精是两种不同的开展工作与处理问题的态度，会导致不同的结果。精益求精没有止境，责任心会促使你不断地攀登更高的目标，不断地超越平凡，创造卓越。比如，劳动模范张秉贵，他在售货员这一普通工作岗位上创造了奇迹，随手抓一把糖块就是标准的一千克，一小块都不差，因而成为商业战线的一面旗帜。

职业人对待工作要有热情，要全身心地投入，要努力干出不凡的业绩。每天上班都要有一种自豪感，将做好工作作为自己的人生追求。

职业人的积极心态最终体现出的工作态度是“我要做”，而不是“要我做”。希望尽自身最大的努力将工作做到最好，这是职业人敬业的重要表现。比如美国大企业家艾柯卡，他从福特公司一个基层技术员成长为总裁。在成长中的每一个岗位上，他都兢兢业业，成绩优秀，永远是“我要做”，而不是“要我做”。“要我做”的心态是被动消极的，难以焕发出投入的激情，持有这种态度的人上班时无精打采，总是盯着时钟读秒，简直就是在熬时间，混一天是一天，下班时却兴高采烈。长此以往，不仅消磨了斗志，而且使得自己在人才市场上失去了竞争的优势。

（三）拥有良好的心态和信念

心态是成功与失败关键。成功人士与失败人士的差别在于成功人士有积极的心态，而失败人士习惯于用消极的心态去面对人生。运用积极心态支配自己行为的人，能够用积极的思考、乐观的精神和成功的经验支配自己的人生。某大企业集团的总裁曾说：“有人认为我今日的成就是因为运气比较好，其实我一点背景也没有，只是坚持自己的工作信念，全力以赴。我每周工作100小时以上，并没有人逼我。我喜欢我的工作，我对我的工作有责任，我把公司当作自己的公司，我把公司的钱当作自己的钱。其实大家的聪明才智都差不多。只要你比别人多努力，只要你有信心、肯做，就一定会成功。”这一席话，不得不使我们对“敬业”的定义有了更深一层的体会。古往今来，因为具有坚定的态度和信念而取得成功的人比比皆是，他们都是从“过去的他”走向了“成功的他”。成功者和失败者最大的区别在于如何面对自己。成功者找方法，失败者找理由，心态决定一切。任何一种事物，我们怀着不同的心态去看待，就会产生不同的看法：成功者总是看到困难后面的机遇，失败者总是看到机遇后面的困难。人类文明的发展史表明，人们总是在不断地克服自卑、自怨、自大、自满的过程中，树立自信、自尊、自爱、自强、自立的坚定信念，克服一切艰难险阻，从一个胜利走向另一个胜利。成功往往不是能与不能，而是做与不做。不做就永远不可能成功，要做就要怀着积极的心态，确定明确的目标，选择正确的方法，采取快速的行动，尽快达到预期的目标。任何成功者的实践表明：心态正确，将一通百通；心态不对，将一事无成。因此，员工在具体工作实践中必须随时调整自己的心态，保持旺盛的斗志和充沛的精力，为企业的发展，为实现自我价值最大化发愤图强、勇往直前。

三、提高素质，努力成为企业最需要的员工

企业的竞争就是人才的竞争，人才是企业的根本，是企业最宝贵的资源。因此，如何选择优秀的员工为公司工作，已经成为企业生存与发展的决定因素。换言之，从业人员的素质高低极大影响着企业的成败。大学生必须不断提高自身素质，适应职场对人才的需要。

（一）几项职业素质调查

（1）对企业管理者关于在大学期间大学生最重要的素质和能力培养的调查结果显示（按照“非常重要”选择比例排序）：①思想道德素质、价值倾向：77.4%；②勤恳、踏实、敬业奉献精神：70.8%；③获取知识的学习能力：61.9%；④发现和解决问题的探索能力：61.7%；⑤心理素质：60.1%；⑥创新意识和能力：55.3%；⑦团队合作能力：52.0%；⑧积极追求进步的热情：47.6%；⑨动手操作能力：46.0%；⑩文明礼貌，亲和力强：39.9%；⑪人际交往能力：37.3%；⑫身体素质：36.7%；⑬基础理论、专业知识水平：35.3%；⑭组织管理能力：27.1%。

（2）对企业管理者关于影响大学毕业生就业自身因素的调查结果再次显示，他们对大学毕业生内在蕴藏的无形软素质最看重个人品行，“非常重要”＋“比较重要”占95.3%；而对有形的外显因素，如经验经历、学习成绩看得较轻，位列最末端。

（3）对企业管理者关于职场新员工最需要培养和具备的职业素质和职场行为的调查结果显示（按照“非常重要”选择比例排序）：①具有责任心，懂得承担：76.6%；②为人正直、诚实，心理素质好，稳定性强，工作自觉性高：66.8%；③勤快、吃苦，具有敬业奉献精神，做事中懂得做人：66.0%；④进取心强，有激情，工作主动：56.9%；⑤忠于职守的忠诚意识：54.2%；⑥懂得感恩、向善，对父母有孝心，对他人有爱心：52.6%；⑦会独立思考，有创新意识和能力：51.0%；⑧善于学习，获取知识的能力强：50.1%；⑨守时，认真：49.7%；⑩承受得起挫折、压力，性格开朗、坚忍：47.1%；⑪具有沟通交往能力，适应性强：42.4%；⑫执着，任劳任怨，有忍耐力：41.9%；⑬基础知识扎实，做事条理能力

强，具有组织管理潜力：32.8%；⑭尊重师长、同事，具有团队合作精神，懂得配合：54.4%。

（4）对企业管理者关于职场新员工最急需改善的不良品性和行为习惯的调查结果显示（按照“非常重要”选择比例排序）：①随意毁约，违背诚信：70.6%；②工作态度散漫，做事没精神，稳定性差：63.1%；③思想不追求上进，糊弄工作，得过且过：59.4%；④自私，缺乏良性竞争意识：57.6%；⑤以自我为中心，不尊重上司，不尊重同事和客户：56.0%；⑥不守时：54.0%；⑦办事拖延，易推诿找借口：53.7%；⑧注重享受，功利性强，拜金主义，耐不住寂寞，亟待快速致富：52.9%；⑨眼高手低，好高骛远，懒惰：51.5%；⑩好打听、议论他人隐私，随意泄漏公司商业秘密：48.8%；⑪无法与他人合作，不愿与人交往、不懂交往、不善交往：48.1%；⑫言行粗鲁，不懂事，不成熟：45.1%；⑬两极思维，情绪易波动，承受力差，心理脆弱：43.5%；⑭爱发牢骚，背后说坏话：37.1%；⑮表现欲过强，随意打断和否定别人，过强的主观好恶：34.8%；⑯思想偏见和无知：33.9%。

（5）对企业管理者关于毕业生最需要改善方面的调查结果显示（按照“非常重要”选择比例排序）：①踏实、务实、克服浮躁：65.2%；②耐挫、坚忍、挑战困难的勇气和心理素养：64.3%；③提升道德品质和人文素养：59.5%；④适应环境变化能力：54.5%；⑤勤于分析问题、解决问题的意识和能力：52.9%；⑥加强基础理论学习，勇于解决实际问题的操作能力：46.0%；⑦锻炼人际交往沟通能力：40.1%；⑧尊敬师长、谦虚自省能力：36.9%；⑨加强基础和专业知识的持续学习能力：34.2%；⑩口头表达能力：31.0%；⑪文字表达能力：23.9%。

（二）企业员工必备的职场素质

职业素质是一种较深层次的能力素质要求，它渗透在人们的日常行为中，影响人们对事物的判断和行动的方式。通过以上调查，得出企业所需要的人才必须具备以下各项条件：

1. 有良好思想道德 上述调查显示，企业管理者认为在大学期间大学生最重要的素质和能力培养占第一位的是思想道德素质、价值倾向，占77.4%；企业管理者对大学毕业生内在蕴藏的无形软素质最看重个人品行，其中“非常重要”＋“比较重要”占95.3%。道德品质是一个人为人处世的根本，也是公司对人才的基本要求。一个再有学问、再有能力的人，如果道德品质不好，也将会对企业造成极大的损害。

2. 有良好的敬业精神和工作态度 上述调查显示，对企业管理者关于在大学期间大学生最重要的素质和能力培养的调查，排在第二位的是勤恳、踏实、敬业奉献精神，占70.8%；对企业管理者关于职场新员工最需要培养和具备的职业素质和职场行为的调查，排在第三位的是勤快、吃苦，具有敬业奉献精神，做事中懂得做人，占66.0%。可见良好的敬业精神和工作态度是企业遴选人才时优先考虑的条件。对企业忠诚和工作积极主动的人是企业最欢迎的人，而那些动辄想跳槽，耐心不足、不虚心、办事不踏实的人，则是企业最不欢迎的人。

一般来说，人的智力相差不大，工作成效的高低往往取决于对工作的态度，以及勇于承担任务及责任的精神。在工作中遇到挫折而仍不屈不挠、坚持到底的员工，其成效必然较高，并因此受到公司老板和同事们的器重和信赖。

3. 有较高的专业能力和学习潜力　现代社会分工越来越细，各行各业所需专业知识越来越专、越精。因此，专业知识及工作能力已成为企业招聘人才时重点考虑的问题。但在越来越多的企业重视教育训练、自行培养人才的趋势下，新进人员是否具备专业知识和工作经验已不是企业选择人才所必须具备的条件，取而代之的是新进人员接受训诫的可能性，即学习潜力如何。

所谓具有学习潜力，是指有极高的追求成功的动机、学习欲望和学习能力。现在有越来越多的企业在选择人员时，倾向于选用有学习潜力的人，而不是已有那么一点专业知识的人。近来，企业更流行的做法是在招聘人员时加考其志向及智力方面的试题，其目的在于测验应聘者的潜力如何。

现代社会，科学技术的发展日新月异，市场竞争瞬息万变，企业如果想持续进步，只有不断创新，否则，保持现状即意味着落后。企业所开展的一切工作都是以人为主体的，因此，拥有学习意愿强、能够接受创新思想的员工，企业的发展必然比较迅速。

4. 反应能力强　对问题分析缜密，判断正确而且能够迅速做出反应的人，在处理问题时比较容易成功，尤其是私营企业的经营管理面临诸多变化，几乎每天都处在危机管理之中，只有抢先发现机遇，确切掌握时效，妥善应对各种局面，才能立于不败之地。

一个分析能力很强、反应敏捷并且能迅速而有效地解决问题的员工将是企业十分重视而大有发展前途的人才。

5. 善于沟通，能够“合群”　随着社会日趋开放和多元化，沟通能力已成为现代人生活必备的能力。对一个企业的员工而言，必然有面对老板、同事、客户的情况，甚至还需要处理企业与股东、同行、政府、社区居民的关系，平时也经常会有与其他单位或个人进行协调、解说、宣传的工作，由此而见沟通能力的重要性。

在当今社会里，一个人再优秀、再杰出，如果仅凭自己的力量也难以取得事业上的成功，凡是能够顺利完成工作的人，必定要具有集体主义精神。

员工在个性特点上要具有集体主义精神或合群性，几乎已成为各种企业的普遍要求。个人英雄主义色彩太浓的人在企业里不太容易立足，因此想要做好一件事情，绝不能仅凭个人爱好独断专行。只有通过不断沟通、协调、讨论，优先从整体利益考虑，集合众人的智慧和力量，才能做出为大家接受和支持的决定，才能把事情办好。

6. 身体状况好　一位能够胜任工作的员工，除了品德、能力、个性等因素外，健康的身体也是重要因素。所以，成功的事业基于健康的身体，一个身体健康的员工，做起事来精力充沛，干劲十足，并能担负较繁重的工作，不致因体力不支而无法完成任务。

7. 自我了解，有明确的目标　对人生进行规划或设计的思想近来逐渐受到人们的重视。所谓人生设计，是指通过对自我的了解，选择适合的工作或事业，投身其中并为之奋斗，对财富、家庭、社交、休闲等进行切实可行的规划，以满足自己的期望。

人生目的明确，自我能力强的员工不会人云亦云、随波逐流。他们即使面临挫折，也能努力坚持，不会轻易退却，因而能在生产或其他工作中发挥主观能动性。

8. 适应环境　企业在遴选人才时，必然注重所选人员适应环境的能力，避免提拔个性极端或太富理想的人，因为这样的人较难与人和谐相处，或是做事不够踏实，这些都会影响同事的工作情绪和士气。

新人初到一个公司工作，开始时必然感到陌生，但若能在最短的时间内熟悉工作环境，并且能与同事和睦相处，取得大家的认同和信任，企业必定重视这名员工的发展潜力。反之，如果过于坚持己见，处处与人格格不入，即使满腹才学，也难以施展。

职业素养是指企业对员工个人素质方面的要求。刚毕业的大学生或刚步入职场的新人，必须按照上述条件，努力提高自身素质，改善自身弱点和不良行为，修炼自身职业素养，成为企业所欢迎的人。

复习思考

1. 怎样做一个优秀的企业员工?
2. 你认为优秀员工的素质是什么?

下 篇

立业之魂

模块四

开发“财富”的源泉——培养职业素质

学习目标

了解大学生和员工必备的职业素质；树立素质成就品质的理念；把职业意识变成行为习惯，实现由大学生到员工的角色转变，全面提高就业竞争力。

名言警句

1. 行动是一个伟大的揭发者，它暴露一切欺人和自欺。

——车尔尼雪夫斯基

2. 你要学会怎样做你自己的主人，指挥你自己的心。

——卢　梭

3. 没有人员素质的最优，绝不会干到事业上的最大。

——张瑞敏

4. 凡建立功业，以立品为始基。从来有学问而能担当大事业者，无不先从品行上立定脚跟。

——徐世昌

案　例

李心怡的求职失败

李心怡毕业于上海一所名牌大学的中文专业，在校期间学习成绩优秀，担任过校报的编辑，还在一些文学期刊上发表过文章。毕业前，她也曾在一家杂志社实习过3个月，做过校对和图书的编辑工作，积累了一些工作经验。

临近毕业，李心怡对就业早已有了自己的打算。她准备去应聘一家知名公司的内部刊物编辑职位。对于这次应聘，李心怡认为以她的学识、学历和能力，肯定不成问题。实际上，进这家公司只是她对自己职业生涯的一个初步规划，她的远期规划是以这家公司作为跳板，将来跳槽到其他著名的杂志社去。由于这些想法，她在接到公司的面试通知后，并没有过多地准备。

面试的日子到了。在面试现场，李心怡发现应聘这个职位的人还真不少，而且大家都是有备而来的，套装、略施粉黛、包装漂亮的个人资料……想必应聘成功不是一件容易的事情，但她还是十分自信，认为以自己的能力得到这份工作应该是十拿九稳的。轮到李心怡面试了。考官先问了她一些基本问题，例如，“你对公司的情况了解多少”“对此职位如何看待”等。她这时才发现自己事先没有很好地了解这家公司的具体情况，对于公司的业务领域、企业文化、人员配置，特别是公司业务方面的问题，知之甚少。所以，当考官问到公司的一些具体情况时，她的回答都显得很空泛、牵强。尽管后来她对有关编辑知识的问题答得很好，但是总体感觉并不是很顺利。面试结束之前，工作人员还要求应聘者填写一张表格，她也没有认真对待，有的问题连想也没想就迅速作答，提前交了卷。

最终结果，李心怡没有被录取。后来她了解到，公司最终录取的人，编辑的业务能力远不如她，面试过程也并非尽善尽美，但这个人态度谦和，知道自己并不十全十美，所以她会努力工作，给人以踏实的感觉。相比之下，李心怡虽然来自名校，业务能力强，但过于自负，考官们认为她不会安心于本职工作，不适合这个岗位。

案例分析

“优秀人才”是一个多维度的概念，但有主次之分。专业知识可以学习，工作经验可以积累，人际沟通能力可以培养，创新意识可以点燃与激发，而工作态度和道德品质是最难改变的。

对于企业而言，专业知识、工作能力等参数是非常重要的选才标准，应聘者的“态度”也十分关键。即使专业知识再扎实，工作能力再出众，如果缺乏积极、踏实的工作态度，恐怕也不会被企业所认可。所以在很多公司的招聘选拔过程中，都是把工作态度和道德品质放在首位。

从案例中可以了解到，李心怡求职失败的关键就在于她的求职心理和工作态度不符合招聘企业的要求。她求职的动机存在问题，将目标企业作为一个跳板，不仅是对企业的不负责，也是对自身职业发展的不负责。由于其求职动机的偏误，造成面试过程中出现了一系列的问题。比如，她面试前准备工作的疏忽大意，面试过程的敷衍了事，缺乏严谨认真的态度，最终被淘汰自然是无法避免的了。

一、创造“财富”的源泉

员工的职业素质是企业获得长足发展的基础。纵观世界500强企业，他们的核心价值观和精神理念，都倡导一种优良的职业素质。正是这种职业素质的培育，使他们在市场中立于不败之地。IBM总裁汤姆·沃森曾经说过：“即使我失去了现在所拥有的一切，只要留下我的团队，那用不了多长时间，我就会重新创建一个IBM。”

麦当劳的员工为营造良好的“客户体验”，一遍遍地擦拭干净得不能再干净的桌椅，迎来了一批批顾客的光临；索尼的一个普通员工把企业实现突破的战略时刻印在自己的心头，因此才会将自己一个突发的灵感献给企业，从而成就了索尼畅销世界的“随身听”的问世；联邦快递的员工牢记“使命必达”的承诺，即使发生雪崩道路被封，也会克服重重困难按时把邮包送到客户手里，令客户发誓终生做联邦快递的客户。

其实，任何企业都渴望得到高素质的人才，只要我们大学生不断提高综合素质，在任何企业中都会立于不败之地！

从员工自身来讲，要成功、要发展、要提高自己的人生价值，也要求不断提高素质，实现自我价值和社会价值，创造物质财富与精神财富。从这个意义上说，人的素质就是“财富”的源泉。

海尔总裁张瑞敏说：“没有人员素质的最优，绝不会干到事业上的最大。”肯德基在选人用人上非常注重人才素质，它招聘员工的要求是：①团队合作；②善于沟通协调；③有亲和力；④乐于助人；⑤严格执行规范。在实践中肯德基严格遵循这些标准，不断考验和“改造”员工素质，就连扫地也要扫得“专业”。

小许现在是某公司中国总部的高层管理人员，她对当初应聘的那一幕还记忆犹新。她大学毕业时，恰逢该公司中国总部要招聘管理人员。她学的是经济管理专业，对该公司科学的管理制度有深刻印象，于是决定前去一试。

本来只招3个人，报名的却有800多人，其中不乏大学老师、机关职员，还有两名博士。幸运的是，笔试和面试出奇顺利，她竟考进了前三名，被公司录用了，而且被通知马上上班。小许暗自庆幸，她终于如愿以偿地成为一名“高管”了！

上班的第一天，小许刚进店门，没想到店长就扔给她一个拖把，认真地对她说：“你的工作是负责打扫店里地板的卫生，3个月期满！”小许呆了！第一份管理工作就是拖地?！还没等她明白是怎么回事儿，店长又去吩咐另外两位与她一同考进的“高管”的工作了，一位和她一样拖地，另一位则站在门口负责招呼进出的客人。

上班的第三天，前来门店吃东西的人排起了长队。她在店里埋头拖地，忙得连喘息的机会都没有。突然，她一抬头，竟发现以前一位同事领着她的小孩推开了店门。还没有来得及躲闪，那个小家伙就冲着她边跑边喊：“阿姨，阿姨！”她的同事这时也发现了，吃惊地瞪大了眼睛：“小许，是你？怎么跑这里来了？”

小许的脸“刷”地红了。就在这时，店长发现她站在那里“偷懒”，毫不犹豫地批评了她一顿。那一刻，她感觉自己是天底下最难堪的一个人！

这种尴尬说白了，还是虚荣心作祟，慢慢地她也就适应了。幸运的是，她终于熬过了3个月的试用期。由于表现突出，小许被调至该公司最重要的产品线，逐步了解和学习管理工作……公司对她的考验和“改造”远未停止，而这些考验和“改造”，正是管理中的高明之处。

餐饮服务除了要求从业人员认真负责之外，更要具备服务热忱、喜欢与人沟通的特质。

学习肯德基的经营及用人理念，对我们很有启发。以餐厅见习经理为例，作为各肯德基分店的基层干部，未来有机会掌管一家分店，因此除了要求学历的基本门槛外，头脑必须清晰、条理分明。展现在简历上，除了要清楚表达自己的学习经历之外，简历上最好能够清楚地介绍自己，这包括个人的性格、价值观、学习态度、未来的目标和工作理念等，并以过去的经验来佐证。比如说之前做过哪些专题，获得哪些启发，或是曾经遇过哪些问题，如何解决等。

团队合作、沟通协调能力以及亲和力非常重要。如果应聘者在简历上能详细注明社团经验和社会实践经验，都有加分效果；最好是能够详述之前当过哪些干部，办过什么样的活动，并从中展现自己乐于与人互动的特质。

一个好的企业的真正优势还在于其产品背后的一套严格的管理制度。如在进货、制作、服务等所有环节中，每一个环节都有着严格的质量标准，并有着一套严格的规范保证这些标准得到一丝不苟的执行，包括配送系统的效率与质量、每种佐料搭配的精确（而不是大概）分量、切青菜与肉菜的先后顺序与刀刃粗细（而不是随心所欲）、烹煮时间的分秒限定（而不是任意更改）、清洁卫生的具体打扫流程与质量评价量化，乃至点菜、换菜、结账、送客、遇到不同问题的文明规范用语、每日各环节差错检讨与评估等上百道工序都有严格的规定。比如规定鸡只能养到七个星期，因为到第八个星期虽然鸡肉长得最多，但肉的质量就太老。

如果说以前初到肯德基的员工，还把上班当作一种谋生的手段的话，那么，经过长期在实践中的严格训练，员工慢慢就会从内心接受这份职业。因为在这里他们见识到了真正的标准和制度，肯德基靠着它的这些标准和制度，在世界各地得到迅速复制和拓展。

我们国内也有很多优秀的企业，要使我们更多的企业进入世界500强，需要我们的员工不断提高职业素质。如果有好的企业家，而没有好的员工，那就像有好车而没有高速公路一样。

二、素质与职业素质

就我们每一个人来说，谋求一份适合自己的职业通常不是随心所欲的，而要把一份工作做好也并非轻而易举。作为员工，唯有在工作的过程中不断修炼、充实和完善自己以提高职业素质，才能拥有稳固的生活保障甚至较为优越的生活条件，进而升华自己的精神境界。也正是在这个意义上，职业素质才是特别值得强调的。

（一）麦克利兰素质冰山模型

美国著名心理学家麦克利兰于1973年提出了一个著名的素质冰山模型（图4-1）。所谓“冰山模型”，就是将人员个体素质的不同表现划分为表面的“冰山以上部分”和深藏的“冰山以下部分”。

其中，“冰山以上部分”包括基本知识、基本技能，是外在表现，是容易了解与测量的部分，相对而言也比较容易通过培训来改变和发展。

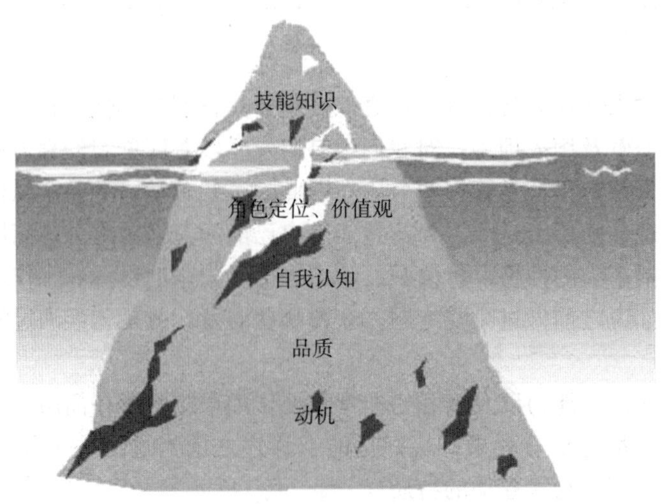

图4-1 素质体系的冰山模型

而“冰山以下部分”包括社会角色、自我形象、特质和动机，是人内在的、难以测量的部分。它们不太容易通过外界的影响而得到改变，但却对人的行为与表现起着关键性的作用。

人的素质包括 6 个层面：①知识（knowledge）。指个人在某一特定领域拥有的事实型与经验型信息。②技能（skill）。指结构化地运用知识完成某项具体工作的能力，即对某一特定领域所需技术与知识的掌握情况。③社会角色（social roles）。指一个人基于态度和价值观的行为方式与风格。④自我概念（self-concept）。指一个人的态度、价值观和自我印象。⑤特质（traits）。指个性、身体特征对环境和各种信息所表现出来的持续反应。品质与动机可以预测个人在长期无人监督下的工作状态。⑥动机（motives）。指在一个特定领域的自然而持续的想法和偏好（如成就、亲和、影响力），它们将驱动、引导和决定一个人的外在行动。

其中第①、②项大部分与工作所要求的直接资质相关，我们能够在比较短的时间内使用一定的手段进行测量，如可以通过考察资质证书、考试、面谈、简历等具体形式来测量，也可以通过培训、锻炼等办法来提高这些素质。第③、④、⑤、⑥项往往很难度量和准确表述，又少与工作内容直接关联。只有主观能动性变化影响到工作时，其对工作的影响才会体现出来。考察这些方面的东西，每个管理者有自己独特的思维方式和理念，但往往因其偏好而有所局限。管理学及心理学上有着一些测量手段，但往往复杂，不易采用或效果不够准确。

（二）职业素质的内涵

人的素质是以人的先天禀赋为基质，在后天环境和教育影响下形成并发展起来的内在的、相对稳定的身心组织结构和心理品质。

素质包括先天素质和后天素质。先天素质是通过父母遗传因素而获得的素质，主要包括感觉器官、神经系统和身体其他方面的一些生理特点。后天素质是通过环境影响和教育而获得的。因此，可以说，素质是在人的先天生理基础上，受后天的教育训练和社会环境的影响，通过自身的认识和社会实践逐步养成的比较稳定的身心发展的基本品质。

对素质的理解包括以下 3 个方面：一是素质首先是先天的，同样的事物，同样的环境及变化，由于受父母先天遗传的感觉器官、神经系统等因素的影响，不同的人的感受会有很大差别。二是素质是后天养成的，它是在先天素质的基础上，通过教育和社会环境影响逐步形成和发展起来的；素质也是自身努力的结果，一个人的素质的高低，是通过其自身的努力学习、实践，获得一定知识并把它变成自觉行为的结果。三是素质是一种比较稳定的身心发展的基本品质。这种品质一旦形成，就相对比较稳定。比如，一个品质好的学生，由于品质稳定，他总是能正确地对待别人，对待自己。素质的形成，是人的身心潜能的开发、加工、塑造，是社会文化素质在身心结构的积淀，并呈现于独特的个性心理品质和人格模式。

正如麦克利兰素质冰山模型，素质之于人，犹如水面上的冰山之于整座冰山，原来真正浮于水面的庞然大物只不过是冰山小小的角尖而已。决定人成功的不仅仅是技能知识，更重要的是价值观、品质、动机等冰山潜伏在水下的部分。这就启示我们不仅要提高我们的技能知识，更要通过自我批判和自我提升，改善自己的综合素质，以不断的自我修养来将个人的成功和组织的成功更好地融合起来。所以，品质的成熟铸就事业的成功，任何一个伟大的成功者首先都是一个伟大的“人”。

职业素质（professional quality）是劳动者在一定的生理和心理条件的基础上，通过教育、劳动实践和自我修养等途径而形成和发展起来的在职业活动中发挥作用的一种基本品质。

影响和制约职业素质的因素有很多，主要包括受教育程度、实践经验、社会环境、工作经历以及自身的一些基本情况（如身体状况等）。一般说来，劳动者能否顺利就业并取得成就，在很大程度上取决于其本人的职业素质，职业素质越高的人，获得成功的机会就越多。

职业技能和职业道德（包括职业精神）是构成职业素质的最具特色的因素。职业技能无疑是构成职业素质的基本因素。它通常指的是一个人所从事的工作要求具备的技术能力，而这种能力通常来自受教育的程度、工作经验和就业后的各种专业技能训练，其中包括人的生理和心理承受能力。而职业道德则是衡量一个人工作态度的职业规范。在职业化的群体行为中，以条文为基础的规章制度是最低限度的行为准则，它对每一个工作者的制约是最下限的，因而不足以适应必须不断提升的职业化需求。所以，各行各业都不得不将职业道德作为完善职业功能的重要规则。职业道德要求就业者在工作中每时每刻都务必信守对所从事工作的承诺，这种承诺甚至包括每一个微笑的职业承诺。当然，这种承诺是建立在有偿劳动的基础之上的。

相对职业技能而言，职业道德在职业素质中具有更深层的内涵和更广泛的意义，一个不尊崇职业道德或不完全信守职业承诺的人，无论其职业技能有多高都不可能成为较有素质的职业人。相反，职业技能高超而职业品行低劣的人，只会给所从事的工作以及社会造成巨大的危害。人的技能和职业道德都是可以在就业之后加以训练、培养和提高的，职业技能往往随着工作经验的日积月累而不断提高，而职业道德却不同，往往会在具有一定的职业资历之后发生逆转，这种现象的经常性出现只能说明一个事实，那就是人们在强化职业素质训练的时候往往比较忽略职业道德的教育和强制性的训练。

职业精神也称敬业精神，拥有这一素质在人的职业生涯中是一种更高的境界。毫无疑问，没有一定程度的职业技能和不受职业道德规范约束的人是不能达到这种境界的。敬业精神之所以可贵，就在于它表现为优秀的从业者在不计较报酬的前提下自觉自愿地付出个人智慧和超越承诺的劳动的行为。个人智慧指的是具有独特创意的工作方法，超越承诺的劳动指的是定额或任务之外的义务工作。敬业精神既然表现为具体实在的奉献，自然也就是职业素质最完美的体现了。具有敬业精神的人往往是不仅仅为了获取报酬而付出劳动的人，他们更注重的是成就感、事业心的满足和在工作中追寻生命价值的体验和生活的乐趣。简单地说，他们是一些热爱工作本身并充满活力的人。

（三）现代人才必备的职业素质

现代人才素质包括思想政治素质、职业道德素质、科学文化素质、身心健康素质、审美素质和业务素质。

1. 思想政治素质是灵魂 思想政治素质包括思想认识、觉悟、价值观念及政治立场、观点、信念等方面的素质。它体现了一个人在思想认识、觉悟和职业理想信念等方面的修养所达到的状况和水平，是推动和鼓舞劳动者不断进取，支持人们克服困难经受考验的坚强精神动力。

2. 职业道德素质是保证 职业道德素质体现了劳动者在职业活动中通过教育和修养而在职业道德方面达到的状况和水平。

社会主义职业道德的基本要求是：爱岗敬业、诚实守信、办事公道、服务群众、奉献社会。

企业对员工的个人品质非常看中，俗话说，无德无才是废品，有德无才是次品，有才无德是危险品，德才兼备是优等品。

通用电气公司前首席执行官杰克·韦尔奇说：“唯独无德有才的人，最有迷惑力和破坏力。发现一个，开除一个。”

对企业管理者关于影响大学毕业生就业自身因素的调查结果显示，他们对大学毕业生内在蕴藏的无形软素质最看重的是个人品行，而对有形的外显因素包括经验经历、学习成绩等看得较轻，位列最末端。

另外对企业管理者关于在大学期间大学生最重要的素质和能力培养的调查结果显示，按照“非常重要”选择比例排序，排在第一位的是思想道德素质、价值倾向，排在第二位的是勤恳、踏实、敬业、奉献精神，排在第三位、第四位的分别是获取知识的学习能力、发现和解决问题的探索能力，排在第五位的是心理素质，其他素质和能力排位较靠后。

可见，企业管理者首要看中的是大学生的思想道德及个人品质。必须加强培养思想道德和个人品质，从日常行为习惯做起，从小事做起，从一点一滴做起，提高境界，实现人格升华。

3. 科学文化素质是基本内容　科学文化素质，即通常意义上的知识素质，是人的发展基础，体现了人对自然和社会的了解。知识的结构水平、能力结构水平（包括观察力、记忆力、想象力、分析判断力、创造力）、思维方法结构水平（思维能力和思维方法）在很大程度上决定了员工的发展空间和潜力，所以要不断学习、经常接受培训，掌握新知识、新技能、新思维，创造性地开展工作。

4. 身心健康素质是基础　身心健康素质是前三项素质的物质与精神基础，反映了人对自然与社会的承受力。身心健康素质主要包括生理健康素质和心理健康素质。生理健康是人生中实现其他素质的基本条件和保障性的前提，而心理健康又是员工必备的一种更高层次的健康指标。大学生走出校门之后，就直接进入竞争激烈的社会现实中，特别是经济全球化、政治多元化和文化多元化的新的社会现实，来自方方面面的强大的实践性压力，都会给刚迈向社会的大学生们以强烈的撞击。能否从容地面对这些撞击，并在各种撞击中承受起心理的负荷，实在是大学生们必须考虑到的。

5. 审美素质是综合体现　审美素质是建立在其他素质之上的一种精神层次素质。审美能力是一种文化的积淀，更是一个在历史范畴中融个体倾向性与社会整体性于一体的复杂而渐进的过程。人的审美素质的培养与提高，也是一个十分复杂的认知系统。只有在理论与实践的结合中不断深入学习，才能够形成自己基本的审美能力，才可能在走向社会实践后，对于美、对于审美，有一种基本的认知和体验能力。

6. 业务素质是关键　业务素质是职业素质的外在体现，是人的立业本领，包括专业素质、组织管理能力、社会交往和适应素质、学习和创新方面的素质。

专业素质包括专业理论知识和专业技能。专业理论知识与专业技能是相互渗透，相互促进，不可分割的整体。任何专业知识都来源于专业实践，是长期实践的经验总结，因此使专业理论具有科学性。而且随着实践的不断发展，其理论必定会不断得到发展和完善，最终成为一个科学体系。反过来科学的理论又科学地指导实践，确保实践的正确性，少走弯路，避免盲目。专业理论知识是指建立在一般科学文化知识基础之上的与所从事的专业密切相关的理论和知识。专业技能是指在教育者的指导下，通过学习和训练，形成一定的操作技巧和思维活动能力。专业技能是职业素质最具特色的因素。大学生首先要刻苦学习，掌握必备的专业理论知识。专业理论知识是形成专业技能的前提条件，掌握了专业理论知识，为掌握专业技能打好基础，从而能正确进行操作训练。其次要熟练掌握操作要领，注意手脑并用。专业技能训练不能是对动作机械的模仿和简单的重复，而是要站在一定的高度来学习专业技术，因此在专业技能训练中除加强动手练习外，还必须勤用脑，创造性地掌握专业技能，同时也获取丰富的文化科学知识，促进自身的发展。再次要深入社会多参加社会实践。专业技能训练不能只局限在学校、实验室和车间，也不能局限在学期中，社会、家里、假期等都有练习的时机和场所，大学生要把技能训练与生产实践紧密结合，这样有利于培养更为全面、精深的专业技能素质。

组织管理能力是指管理者按照既定目标任务和决策要求，进行统筹安排，组建一套科学合理的组织机构和团队，把各种资源有效地组合起来，协调一致地保证领导决策顺利实施的能力。组织管理能力是一种综合能力，是作为领导者需必备的能力。成功的领导者要总揽全局、多谋善断、扬长避短、果断指挥、善于处理突发事件。

社会交往和适应素质主要包括语言表达能力、社交活动能力、办事能力、社会适应能力等。社会交往和适应素质是后天培养的个人能力，从侧面反映个人能力。

学习和创新方面的素质主要包括学习能力、信息能力、文字表达能力、研究分析能力、创新意识、创新精神、创新能力、创业意识与创业能力等。学习和创新是个人价值的另一种形式，能体现个人的发展潜力以及对企业的价值。

三、提高心理素质，提升沟通能力，尽快适应企业

职业素质是人才选用的第一标准，是职场制胜、事业成功的第一法宝。作为员工，要不断提高自身素质，提升能力，在职场竞争中立于不败之地。

（一）提高心理素质

1. 压力管理

> 王阿姨在某一家公司上班将近30年了，由于过去部门冗员较多，所以养成了懒散、推诿的工作态度。新任领导做事严谨，对员工要求比较严格，尤其不喜欢员工做事态度不认真。在工作中，王阿姨时常受到领导的批评，她觉得领导在有意针对她，久而久之便产生了比较严重的厌倦情绪，而领导又不经常和员工交流，导致王阿姨每天上班压力很大，心情不好，甚至总找各种理由请假，部门效率因此受到影响。

王阿姨的压力主要来源于和新任领导的关系以及对这种关系认知的偏差。如果王阿姨与领导进行一次开诚布公的谈话，可以有效消除误会。对于像王阿姨这种老员工，领导要适当调整方法和态度，以尊重和鼓励为主。同时，王阿姨也要认识到自身的问题，坚持改正。

我们的毕业生中有些人就是承受不了最初的工作环境、工作强度、上司的批评、待遇问题等压力，导致频频更换岗位，影响了就业的稳定性。虽然解决了就业问题，但是没有提高就业能力。

（1）工作压力程度自我评估。

生活中我们常经历与工作有直接或间接关系的压力。请选择每题最符合你自己实际情况

的分数，最后算出总分。

5 分（总是）　4 分（经常）　3 分（有时）　2 分（很少）　1 分（从未）　0 分（对我不适用）

我对我的工作任务不清楚。

我的同事似乎对我的工作不清楚。

我与上司意见不同。

我不愿别人对我提出时间要求。

我对管理缺乏自信。

我的上司希望我放下手头的事情，先做其他优先事项。

我与公司内部的其他相关部门发生冲突。

当我的表现令上司不满时，才能得到他（她）的反馈。

工作或计划改变，且此改变对我有影响时，我并未被事先通知或征求意见。

公司要求我接受决策，但不希望我了解决策原因和过程。

我的工作必须通过开会才能决定该如何处理。

会议中我十分注意自己的言论或意见。

我忙不过来。

我空闲的时间很多（上班时我没有足够的工作要做）。

我觉得自己大材小用。

我觉得我不能胜任自己的工作。

同事们与我个性不同。

我必须同其他部门联络或协商才能完成我的工作。

我与同事间存在着无法解决的矛盾。

我的同事不支持我。

我的时间多用在处理工作配合等问题上，而不是工作计划的执行上。

我与其他同事要合作的工作太多或太少。

我受到的监督太多或太少。

我在工作上无法发挥自己真正的才能。

我被安排的工作任务没有意义。

总分：________。

自评结果分析：

总分＞75：你的压力过高，你自己可能不足以解决你的压力问题，也许你更需要心理医生的帮助。

总分≤25：你的压力极低，你似乎过着无忧无虑的生活，但这样的生活真的就没有压力吗?

多数人的总分介于 25～75 分，压力不低，也不算太高。这说明，工作带给人的压力并不像我们想象的那么大。我们之所以感觉压力大，更多源自我们要承受的经济负担和精神负担。

与 3～4 个同事或朋友分享与讨论各自的压力程度。确定你的压力来源，可按重要程度排序。选出大家最重要的几个压力来源。

（2）缓解压力的治标方法。许多常见的减压方法其实都是治标不治本，也就是说可以表面或者短期起到缓解压力的作用，而不能根除压力对身心带来的不良影响。当然，采用这些方法作为权宜之计，也是可取的积极举动。这些方法包括以下几种。

数颜色法：由美国心理学家费尔德（Leonard Felder）提出，适用于情绪不佳时，可通过数周围的各种颜色来缓解情绪压力。

暗示调节法：感到压力时，用积极的想法或语言（如“有志者事竟成”之类）鼓励自己。

运动纾解法：国外最新研究表明，每周 3 次每次 1 小时左右的运动或体力劳动，会有效缓解现代人的精神压力。

音乐缓解法：喜欢音乐吗？寻找那些在你感受压力时能给你的心灵带去慰藉的音乐吧！

幽默化解法：多读一些幽默故事或笑话，培养你的幽默神经，从而能够笑对一切压力！

注意力调控法：感到压力时，暂时避开，换个环境休息一下，静下心来换个思路，哪怕只是跟朋友们闲聊一通都可能产生积极的灵感。

缓解压力的治本方法包括：树立恰当的人生观，快乐工作，培养多元智能，树立恰当的人生观。经过大量深入探讨后可以发现，多数职场人士的压力来自精神层面，体现为对自我的认知不足，对人生与未来的迷茫，以及攀比和虚荣。

老子的哲学观是：“人法地，地法天，天法道，道法自然。”其中“道法自然”是老子思想的核心原则。老子“自然无为”的思想并不是要人不作为，而是要人“不刻意而争”，要“自然而然”地“顺势而为”。

那么什么是一个人的“势”呢？一个人的“势”其实就是“天生我材必有用”中所说的“材”——才能！亚里士多德说：“你的天赋、才能与世界需求交叉的地方，就是你的（人生）使命所在。”也就是说，一个人能为人类和社会所做的最大贡献，应该是在他能积极地发挥他的天赋才能的时候，这个时候，任何压力都会变得无足轻重，因为这是一个人的快乐所在，正所谓“乐此不疲”。

然而，我们许多人的天赋才能由于受到世俗、攀比、虚荣的影响而被埋没了。如何找回我们的天赋才能并让它（们）社会化呢？

去多接触些人吧，让别人给你反馈，从而发现自己的盲点和潜力，“不识庐山真面目，只缘身在此山中”；去多做些事吧，从实践中挖掘你的热情和激情所在；去多走些地方吧，从新的环境中你会获得更多的感悟以及对自己更深刻的认识；去多读些书，多学点东西吧，你会从中吸取更多成长的营养……

宠辱不惊，看庭前花开花落；去留无意，望天上云卷云舒。严子陵早就道出了我们现代人应有的心理健康标准：人格的独立和心性的自由！

（3）压力的积极作用。

①动力作用。俗话说，有压力才有动力，正确地对待压力，常常会把压力转化成动力。例如现代企业对于员工的工作往往是严要求的，这种严要求在给员工带来压力的同时，如果正确地运用，也会使这种压力变成激励员工把工作做得更好的动力。

②挑战感和兴奋感。在日常工作中，销售经理经常对下面的员工说：“我们必胜，这个目标一定能实现。”而销售经理的每一个目标都比过去的目标高，这就是一个预期的压力，销售经理利用这种压力让团队产生动力，提高兴奋度，更有信心地迎接挑战，实现目标。所

以说，适当地运用预期压力会让员工产生兴奋感或挑战感。

③精力充沛的感觉。在日常工作中，销售经理给销售团队的预期压力会让员工产生兴奋感或挑战感，而这种兴奋感或挑战感同时也会带来精力充沛的感觉。

④关注细节、把事做准确。在日常生活中，父母教育子女时常常让他们做一些事，如擦桌子、倒垃圾，父母们会把这件事情描述得非常重要。如：“你能把桌子擦干净可真了不起。”“很多小朋友做不到，但你能做到。”父母们使用这种方式是期望小孩有这种压力的时候会很细致、很愉悦地做这件事，所以良性的压力还有一种引导作用，可以使人关注细节，把事情做得准确。

人生必须渡过逆流才能走向更高的层次，最重要的是永远看得起自己。

有一天某个农夫的一头驴子，不小心掉进一口枯井里，农夫绞尽脑汁想办法救出驴子，但几个小时过去了，驴子还在井里痛苦地哀嚎着。

最后，这位农夫决定放弃，他想这头驴子年纪大了，不值得大费周章去把它救出来，不过无论如何，这口井还是得填起来。于是农夫便请来左邻右舍帮忙一起将井中的驴子埋了，以免除它的痛苦。

农夫的邻居们人手一把铲子，开始将泥土铲进枯井中。当这头驴子了解到自己的处境时，刚开始哭得很凄惨。但出人意料的是，一会儿这头驴子就安静下来了。农夫好奇地探头往井底一看，出现在眼前的景象令他大吃一惊：

当铲进井里的泥土落在驴子的背部时，驴子的反应令人称奇——它将泥土抖落在一旁，然后站到铲进的泥土堆上面！

就这样，驴子将大家铲倒在它身上的泥土全数抖落在井底，然后再站上去。很快，这只驴子便上升到井口，然后在众人惊讶的表情中快步地跑开了！

就如驴子的情况一样，在生命的旅程中，有时候我们难免会陷入枯井里，会有各式各样的泥沙倾倒在我们身上，而想要从这些枯井脱困的秘诀就是将泥沙抖落掉，然后站到上面去！

（4）提高心理素质。铲除心中的顽石。阻碍我们去发现、去创造的，仅仅是我们心理上的障碍和思想中的顽石。

从前有一户人家的菜园里摆着一颗大石头，宽度大约有40厘米，高度有10厘米。到菜园的人，一不小心就会踢到那颗大石头，不是跌倒就是擦伤。儿子问：“爸爸，那颗讨厌的石头，为什么不把它挖走？”

爸爸这么回答：“你说那颗石头喔？从你爷爷时代，就一直放到现在了，它的体积那么大，不知道要挖到什么时候，没事无聊挖石头，不如走路小心一点，还可以训练你的反应能力。”过了几年，这颗大石头留到下一代，当时的儿子娶了媳妇，当了爸爸。

有一天媳妇气愤地说：“老公，菜园那颗大石头，我越看越不顺眼，改天请人搬走好了。”老公回答说：“算了吧！那颗大石头很重的，可以搬走的话在我小时候就搬走了，哪会让它留到现在啊？”

媳妇心里非常不是滋味，那颗大石头不知道让她跌倒多少次了。

有一天早上，媳妇带着锄头和一桶水，将整桶水倒在大石头的四周。十几分钟以后，她用锄头把大石头四周的泥土搅松。媳妇早有心理准备，可能要挖一天吧，可谁都没想到几分钟就把石头挖起来，看看大小，这颗石头没有想象的那么大，都是被那个巨大的外表蒙骗了。

你抱着下坡的想法爬山，便无从爬上山去。如果你的世界沉闷而无望，那是因为你自己沉闷无望。改变你的世界，必先改变你自己的心态。

提高心理素质需要做到以下几点：

第一，学会让自己安静，把思维沉浸下来，慢慢降低对事物的欲望。把自我经常归零，每天都是新的起点，没有年龄的限制，只要你对事物的欲望适当地降低，会赢得更多的求胜机会。

第二，学会关爱自己。只有多关爱自己，才能有更多的能量去关爱他人。如果你有足够的能力，就要尽量帮助你能帮助的人，那样你得到的就是几份快乐。多帮助他人，善待自己，也是一种减压的方式。

第三，遇到心情烦躁的时候，喝一杯白水，放一曲舒缓的轻音乐，闭眼，回味身边的人与事，对新的未来可以慢慢地梳理，既是一种休息，也是一种冷静的思考。

第四，多和自己竞争，没有必要嫉妒别人，也没必要羡慕别人。很多人都是由于羡慕别人，而始终把自己当成旁观者，越是这样，越是会让自己掉进一个深渊。你要相信，只要你去做，你也可以的。为自己的每一次进步而开心（事是不分大与小的，复杂的事情简单做，简单的事情认真做，认真的事情反复做，争取做到最好）。

第五，广泛阅读。阅读实际就是一个吸收养料的过程，现代人面临激烈的竞争、复杂的人际关系，为了让自己不至于在某些场合尴尬，可以进行广泛的阅读，让自己的头脑充实也是一种减压的方式。人有时候是这样的，肚子里空空的时候自然会焦急，这正是你的求知欲在呼喊你，需要这样的养分。

第六，不论在何种条件下，自己都不能看不起自己，哪怕全世界都不相信你，看不起你，你也一定要相信自己，因为只有你喜欢上了你自己，才会有更多的人喜欢你，如果你想自己是什么样的人，只有你想，去努力，才会实现！

第七，学会调整情绪，尽量往好处想。很多人遇到一些事情的时候，就急得像热锅上的蚂蚁，本来可以很好解决的问题，正是因为情绪把握不好，让简单的事情复杂化，让复杂的事情更难。其实只要把握好事情的关键，就能把细节处理得游刃有余。遇到棘手的事情，冷静点，然后想如何才能把它做好。越往好处想，心就越开；越往坏处想，心就越窄！

第八，珍惜身边的人。语言尽量不伤人，哪怕遇到不喜欢的人，也要尽量迂回，找理由离开，不要肆意伤害，否则不仅让自己心情变坏，也让场面更尴尬。珍惜现在身边的一切。

第九，热爱生命。每天吸收新的养料，每天要有不同的思维。学会多换位思考，尽量找新的事物，满足对世界的新奇感、神秘感。

第十，只有用真心、用爱、用人格去面对你的生活，你的人生才会更精彩！

（二）提高沟通能力

1. 国家职业核心能力 1998 年，劳动和社会保障部在《国家技能振兴战略》中将职业核心能力培训认证体系的开发和推广工作列入国家技能振兴战略。2007 年 6 月 1 日，劳动和社会保障部职业技能鉴定中心正式向全国发布《关于颁布职业核心能力培训测评标准（试行）的通知》，通知要求各省市劳动和社会保障部门组织相关机构积极参与职业核心能力体系开发的宣传、咨询工作，并做好推行职业核心能力培训测评工作。

当前，职业核心能力已经成为人们就业、再就业和职场升迁所必备的能力，培训职业核心能力已经成为提高中高职在校生和再就业人员的就业竞争力的重要抓手，成为企业内训和事业单位在职人员综合素质提高的重要内容。

职业核心能力包括“与人交流、与人合作、信息处理、自我学习、解决问题、数字应用”6个职业核心能力模块。职业核心能力又分成：①方法能力，包括自我学习能力、信息处理能力、数字应用能力；②社会能力，包括与人交流能力、与人合作能力、解决问题能力。

2. 提高沟通能力 心理学家高曼（Daniel Goleman）有一个著名的论断：EQ（情商）是人类最重要的生存能力；对于事业的成功来说，情商重于智商。在这里我们重点学习沟通能力。

（1）沟通的重要性。人际关系的建立与维护是情商的一个核心内涵，而有效沟通可以说是体现这一内涵的关键技能。

沟通似乎是职场上最基础、最让人感到老生常谈却又不能不去面对的一个话题，因为沟通与我们终生形影不离。沟通犹如一个人的长相，谁都拥有，但敢说自己是出众的，甚至是完美的人又有几个呢？

沟通能力是衡量服务水平的重要标志，良好的服务和沟通，不但要有快捷的工作效率，还要善于观察对方的文化素质、理解水平和需求。

> 小张是某公司销售部的一名员工，为人随和，不喜欢与人争执，与同事的关系也处得比较好。但是，就在前一段时间，不知道为什么，同一部门的小李总是和他过不去，有时候还故意在别人面前指桑骂槐，对跟他合作的工作任务也都有意让小张多做，甚至还抢了小张好几个老客户。
>
> 起初，小张觉得都是同事，没什么大不了的，忍一忍就算了。但是，看到小李如此嚣张，变本加厉，小张一赌气就告到了经理那儿。经理把小李批评了一通，从此，小张和小李成了冤家对头。

小张所遇到的事情是在工作中常常出现的一个问题。当同事小李对他的态度大有改变时，小张应该有所警觉并思考问题出在哪里。此时，他应该主动及时与小李进行一个真诚的沟通，而不是一味地忍让，最后选择向经理告状。而经理做事也过于草率，没有起到应有的调节作用，反而加剧了两人之间的矛盾。经理正确的做法是应该把双方产生误会、矛盾的疙瘩解开，加强员工的沟通，结果肯定会好得多。

每一个人都应该学会主动地沟通，真诚地沟通，有策略地沟通，如此一来就可以化解很多工作与生活中的误会和矛盾。

（2）评估沟通能力。沟通能力是指能够准确表达自己的意思，同时能够准确理解他人所说的话，并做出适当反馈的能力。那么到底如何评估员工的沟通能力呢？

首先，评估员工的沟通能力应该从以下几个要点来观察：观点表达的清晰性；说服别人认可、接受自己的观点；倾听他人的发言；对他人的发言给予认可和评价（反馈）。

其次，根据员工表现，给员工各观察要点分级打分。把每个评估要点分成4个等级，等级从高到低依次给3分、2分、1分、0分。比如，在评估员工“观点表达的清晰性”时，根据员工观点的清晰性给予相应分数：观点表达非常清晰，一说即懂，3分；观点表达清晰，稍作解释才可明白，2分；观点表达不清晰，通过解释最终可明白，1分；观点表达非常不清晰，跟没说一样，0分。给员工的各个评估要点打分，计算总分，并以此来评估该员工的沟通能力。

再次，员工沟通能力分为三级（高、中、低），具体如下：①高（7～9分）：清楚地表达自己的观点，并能有效地引起他人的注意，能够根据他人的回应来调整自己的发言，愿意与不同意见进行交流。认真倾听他人的发言，并用表情、视线或其他方式对对方的观点做出回应，能够准确地把握对方的主要意思。对没有听清楚的话能够进行确认或给予反馈。②中（4～6分）：比较清楚地表达自己的观点，能注意到他人的反应，很少注意与不同意见进行交流。能够认真地听他人发言，但很少给予反馈。③低（0～3分）：不能清楚、简洁地表达自己的观点。只顾自己发言，很少在意他人的反应，不主动与他人进行交流。他人发言时东张西望，或者小声议论。对他人的发言很少给予反馈。

（3）提高职场沟通能力。美国一所研究机构发现，如果一个人的工作不能取得进展，80%不是因为缺乏技术能力和专业知识，而是因为缺乏交往的技巧。掌握沟通的艺术是人际交往中一项极为重要的内容。

然而，在公司里，一些员工由于缺乏沟通能力，不能很好地与老板、同事、客户进行沟通，以致自己的能力和才华得不到他人的理解和重视，有时，甚至还会因为不善于沟通而产生误解。

其实，沟通并不是一件难以做到的事，只要掌握其技巧，就能轻松自如地与他人交流。当然，在工作中，一般员工接触最多的还是老板与同事，因此，掌握好与他们沟通的技巧，就能在工作中变得得心应手，游刃有余。

第一，大胆与老板沟通。在现代企业里，优秀的人才比比皆是，要想使自己从中脱颖而出，除了主动执行的工作态度外，还必须大胆与老板沟通。

阿尔伯特是美国金融界的知名人士。当他初入金融界时，他的一些同学已经在金融界内担任高职，也就是说已经成为老板眼里最优秀的员工了，他们教给阿尔伯特一个最重要的秘诀：主动与老板讲话，多进行有效的沟通。

然而，在企业里，许多员工在与老板交流时，由于生疏及恐惧感，往往只是紧张地关注着老板对自己态度的好坏，以及自己应该做出什么样的反应，因此，根本就没有注意到老板说话的实质内容，这样就容易与老板之间产生隔阂。

在工作中，员工与老板之间的好感是要通过实际接触和语言沟通才能建立起来的。身为员工，只有主动与老板进行多方面的接触，把自己的真实才能完全地展现在老板面前，才能使老板对你有全面、直观的了解，才会有被重用的机会。

汤姆斯供职于一家广告公司，公司一百多人里有不少资深人士，可谓是人才济济，他在这里并没有特殊的优势。但是汤姆斯的工作很踏实，不仅能像其他同事那样把老板交代的工作按时按质完成，还喜欢琢磨本职工作之外的事。因此经常是下班后同事走了，他还在办公室里找事做。

> 一天，老板下班时见汤姆斯办公室内的灯还亮着，便走了进去。正在修改一份广告策划书的汤姆斯赶忙站起来，和老板打了一个招呼。老板很是欣赏汤姆斯这种精神，便坐下来和他聊了起来。话题转到工作上，汤姆斯谈到了广告策划、内容制作以及经营等方面的想法，其中不乏对当前广告策划工作的建议。
>
> 自然，汤姆斯引起了老板的关注，于是老板经常主动找汤姆斯聊工作里里外外的话题。虽说员工中不乏人才，可在做完自己的工作之余还这么关心公司发展的却很少见。渐渐地，老板对汤姆斯另眼相看，觉得汤姆斯会是一个得力的助手，决定任命汤姆斯做自己的助理。

汤姆斯的晋升原因在于：他不是被动地接受老板交给的任务，而是在工作中与老板建立更多的沟通联系，让老板明白自己不仅能做好本职工作，还可以接受更多更重要的工作，已具备优秀员工必备的基本素质。

第二，与同事友好相处。身为员工，与同事之间相处的时间远比与家人相处的时间长，如果总是处在孤立的地位，爱好、性格与同事格格不入，那每天去上班一定是件非常痛苦的事情。和睦的工作环境，融洽的同事关系，上下齐心，共同完成任务，是每个员工都梦寐以求的。为了实现这一目标，必须努力改善自己的不足之处，与同事搞好关系。但是，如果为了使自己成为受欢迎的人，而去曲意奉承迎合别人，也是不可取的。在日常工作中，要注意发现自己与同事之间的共同点，培养与同事之间的感情，尽量去适应同事们，把自己看成他们中的一员，时时处处与他们保持步调一致，多听取和接受他人的意见，时间久了才能获得他人的接纳和支持，相处就会融洽起来。

例如，一个同事请你对他制订的销售计划书提点意见。你首先应该仔细听听他拟订该计划的理由，了解他心目中的目标行动，经过仔细分析思考，取长补短，提出对他更有帮助的办法来，而不是先批评这个计划书。总之，你的目标是说服同事并帮他一把，而非指出他的过错。当他解除了心理屏障，你才有机会去帮助对方，也才能够在工作中挥洒自如，受到同事们的欢迎。

再如，你的搭档生性耿直、工作认真，跟你不分彼此，总是有工作就奋力去做，及早完成。但是他口无遮拦，常夸耀“这件工作全靠我！”“此任务从头至尾，我最清楚”。这些话语一说出口，常让你感到难堪，但你又确认对方是没有恶意的，不好发作。虽然，这并非一个大问题，但不妥善解决就会成为后患。试想，如果同事们都以为你必须依赖他，认为你做事不力或能力不足，连老板也是同一种想法，那你的前途可就真的黯淡无光了。在这种情况下，不妨婉转地告诉对方：“谢谢你的好意，我倒希望自己亲力亲为，这样可以积累经验！何况你终日忙碌，也该休息一下。”他会很高兴卸下一些担子，而且也会认为你这个人识大体，或许对你的好印象又加了一分。

在人力资源管理过程中，员工沟通起着非常重要的作用，怎样做到有效沟通，也是企业成功的关键。人力资源，是指人类进行生产或提供服务，推动整个经济和社会发展的劳动者的各种能力的总体。企业人力资源，是指能够推动整个企业发展的劳动者的能力的总称。如今，人力资源管理在企业管理中起着越来越重要的作用，在人力资源管理的过程中，员工有效沟通的作用是非常重要的。在许多企业都存在这样的问题，许多员工，哪怕是在本企业工作了十几年，然而问到他们企业的宗旨、目标等，往往是一片茫然，甚至连自己的定位都不清楚，只知道自己的职责是什么，每天上班做好该做的事情，然后拿工资，至于把企业当作自己的家，尽心尽力地为之做贡献，就不现实了。这就是一个问题。员工为什么不能创造出积极的成果呢？为什么会有这么多员工不愿多出一份力呢？很大程度上是因为企业没能好好地和员工沟通，了解员工所需，使员工发挥他们的最大能力。

（三）快速融入企业，争取事业成功

蒙田说，一株优良的植物，种在与它本性相违的土壤中，立即会适应环境，而不是改造土壤去适应它自己。清华大学心理咨询中心韩三奇说："大学毕业生不适应新环境是正常现象，校园人需要及时'断乳'，尽快摆脱学生气，尽快转变成职场人。明确自己的角色，掌握公司的尺度。一些刚参加工作的大学生，潜意识里仍然把自己当学生，还未完成角色转换。在工作中要克服浮躁心态，做好本职工作，以顺利通过校园人向职场人的转变。"

1. 快速融入企业 对新员工而言，如何在企业中表现自己，能否在这个企业长期发展，很大程度上取决于最初进入企业的经历和感受。新员工适应企业的时间因各自情况而不同，一般要经过3～6个月的时间。适应快的人，一个月就能过去；适应慢的人，或许需要半年时间才能过去。那么新员工如何快速融入企业呢？

（1）认真对待新员工培训。新员工培训又称岗前培训、职前教育，是一个企业把新录用的员工从局外人转变为企业人的过程。企业对新员工进行培训是新员工了解所在企业的好机会。它不但可以帮助员工了解企业的行为规范、福利待遇、可用资源等，更重要的是将企业文化灌输到员工的大脑。

如今，越来越多的企业认识到新员工培训的重要性，在新人入职时已不仅仅只做简单的引见，往往还要安排内容丰富的培训。拿国内著名企业海尔来说，通常海尔公司在新员工入职后做的第一件事就是举办新老"毕业生"见面会，新员工通过师兄师姐的亲身感受理解海尔。新人也可以利用见面会与集团最高领导沟通的机会，了解到公司的升迁机制、职业发展等问题。这无疑是新员工了解海尔企业文化的一个绝好时机。又如，联想对新员工实行的"入模子"培训。所有加入联想的员工，在试用期时都要接受为期一周的封闭培训（"入模子"培训），了解公司的文化、理念、产品、历史、发展方向等。从"模子班"里出来的员工，联想的一切已经深深植入脑海。

（2）工作中多学、多问、多了解。投入到一个新的文化环境中肯定有一些陌生的地方，这就要求新员工多学、多问、多了解。对于"可视规矩"，则找来公司的制度、流程和职位说明书加以学习；对于"不可视规矩"，比如企业文化，就要虚心地向老员工请教，因为他们在公司的工作时间长，对公司的方方面面了解入微，多和他们交流可以让你少走很多弯路。工作中遇到难题或是处理问题拿不准时，千万不要不闻不问、不懂装懂，而应主动大方地请教身边的同事，培养自己对公司的归属感。

> 国际贸易专业毕业的小陈，毕业后在一家外企找到了一份市场调研的工作，对于外企公司的工作节奏快、管理要求严，此前小陈早有所闻，所以在刚参加工作时，他尽量改变自己原来读书时拖拉、懒惰、不拘小节等毛病，争取在最短时间内完成工作，同时多学、多问、多了解。经过3个多月的努力，小陈对工作已得心应手。他感触最深的是，要快速地融入公司的企业文化，最重要的就是多学、多问、多了解，但前提是要掌握好学习和询问的时机。

(3) 谦虚行事。身处一个陌生的文化环境，谦虚行事是必不可少的。在对公司的企业文化还没有基本了解的情况下，急于表现自己的所知所能，不但不能让别人对你刮目相看，还容易弄巧成拙，给人飞扬跋扈的感觉，容易让人产生厌恶感，不利于融入公司的企业文化。

> 小李的专业经验非常丰富，跳槽到国内一家大型信息技术企业后，更是摩拳擦掌，很想大干一场，加入公司不到一周的时间就做出一份长达30多页的企划案，放到老板桌前。令小李迷惑不解的是，老板接到企划案后非但没有表扬他，反而大皱眉头。后来小李通过同事了解到：原来公司一贯奉行稳健经营的作风，而小李的企划案虽然具有开拓性，但是存在着巨大的经营风险，和公司的企业文化不符。

每家公司都有自己独特的企业文化，作为新人都要有一个逐步适应的过程。在没有了解公司的企业文化之前，千万不要急于求成，以至于给别人留下不好的印象。谦虚行事才是最明智的做法。

(4) 融入团队。现代企业不可能单打独斗，可以说，现在是“打群架”的时代。企业文化最终体现在员工的行为上，融入一个公司的企业文化中，也就是融入这个大的团队里。而团队必然有文化和他自身的一套规矩，个人英雄主义是行不通的。想要被一个团队所接纳，就得想办法接受和认同他们的价值观念，在团队中找准自己的角色和职责。

积极参加公司举办的各种活动，这是新员工融入团队的一个有效方法。哪怕是共进一次午餐，也可以加深同事之间的关系，因为在工作中和同事深入接触的机会有限，大家都忙于自己的事务，不可能过多交流，而在一些非正式场合则可以对公司的团队有更深的了解。

需要注意的是，融入团队并不是拉帮派、搞小圈子。办公室是一个讲究团队士气和团结精神的地方，和同事相处，要一视同仁，切不可内部分帮分派，游离于公司的主流文化之外。

关于新员工的适应问题，还有许多其他有助于解决的途径。总之，不管以前从事什么职业，有着怎样的工作背景，一旦加盟一家新公司，都会面临新的环境和新的要求，及时调整自己是必需的，包括调整自己的心态和调整工作技能发挥的方向，快速地认知新公司的企业文化方能顺势而行——这是社会和企业对每个职业人的要求。

2. 职场晋升谋略

(1) 认真负责的工作态度是最基本的职业道德。不论事情大小，在做完之后，一定要先检查两遍，确认没有错漏和问题再上交，这样可以提高公司对自己的信任度。

(2) 主动的人最易得到赏识和重用。这表现在几个方面：一是主动按时完成上级交代的任务，如果上级没有安排也应主动去问一问，尽量往前赶，这样可以争取更多的学习时间来提高自己，也容易使自己养成高效率的做事习惯。二是主动汇报工作完成情况，如果自己的任务完成了，也可以主动问问别人是否需要帮助。很多人生怕自己的任务提前完成了会有更重的任务安排，其实聪明的人总是尽量多地争取工作机会，因为人的成长都是通过不断实践来达到的，很多事情，如果你没有做过，就永远不会做。社会经验是什么？就是你经历过的事情，你经历的事情越多，你的社会经验就越多，能力自然就比较强。退一步来说，公司安排你更多的事情，其实是在培养你，是公司很看重你，如果公司什么事情都不考虑你，说明什么呢？只能说明你能力差，什么事情都无法胜任。三是主动提出工作中的改进及修改建议。其实大家从学校出来，都很聪明，能力也并没有太大的区别，为什么进入社会后，差距就逐渐表现出来了呢？其中最重要的原因就在于能否主动发现问题、思考问题，并提出解决问题的方案建议，这也是公司提拔人才的一个重要依据。还有一点就是主动发现并抓住机遇，表现自己的才干，以争取更大的发展空间。前面说过，竞争是残酷的，机遇非常有限，而且不易发现，如果你能发现并抓住它，那么，你就比别人多了一次机会。当然，我们提倡的是公平竞争，极力反对打击别人、抬高自己的做法。

（3）尽量提前完成任务。至少一定要按时完成任务，确实无法按时完成任务时应提前告诉你的上司，以便及时安排和调整。

（4）尽量独立完成工作。接到任何工作后，都应尽量独立完成。如果任何事情都是别人告诉你怎么做，你就会失去很多思考的机会，那么你永远比别人成长得慢。作为员工，不要永远被动，而要主动去承担更多的工作，遇到难题时请上司提意见，但仍由自己安排执行的办法，表现你独立工作的能力。

（5）学习接受别人的批评意见。批评也是一种关爱，批评使人进步。请回想一下，哪些人最喜欢批评你？是不是父母、老师？假如你在公共汽车上做了一件不文明的事情，会有人批评你吗？没有，因为那些人并不关心你！同样，上司批评你，其实是在培养你，是希望你能及早克服缺点，尽快成长。也不要因彼此是好朋友、校友等，就对对方工作中存在的不足和问题放过，作为朋友，更应当指出对方工作中存在的不足，因为一旦这种不足和问题酿成了工作事故，那才真正害了他。

（6）学会克服困难。日常生活中，我们经常碰到各种各样的困难，有的很容易就克服了，有的很难克服，有的根本就是我们克服不了的。我们应该如何面对困难呢？是逃避还是勇敢地面对？很明显，应该是勇敢地面对并解决它！有句歌词唱得很好："不经历风雨，怎么见彩虹？"人都是在挫折中长大的，只有能不断地挑战困难并解决困难的人，才能获得比别人更快的成长和更大的成就。

（7）成为该行业的行家。经常带给公司一些与众不同的资料与信息，比如竞争公司的最新动作，行业发展的最新动态等，让公司知道你把公司的利益放在第一位。此外，还要不断地学习与进修。

（8）学会表现自己的进步。只会等待公司去发现的人并不算是人才，只有通过适当的时机和机会去表现自己才干的人才真正会被公司重用。最能表现自己才干的时候就是当公司遇到了某些困难和难题，而你又正好有一些建议的时候。另外对你曾经犯过的一些错误，也应及时报告你的进步。比如，你的同事认为你的动画制作很差，但在你刻苦练习之后，已有很大进步时就应该表现出来。

如果你能够在工作上认真、负责、主动，对各种业务非常熟悉、老练、有见地，对同事诚恳、和善、协作，对自己严格、纯正、朴实，那么成功离你一定不远了。

作为高职院校毕业生，如何提高自己的职业素质，提升就业能力，使自己与就业岗位零距离，是在实习期间必须通过岗位实训进一步解决的重要问题。大学生在实习期间暴露出一些不足之处，如怕脏，怕累，怕苦，总想干轻巧活或是走上管理层；职业意识和职业道德观念不强，对企业的规章制度不理解，缺乏主人翁精神等。有的学生来到企业，带着试试看的思想，一开始便产生一种临时观念，在企业里表现一般，工作随便、纪律松散，动不动还要闹别扭，同事关系处理不好，故意与领导对峙，搞小团体，消极怠工，没有把自己融入这个大集体中，没有把企业的利益与自己的利益结合起来，而是总以为企业太苛刻而不讲人情，在多方面束缚了自己。这样的学生即使能就业，稳定就业岗位的能力也很有限，在实习期间发现的劣势，还有机会自我改正，如果在真正就业后还不能调整好自己，失业的危险就在眼前。

复习思考

1. 什么是职业素质？
2. 职业素质的内容有哪些？
3. 怎样应对职场压力？
4. 怎样融入企业？
5. 职场沟通需要注意哪些问题？

模块五

从业人员的行为规范——职业道德

学习目标

了解职业、职业道德的本质内涵；把握职业道德的基本要求；清楚地认识职业道德对个人事业及企业发展的重要意义；努力培养职业道德素质。

名言警句

1. 实际上，每一个阶级，甚至每一个行业，都有各自的道德。

——恩格斯

2. 行业尽管不同，天才的品德并无分别。

——巴尔扎克

3. 一不为名，二不为利，但工作目标要奔世界先进水平。

——邓稼先

4. 抱着一颗正直的心，专心致志干事业的人，他一定会完成许多事业。

——赫尔岑

5. 人生在世是短暂的，对这短暂的人生，我们最好的报答就是工作。

——爱迪生

6. 天才，就其本质而说，只不过是一种对事业、对工作过盛的热爱而已。

——高尔基

案 例

德胜——办君子企业，做君子员工

德胜所倡导的企业文化即要求公司做君子企业，并要求员工做君子。这是德胜文化——“靠德取胜”。

德胜（苏州）洋楼有限公司成立于1997年，经过数年的发展，德胜公司现已拥有固定资产超过2亿元，在定制别墅类行业中具备强大竞争力。其中国苏州总部占地约3.5公顷，又在昆山购地15.7公顷建设“德胜昆山工业园”，作为公司的工业生产基地。目前，公司年生产加工能力可以满足1 000栋以上的木结构别墅工程所需全部材料（以每幢300米^{2}计）。此外，2003年10月，经教育部门批准，由德胜公司捐资创办的德胜—鲁班（休宁）木工学校正式开学，与同济大学合作成立了德胜住宅研究院。无论是在工厂，还是在平民学校、木工学校，德胜最重要的一件事就是贯彻“诚实、勤劳、有爱心、不走捷径”的价值观，推行“看人做事，为君子者行，非君子者正”的“君子文化”。

公司总部在苏州的工业园区。开车进入总部所在地——波特兰小街，整洁干净的街道，一幢幢漂亮的小洋楼，会给你一种清新舒畅的感觉。当你进入门口时，这里每一位戴着胸卡的员工都会对你点头微笑，工作人员会善意地提醒你：“先生！请您把车开慢点，里面有孩子。”就这一笑、一个提醒，会让你不得不对这个公司背后的文化心生好奇。

进入公司内部，你会发现这个公司是个不同于大多数企业的非常特别的公司。

首先，员工上下班永远不用打卡，工作时间的保证全靠大家的自觉。员工可以随心所欲地调休，当然，上班时间必须满负荷地工作。公司明确规定，不允许员工带病上班，因为他们认为带病坚持工作是对自己身体的不珍惜。公司的理念是，一个人活着，工作不是也不应该是唯一的目的，作为普通人，理应努力工作，但不必为工作而献身。世界不是靠几个普通人拯救的，一个普通人即使献了身也未必会给人类带来什么了不起的进步。

在德胜，员工报销无须任何人审批，只需报销人写清相关费用说明并在真实性声明上签字。显然，这与大部分的企业不同，这些做法很难在一般企业推行。但它之所以在德胜行之有效，一个秘密就是德胜坚持不懈、卓有成效的商业伦理建设。德胜人相信“一个不遵守制度的人是一个不可靠的人，一个不遵循制度的民族是一个不可靠的民族”。在《德胜员工守则》上，有董事聂胜哲说的一段话：“为了追求秩序，我绝不允许我熟悉的人、我曾帮助过的人蔑视制度，绝对不可以，百分之百不可以。”从这可以看出德胜的追求不仅在于做企业赚钱，更在于一种以企业为载体，改变人格的勇气和决心。

德胜人推崇踏踏实实的工作作风，鼓励员工做一个合格的现代人。董事长这样告诫员工：“今天无论你是杨振宁也好、李政道也好，无论你是陈逸飞也好、张艺谋也好，只要你在德胜工作，每天早上一定要默读这句话：‘我实在没有什么大的本事，但我有认真做事的精神。’”

德胜的信条是“做事就靠实力和诚实，能做就做，不能做就不做”，也不偷税漏税。作为买方的德胜，严格自律，拒绝腐败和暗箱操作，规定“采购过程中，坚决禁止向供货商索要钱财，不准吃请”，并向供应商发送“反腐公函”，要求“不得向我公司人员回扣现金、赠送礼物”，否则就不再合作。

德胜公司提倡员工关系简单化。比如，他们规定：员工之间不得谈论其他员工的表现，不得发表对上级和对其他员工的看法，更不得探听其他员工的报酬和隐私。

由于长期注重人格的培养，德胜人身上表现的是正义感、责任感、荣誉感、直至心底的幸福感。在德胜，除了漂亮、干净的小洋楼和精心布置的小区，就是公司充满自信和自尊的员工。德胜并不是一个高科技企业，而是一个大量使用农民工的企业，德胜90%的员工来自于农村。这些员工刚来时，并没有很广的学识和高超的技能，但公司要求员工必须“谦虚、诚实、勤劳、有爱心”，在德胜，从工地上由农民身份转变而成的建筑工人到公司的行政管理人员直至公司总裁，每个人都受到同等的尊重。公司里没有明确的等级制度。每个月管理人员也必须至少有一天到基层去顶岗，顶岗的工作可能包括打扫厕所等基本工作。

案例分析

何为君子？“仁”是儒家思想伦理道德的最高境界，但是，落实到个人的具体修养上，“君子”则是其理想的人格典范。“仁者爱人”，德胜公司爱护自己的员工，德胜公司的员工用自身的行动爱护自己的企业。君子企业造就君子员工，君子员工成就君子企业！

《周易》曰：“天行健，君子以自强不息；地势坤，君子以厚德载物。”子曰：“君子喻于义，小人喻于利。”古人口中的君子多指人的品行。“君子”是人性高贵者响亮的名号，古之君子们在举手投足之间诠释着善良、慎独、修德的内涵。德胜公司要办君子企业，就是要以德治企；做君子员工，就是要求员工加强职业道德修养。

一、职业与职业道德

马克思曾说：“在选择职业时，我们应该遵循的主要指针是人类的幸福和我们自身的完美。”职业道德是与人的职业角色和职业行为相联系的道德。从事一定的职业就要遵循相应的职业道德。

> 有一个古老的故事：古代有一位老中医，每当弟子学成满徒的时候，都要送给弟子两样礼物——一把雨伞、一个灯笼，寓意为病人看病应当风雨无阻、不分昼夜，并告戒弟子，此乃医者之道。
>
> 唐代名医孙思邈把治病救人和道德联系在一起，认为“人命至重，贵于千金，一方济之，德愈于此”。

俗话说，做官有“官德”，治学有“学德”，执教有“师德”，行医有“医德”，从艺有“艺德”……这些都是我们所说的职业道德。

事实上，各行各业都有职业道德要求。教师的职业道德为：为人师表、教书育人；医生的职业道德为：救死扶伤，高度负责；行政执法人员的职业道德为：秉公执法、公道正义；国家公务人员的职业道德为：廉洁奉公、甘当公仆；产业工人的职业道德为：坚守岗位、技术创新；财会人员的职业道德为：不做假账，廉洁自律；商人的职业道德为：诚实守信，童叟无欺；从事服务业人员的职业道德为：周到服务、礼貌待人……

（一）从道德说起

> 有人做了一个实验：把5只猴子关在一个笼子里，上头有一串香蕉，实验人员装了一个自动装置，一旦侦测到有猴子要去拿香蕉，马上就会有水喷向笼子，这5只猴子都会淋得一身湿。
>
> 首先有只猴子想去拿香蕉，当然，结果就是每只猴子都淋湿了。之后每只猴子在几次的尝试后，发现莫不如此。于是猴子们达成一个共识：不要去拿香蕉，以避免被水喷到。
>
> 后来实验人员把其中的一只猴子释放，换进去一只新猴子A。这只猴子A看到香蕉，马上想要去拿。结果，被其他4只猴子打了一顿。因为其他4只猴子认为猴子A会害它们被水淋到，所以制止它去拿香蕉。A尝试了几次，虽被打得满头包，依然没有拿到香蕉。当然，这5只猴子就没有被水喷到。

> 后来实验人员再把一只旧猴子释放，换上另外一只新猴子B。这只猴子B看到香蕉，也是迫不及待要去拿。当然，一如刚才所发生的情形，其他4只猴子打了B一顿。特别的是，那只A猴子打得特别用力。B猴子试了几次总是被打得很惨，只好作罢。
>
> 后来慢慢的一只一只的，所有的旧猴子都换成新猴子了，大家都不敢去动那香蕉。但是它们都不知道为什么，只知道去动香蕉会被其他猴子打。

这就是道德的起源。

道德发展史的研究表明，人类的道德胚胎萌发于原始禁忌。原始人为了抗御自然灾害和敌人袭击，形成一些维系群体生存和发展的风俗习惯，这些习俗涉及收集食物、起居饮食、繁衍生存等，这种原始禁忌好像是通过某种难以理解的神秘力量自动地发挥着作用，要求大家无条件地遵守或不要违禁。例如，澳大利亚耶卡拉土著居民禁止产妇吃鳄鱼蛋，孩子出生后母亲依然得继续恪守，母亲对鳄鱼蛋的禁忌持续到孩子学会说话；男子被允许白天贪眠，而女子却没有这种权利。在马塞人观念里，牛奶煮沸是禁忌，因为他们唯恐牛会因此而乳汁枯竭。凡是违背这些禁忌的，轻者被众人指斥怒骂、罚做苦役，重则处以酷刑甚至处死。随着人类生产实践的发展、生活经验的积累和人类思维水平与认识能力的提高，原始人在自己的生命活动中逐渐学会识别“有利”和“有害”，并把这种利害关系予以扩展，形成了“善”和“恶”概念的雏形，由此推演出正义与非正义、勇敢与懦弱、祸与福、荣与辱等道德概念。经过极为漫长的历史过程，道德由少数人的意识逐渐发展为多数人的意识，变成普遍的共同的社会要求，即一种调节人们关系的社会规范。

道德是人类在社会生活中为了调整人们之间以及个人与社会之间的关系，依靠内心信念、社会舆论和传统习惯所维系的行为规范的总和。它以善和恶、荣誉和耻辱、正义和非正义等作为评价标准，并逐步形成一定的习惯和传统，以指导或控制人们的行为。在我国古代，“道”“德”原本分开使用，具有不同的含义。“道”这个概念由老子首用，指事物运动的规律、法则，引申为道路，有天道、人道之分。“天道”指自然运行的法则；“人道”指人所应当遵循的具有必然性的规律与法则，也意味着做人的道理。所以，道德中的“道”就是原则、规范的意思。“德”，词义接近“得”，是象形字，甲骨文中其字形表示直视前行、有所获得之意。后来写法发生变化，上从“直”，下从“心”，意指心之端正、遵循社会特定的规范制度。人们认识并遵循“道”，内得于己，外施于人，即为“德”。内得于己，是指自己因内心无愧而获得心理上的满足与愉悦；外施于人，是指因自己内心正直而使他人得到好处，并获得别人的肯定与赞赏。《论语》中有“君子之德风，小人之德草，草上之风必偃”之语，这里的“德”指人的品质；“以德报德”指人的行为；“为政似德”指道德教育和道德感化。在中国思想史上，道德有时指人的思想品质、修养程度、善恶评价，有时指风尚习俗和道德教育活动，但主要是指在社会生活中人们的行为准则和规范。把“道”“德”两个字连在一起用，始见于荀子《劝学》篇：“故学至于礼而止矣，夫是之谓道德之极。”在西方的古代文化中，“道德”指风俗、习惯，也含有原则、规范、品质及善恶评价的意思。

（二）职业——人总是要在一定的职业中工作生活

职业的通俗表述就是人们所从事的工作。职业是社会分工和劳动分工的产物，是社会对人的角色安排。社会分工造成了职业划分，职业也因此具有了特定业务要求和职责规定。

职业是人谋生的手段和方式，从事一定的职业是人的需求。对于大多数人来说，只有从事一定的职业，获得一定的劳动报酬，才能获取生活来源。在职场竞争激烈的今天，工作对于每个人来说都非常重要，因为这是我们生存的根本。从这个意义上讲拥有一份相对稳定的、适合自己的工作，确实是人生的一件幸事。我们看到，每年都有成千上万初入职场的新人或是刚刚跳槽的人员在寻找适合自己的职业，尤其近年来大学毕业生的就业压力非常大，大批新毕业的大学生加入到百万新生军的竞争中，每个人都在为自己的那块立足之地竭尽所能，得到一份理想的工作绝非易事。

职业劳动使人的体力、智力和技能水平不断得到发展和完善。职业劳动是最直接的社会实践活动。实践出真知，勤奋长智慧，通过职业劳动，身体得到锻炼，促进大脑思考，增进人与人、人与社会的沟通，从而使人的体力、智力和技能水平不断得到发展和完善。

通过职业劳动，促使自己履行对社会和他人的责任。如消防员的职责是发生火灾时承担灭火任务，最大限度减少损失。承担特定社会责任是职业的本质。只要人们从事职业，就必须承担职业责任，恪尽职业义务。

我们所从事的职业就是工作，工作是生命的一部分。它不但是大多数人的生活来源，而且是所有人安身立命的基础。没有工作的生活会很苍白，没有意义，在能工作的时候没有工作，久而久之，人就会情绪低落，精神匮乏。

一个名叫查尔斯·兰博的美国人在印度从事文书工作，这是十分单调乏味的工作。做久了，兰博从心底感到厌倦，因而当他终于从这无聊的工作中解脱出来时，他感到无比高兴和快乐，在给朋友的信中说道：“我终于自由了，什么也不干了。”漫长的两年终于过去了，兰博确实享受到了一份清闲的福气，但是心情却也发生根本性的变化。他后来发现那些原来单调乏味的公务上的工作——“由别人指定的一连串反复不已的重复工作”——原来一直是最适合自己的。时光以前是他的朋友，而今却成为他的敌人。后来他给朋友的信中写道：“我真的相信，没有工作比过度劳累更坏，一个人一旦没有工作，他的心就会自己折磨自己——这是一种最不利于健康的食物。我唯一能够做的，也是我做得最多的就是周而复始地散步。我真是一个时间的杀手。”

一旦停止工作，人常常会觉得失去人生的方向。为什么比尔·盖茨、李嘉诚直到今天还在努力工作？当我们明白工作对人生的重要意义时，就不难理解他们为什么这么做了。

工作是人生命中的重要组成部分，它是你成长、生存、实现自己理想和抱负的重要途径。工作中的点点滴滴都是你用心积累而成的，用心工作，工作也将给予你相应的回报，善待工作也就是善待自己的生命。

职业是从业者实现自身价值的重要途径。当被问及为什么工作时，我们当中大多数人可能回答：“为了生存。”不错，生存是人的第一需要，激烈竞争的今天，我们随时都有可能失去一份工作，工作是我们生存的根本。然而人活着绝不仅仅是为了生存，为了混口饭吃那么简单。活着就应该让生命有意义！我们从事的职业不仅仅是为了满足生存需要，还有更高层次的需求，那就是实现自身价值。职业给予我们一个施展自己才能的舞台，你寒窗苦读获取的知识，你的才华、你的决断力、你的应变力、你的适应力以及你的协调能力，甚至你的组织领导能力，都将在这样的一个舞台上得以展示，实现你人生的价值。

（三）职业道德——从业者的行为规范

一次心理咨询课程上，在个案练习环节中，有一位同学拿他所谓的朋友身上发生的事与老师互动，另外一位同学突然站起来，很激动地说："老师，他其实说的就是他自己的事，不是别人的事，他一点都不真诚，他不真诚，怎么能解决他的问题呢？"当时老师的脸立刻变得非常严肃，平常温和的老师一下子有了怒气。老师从讲台上几步走到台下，用颤抖却又严厉的声音说："你为什么要说出来？就你自己知道吗？你知道你这样说出来对他的伤害有多大吗？"

确实，那位参加互动的同学叙述在多年以前，他还是学生时，曾经多次徘徊在某大学心理诊室的门口，而迟迟没有勇气走进去，就是怕别人会对他有看法。在刚刚那位同学说出真相的那一刻，他的确有种被剥光了站在众人面前被评头论足的羞耻感。

这位老师严厉的态度的背后隐藏着一颗急切地保护咨询者隐私的心，这让在场的同学牢牢地记住了：尊重咨询者的感受，保护他们的隐私，是心理咨询师和心理治疗师必须遵守的职业道德。在《心理治疗师之路》中也写道："如果在公共场合遇到来访者，行规要求我们回避，除非来访者主动与我们打招呼。"当然这里的"行规"不是消极的行业潜规则，而是心理治疗师行业理应遵守的职业道德。

职业道德是把一般的社会道德标准与具体的职业特点结合起来的职业行为规范或标准。具体地说，职业道德是指从事一定职业的人在职业生活中应当遵循的具有职业特征的道德要求和行为准则。它调节从业人员之间、从业人员与职业之间的关系，加强职业、行业内部人员的凝聚力；调节从业人员与服务对象之间的关系，用来塑造本职业从业人员的形象。职业道德是评价从业人员的职业行为善恶、荣辱的标准，对该行业的从业人员具有特殊的约束力。职业道德决定着人们的"职业良心"，使得人们能按照自己的责任、义务，自觉地约束自己的行为。职业道德告诉人们应该做什么，不应该做什么，应该怎么做，不应该怎么做。

（四）职业道德的基本要素

职业理想、职业态度、职业良心、职业荣誉、职业义务、职业纪律、职业作风等是职业道德的基本构成要素。

1. 职业理想 职业理想是人们对职业活动目标的追求和向往，是人们的世界观、人生观、价值观在职业活动中的集中体现。它是形成职业态度的基础，是实现职业目标的精神动力。

比尔出生于1932年，出生时大夫用镊子助产时不慎夹碎了其大脑的一部分，导致比尔大脑神经系统瘫痪，严重影响说话、行走和对肢体的控制。长大后州福利机关将他定为"不适于被雇佣的人"，专家说他永远不能工作。但他发誓一定要找到工作，最后怀特金斯公司很不情愿地接受了他，但条件非常苛刻。1959年，比尔第一次上门推销，反复犹豫了4次，才鼓起勇气摁响门铃，但开门的人对产品并不感兴趣。接着是第二家、第三家。比尔的生活习惯让他始终把注意力放在寻求更强大的生存技巧上，38年来他几乎重复着同样的路线，每天都要走十几千米，一年年过去了，上百万次地敲开一扇又一扇的门，销售额渐渐增加了，比尔成为销售技巧最好的推销员。现在怀特金斯公司已有6万名推销员，但比尔仍然在上门推销，尽最大努力照顾自己的顾客。他是公司历史上最出色的推销员，公司以比尔的形象和事迹向人们展示公司的实力。他是第一个得到了公司颁发的杰出贡献奖的员工，后来这奖只颁发给像比尔那样有杰出成就的人。公司总经理告诉他的雇员们："比尔告诉我们，一个有目标的人，只要全身心地投入到追求目标的努力中，那么就没有任何事情是不能做的。"

2. 职业态度 职业态度是人们通过职业活动和自身体验形成的对所从事岗位的一种相对稳定的劳动态度和心理倾向，它是从业者精神境界、职业素质和劳动态度的重要体现。

职业态度是一个综合的概念，包括一个人自我的职业定位、职业忠诚度以及按照岗位要求履行职责进而达成工作目标的态度和责任心。

刘守华在《职业态度》一文中讲述了档案管理工作者爱岗敬业的事例。刘守华曾在事先没有预约的情况下走进一家区档案馆的库房，进门的一霎，他很惊讶于这里的一尘不染，即便是在北方多风的春天，用手指轻抹窗台，竟然没有半点尘土，楼道几扇窗户的窗帘也都打着美观而统一的结。这是一件小事，也并非难事，但若能这样持之以恒，不能不说是从业者尊重自己工作的体现。还有一次，他去采访位于南方某岛的一个只有一名馆长和一名员工的县级档案馆，只有几间简陋的库房，家具还是 20 世纪 60 年代战备时配备的木质柜子。去的那天，唯一的员工外出办事了，办公桌上摆着她正在装订的案卷，那么规范整洁，那么一丝不苟。虽然这只是一个小小的细节，但却体现出了这位馆员良好的职业态度；虽然未曾谋面，但刘守华对这位同仁的敬仰之情却油然而生。刘守华还接触过一位在高校档案馆工作的同仁，本来可以轻松完成的例行公事，该同仁却不满足，不断摸索实践，总结出了简捷而实用并值得推广的工作经验。每有外出开会学习的机会，她唯一的希望是拜师求教。她说，因为热爱这个职业，就总是想方设法把它做得更好。

把简单的事做好就是不简单，把平凡的事做好就是不平凡。态度决定方法，态度决定一切，一个人的态度直接决定他的行为，拥有良好积极的职业态度才会感到工作的乐趣、职业的前途，才有可能取得事业的成功。

3. 职业良心 职业良心指从业者对职业责任的一种自我意识，是人们内心的一种自我约束。商人的职业良心是"诚实无欺"，医生的职业良心是"治病救人"，从业者做到这些，良心才会安宁，反之，内心就会产生愧疚感。

2017 年 5 月 4 日的上班早高峰车流里，贾宏跟往常一样开着 M337 区间公交车，搭载着几十名乘客，从深圳清湖地铁站向光明城站驶去。

车开了大约半个小时，到达福民社康中心站时，他感觉胸口有些发闷，"开始以为是胃疼"。他深呼了几口气。没想到过了一会儿，左臂开始隐隐作痛，同时浑身冒出虚汗。直到指尖也开始麻麻的，贾宏意识到，是自己的身体出了问题！他一边开车，一边抹汗。当时是上班早高峰，如果现在停车，庞大的车体势必造成大面积拥堵。贾宏决定不能停车，"要找一个宽阔的地方才行"。身体的不适感在加剧，胸口也开始痛了，腿也发麻。贾宏放慢车速，硬撑着开出两个站。

宽阔的地方终于到了，那就是溢佳工业园站。贾宏把车靠边停稳，打开双闪，招呼车上的几十名乘客转车。之后，他拨打 120，并不忘给调度员打电话，说明情况。做完所有这些，贾宏瘫倒在驾驶座上。被送到医院后，医生诊断其为心肌梗死。“当时他的心脏部位一根血管已经完全闭塞。”医生说。在医生的奋力抢救下，贾宏才脱离了生命危险。

贾宏有着十几年公交车驾驶经历，他告诉记者，公交行业的信条之一就是“先救乘客，再救自己”。他说：“作为一名公交车司机，乘客的生命安全永远摆在第一位。遇到突发事件，首先要保护车上乘客的安全。”

真正有职业道德修养的人，其言行不是仅仅依靠外部的舆论监督而实施的，更重要的是，他有一颗良心来督促自己高度自觉地按照职业道德的要求来做好本职工作。高尚的道德行为，都是来自内心世界的自觉行为。

4. 职业荣誉　职业荣誉是对职业行为的社会价值所做出的公认的客观评价以及正确的主观意识、期望和追求。在2008年“5·12”四川汶川大地震中，很多教师因不顾自身安危救孩子而失去生命，是这些优秀的教师不怕死？是他们傻，不知道逃生？都不是！而是他们具备作为教师的最基本的职业荣誉感。

“我脑海里总是闪现孩子的身影，能为学生做事心里才踏实。”带着对学生的热爱，对辅导员工作的热爱，身为教育厅副厅长的曲建武在仕途一帆风顺时，执意“裸退”，辞官从教，成为了大连海事大学2013级的一名普通辅导员。

在大连海事大学2013级学生中，有一个叫其美曲珍的藏族姑娘。因为家里条件不好，开始有点自卑。曲建武发现后送给她一台笔记本电脑，并对曲珍说：“你吃不上饭找我，有我吃的就保证有你吃的。”在曲老师的关怀和鼓励下，通过努力，曲珍获得了专业第二名的好成绩，并写了入党申请书。她对曲建武感激地说：“老师，谢谢您，来到大学，是您使我有了信心，有了勇气。”毕业时，曲老师把曲珍送到了机场，她哭了：“大学四年是我人生最美好的时光，我走出来是为了更好地回去，我要让更多的孩子走出大山。”在毕业后的一个父亲节，正值曲老师生日，曲珍发来一条微信：“生日快乐，我永远的父亲。”看完后曲建武心里暖暖的：“你要好好表现，一定会成为对祖国有贡献的人，找个好郎君，老师一定参加你的婚礼。”“我担心您身体受不了，我们这儿海拔高。”当时曲建武就流泪了，“曲珍，老师多次去过西藏，你的婚礼爬我也要爬去。”“能带给我快乐的就是和学生一起”，这句话就像父母之于子女的感情，朴实无华，却又充满力量。

不幸的是，和学生在一起快乐得像个孩子似的曲建武，得了癌症，生命危急时刻，他拒绝了医生植皮、化疗、放疗的治疗建议，在刀口还没有完全愈合的情况下就出院了。他说：“这是我梦寐以求的职业，也是我终生追求的理想。”他要把最后的时间留给学生。2017年12月29日，中共中央宣传部向全社会公开发布曲建武的先进事迹，授予他“时代楷模”荣誉称号。

5. 职业义务　职业义务是人们在职业活动中对他人、对社会应尽的职业责任。军人的职责是服从，医生的职责是救死扶伤，警察的职责是维护社会秩序……

6. 职业纪律　职业纪律是从业者在岗位工作中必须遵守的规章制度、法律条例等职业行为规范。职业纪律以劳动者职业行为为调整对象，对劳动者产生约束力。职业纪律的重要价值目标在于实现劳动安全，对劳动者劳动生产过程的安全展开起到重要的保证作用。劳动者违反职业纪律要受到制裁。

7. 职业作风 职业作风是从业者在职业活动中表现出来的相对稳定的工作态度和职业风范。如从业者在职业岗位中表现出来的尽职尽责、诚实守信、奋力拼搏、雷厉风行、艰苦奋斗的作风等，都属于职业作风。

（五）职业道德的基本要求

《公民道德建设实施纲要》提出了职业道德的基本规范：爱岗敬业、诚实守信、办事公道、服务群众、奉献社会。

上述规范是对从业者的基本要求，随着现代社会分工的发展和专业化程度的提高，市场竞争日趋激烈，整个社会对从业人员职业观念、职业态度、职业技能、职业纪律和职业作风的要求越来越高。刚步入职场或准备进入职场的大学生要增强职业道德意识，遵守职业道德规范，避免在职业生涯入口留下隐患。

> 小李是某高职院校畜牧专业的毕业生，毕业后到一家饲料公司工作，小伙子很会办事，也颇有能力，得到老板器重并有意把他培养成日后企业的栋梁。有一天小李终于得到老板的信任，把饲料秘方交给他，没想到，不久小李携秘方而逃。老板非常气愤。这件事对学校的影响也不好，一年一度的就业招聘会上，该企业没有来人，学校领导给该公司老板打电话联系，老板说出实情，并说："今后再也不要你们学校的学生。"
>
> 小林刚毕业到一家汽车销售公司工作，没经任何人同意，私自驾驶汽车离开销售地点到外面转了一圈，回来时由于驾驶技术不熟练撞到停在销售点的一辆新车，造成两辆汽车受损。公司在处理此事件时，提出两套方案供小林选择：一是赔偿车损的1/3，即5 000元钱；二是走人。小林选择了后者。该公司的人员对小林的评价很不好，还把电话打到小林毕业的学校，讲述此事件。

小李和小林一个携秘方而逃，一个不遵守规矩闯祸后走人，两人都违反职业道德，不但给自己带来坏名声，而且影响学校声誉，给自己今后做人和职业生涯路上留下阴影。国外传播学研究表明，当一个人对其他人或事物产生不良评价时，他一般会把自己的意见传播给大约250人，并且在长时间内难以改变人们的评价。在职场上，特别是刚步入职场的年轻人或刚进入新单位的新人，做事之前要先学会做人，"规规矩矩做事，堂堂正正做人"，要注重自己的职业形象和在行业内的声誉，才能在职业生涯中得到长远的发展。

除上述案例类似的不道德现象外，目前在某些领域某些毕业生步入职场后"职业腐败"现象时有发生，如采购员索要回扣，无视产品质量；销售员私自跑单，中饱私囊；仓管员监守自盗、顺手牵羊；行政管理者谋取小恩小惠等不良行为。有专家呼吁，职业院校要把防范"职业道德风险"作为学生素质培养的要素。上海市教育科学研究院职业教育与成人教育研究所所长马树超认为：对于个人来说，"职业道德风险"主要体现为个人在就业方面的风险。对于企业而言，职业道德风险主要体现为企业发展方面的风险。企业需要的是职业思想稳定的爱岗敬业者，而有的毕业生上岗后不但不安心工作，而且漠视职业岗位的行为规范。在企业发展过程中，由于员工职业道德方面的缺陷而带来风险事故频率的增加，对企业的利益或形象造成的损害是极大的。对于整个社会，职业道德风险主要体现为社会安定和文明方面的风险。由此看来，降低和缓解职业道德风险不仅是个人和企业问题，也关系到整个社会道德风尚的提高。

职业道德建设是一个国家经济发展和社会文明进步的重要标志之一，因此要大力倡导以爱岗敬业、诚实守信、办事公道、服务群众、奉献社会为主要内容的职业道德，鼓励人们在工作中做一个称职有德的建设者。

二、职业道德与个人自身的发展

一个人若有良好的职业道德，就会从职业劳动中体会到人生的乐趣，实现人生的价值，促进事业成功，不断完善自我，实现自身的发展。

（一）职业道德是事业成功的保证

1. 没有职业道德的人干不好任何工作　一个不进取、不敬业、没有责任心、不守纪律的人不会受领导喜欢，也干不好工作，甚至不能完成任务；一个没有良心，缺乏诚信的人，让他加工产品，他会生产或加工出大量残次品，让他营销，他会坑蒙拐骗，欺诈消费者或服务的企业，不能很好地与人合作，单位也不敢用，同样做不好工作；一个没有志向、懒惰，缺乏意志、品质，缺乏荣誉感的人不可能自己创业，即便有个小营生早晚也会败掉。因此，无论是产业工人、农民、商人、教师、医生、职业经理人还是其他职业人士，职业道德都应是遵守的第一铁律，否则将会导致事业毁灭，道义沦丧！同样，企业作为社会主义市场经济的主体，要在市场中求得生存与发展，更需要企业家和企业职工有较好的职业道德水平。如果企业家和职工不讲职业道德，假冒伪劣充斥市场，买卖不讲信用，合同难以履行，债务随意拖欠，市场就只能是一个病态的市场，绝不能形成真正的社会主义市场经济。如果企业家对职工不讲道德，欺凌员工，企业职工也不讲道德，不忠于职守，又缺乏质量意识、协作精神，那么就会造成企业内人际关系紧张，并最终导致企业瓦解，甚至破产、倒闭。所以，职业人必须有职业道德。

2. 职业道德——助你顺利步入职场　2010 年 1 月 18 日《中国青年报》报道：一项关于“大学毕业生就业调查”的数据表明，大学生如今所关注的求职热点、核心能力、基本素质等与用人单位的关注要素有很大偏差，尤其是关于应聘者的“品德”方面。调查显示，不管是应届毕业生还是在校大学生，他们都没有足够重视“品德”的地位，在应届毕业生的选择中，“品德”甚至排在最后一位，在在校大学生的选择中，“品德”被放在倒数第二位；而市场经济条件下，许多企业越来越重视职业道德评价，对绝大多数企业来说，“品德”的位置仅次于“专业水平”及“沟通能力”。在企业顾问委员会上，现场调研也发现，绝大多数企业十分看重毕业生的职业道德素质，并把人品、敬业、责任感作为聘用毕业生的先决条件。

2019 年 3 月 4 日下午，河南省济源 90 后女孩儿靳金梓前往济源市第二人民医院投递应聘护士的简历后回家。走到沁园路凯旋城对面时，她突然看见非机动车道上，一位骑着三轮车的 80 多岁老人，连人带车摔倒在地。靳金梓赶忙上前将三轮车扶起，然后又将三轮车上的垫子拿下来让老人枕着。

“当时老人说头晕，我看了看没有外伤，感觉可能是高血压等引起的。老人身上没有带药，我就不停地跟他说话。”靳金梓说，根据以往的经验，遇到这种情况就怕老人昏迷。“小女孩真不错，一直在地上蹲着跟老人交流，我还担心她起来时腿会不会麻。”围观的市民柳女士说。对此，靳金梓回答得很干脆：“习惯了，以前实习的时候经常这样。”直到救护车赶到，老人被救护车拉走后，靳金梓才离开。

> 靳金梓救助老人的视频被传到了网上，巧合的是，她所应聘的济源市第二人民医院院长薛继东也关注了此事。他将相关信息转发到了医院的微信群，还表示：“我们一定要弘扬这种‘救人于危难之中’的精神。我们的医务人员也要这样做啊！”当得知靳金梓正是在投简历归途中见义勇为后，医院当即决定破格录取靳金梓。薛继东说：“有这样的好品德，何愁工作没有作为？”

在一些国家，当应聘者到某企业应聘时，一般要先接受职业道德素质测评。企业通过填表、设置情景等方式，实地观察求职人员的道德水平。近年来，我国企业在录用员工方面也非常重视职业道德素质，并尝试采取量化指标的方式对求职人员开展测评。

英格玛人力资源集团董事长兼总裁庄志说：“企业在选拔人才的时候一定是将品德放在首位的，一个没有职业道德的人干不好任何工作，职业道德是人取得事业成功的重要条件。”从企业对职工的要求上看，对新人的思想道德考察主要是对职业道德的考察，就是要求员工一定要有高度的责任感，能正确处理个人利益与整体利益的关系，维护企业的形象，关心企业的前途和命运。

大学生终究要面对就业，为了适应从业生涯对职业道德的新要求，必须高度重视提高自身的职业道德素养，把培养良好的职业道德素养作为一种自我挑战，做好充分准备，以顺利步入职场。

3. 职业道德——助你事业成功 在现代社会中，职业道德在人们事业中所起的作用表现得越来越突出。一个人事业的成功不仅取决于他的组织领导能力、管理能力、协调能力、专业技能等，还取决于他的职业道德。职业道德素质的高低直接关系着职业表现的好坏，直接影响到职业的发展。

美国有一项研究表明，在员工被企业开除的原因中，列在前十位的无一涉及工作能力，却都与职业道德有关，如服务态度、责任心、敬业精神等。全球知名企业的用人之道有一条永远的“金科玉律”，就是高度重视人才的道德品质。微软亚洲研究院人力资源部主管曾说，微软研究院用人的标准除了重视扎实的专业知识、足够的创造力、工作热情、团队精神外，尤其看重人才的职业道德，应聘者要经过严格的面试，以考核其是否正直、诚信。联想人力资源部负责人曾直言：“人才与企业发展最关键的结合点在于，企业要有良好的用人战略，而人才要有良好的道德品质。我们选拔人才的标准是能够吃苦耐劳、有韧性、上进心强，能够自我激励、迎难而上。”诺基亚人力资源部负责人说：“我们的招聘工作非常严格，需要花很多时间，因为我们觉得价值观和求职者的思想是重要考查点。”“有德有才的要重用，有德无才的培养使用，有才无德的限制使用，无才无德的坚决不用。”这是恒源祥集团总裁刘瑞旗道出的企业用人的标准。

个人创业的成功更需要良好的职业道德作支撑。大凡创业成功者，除了必备的知识、智慧、组织领导能力外，必须有目标、有热情、有毅力，有战胜困难的勇气、艰苦奋斗的敬业精神、开拓创新的进取精神和冒险精神，有沟通和协作能力，这些都是职业道德的要求。由此看来，企业要想获得留得住、干得好的人才，不仅要看该人才的专业技能硬件，更要看重他的道德软件。

纵观历史上很多杰出的人物，他们中的绝大多数人都曾历经磨难，甚至跌过跟头，然而他们总是善于找到生命的支点，总能够凭借着坚强的毅力、永不言败的精神战胜重重险阻。而当他们在脱离困境的同时，也就脱离了平凡，造就了卓越而伟大的人生。顽强的意志是成功的最重要的品质，高尚的情操是成功的重要因素。李时珍作《本草纲目》花费 27 年，达尔文的《物种起源》用了 15 年，摩尔根的《古代社会》耗时则达 40 年，马克思写《资本论》也用了 40 年。他们的行为都可以给我们很大的启示。因此，无论什么人，只要他想成就一定的事业，就离不开道德情感、道德态度、道德良知、道德意志、道德责任、道德理想的帮助和支持，一句话，离不开职业道德。

（二）职业道德是人格的一面镜子

人的职业道德品质反映着人的整体道德素质。职业道德是社会道德在职业生活中的具体化，良好的职业道德是人员素质的根本。只要有敬业爱岗的精神，每个人都能在平凡的岗位上做出不平凡的业绩。北京 21 路公交车售票员李素丽就将平凡的工作做得有声有色。她用身体力行教育后勤服务岗位上的人员要做到“多说一句、多看一眼、多走一步；话到、手到、脚到、情到、神到”，真正做到“岗位做贡献，真情为他人”。李素丽之所以能做出不平凡的业绩，源于她对工作岗位的热爱。她说：“我为我的职业、我的岗位感到自豪。是它给了我每天都能向他人奉献真情的机会，让我每天都感到充实。”

提高职业道德水平是人格升华的最重要的途径。人类的进步在于不断地摆脱动物属性，增进人性，完善人格，使“自然的人”逐步上升为“道德的人”。道德人格的高低，是衡量一个人人性的标准。而道德的提高，最终又归结为道德习惯的形成。道德品格的提高有利于抵御企业不良经济行为对社会生活和其他领域的渗透。市场经济利益的诱导可能使人们产生利己主义、拜金主义、享乐主义，使一些人进行权钱交易，为金钱出卖灵魂，为了眼前利益牺牲其他人的利益和社会整体的利益。这对社会而言，是与人类全面而自由发展的愿望相违背的；对个人而言，是与个人的健康成长和全面发展相违背的。

一个想成就事业的人，必须经受得住形形色色的诱惑以及各种各样艰难困苦的考验。在这些考验中，每个人都应该积极进取，乐观向上，宽容忍让，勇敢地担当责任和义务，勤勉自强，敬业奉献，不断提高道德境界，发展自我，完善自我。

三、员工职业道德与企业的发展

当今社会，无论是中国的大型企业，还是西方发达国家的企业，在发展自己品牌战略的同时，越来越重视提高员工的综合素质，而其中最重要的就是职业道德素质的培养。因为，企业家们已深深懂得，一个企业只有每个员工牢固树立高尚的职业道德观念，才能最大限度地发挥出员工的聪明才智，生产出高质量的产品，提供高质量的服务。

（一）职业道德是增强企业凝聚力的手段

1. 职业道德是协调职工同事关系的法宝　在企业内，接触最多的是地位相同或工作相近的人。在工作或交往中，职工具有良好职业道德就会自觉接受和分担应承担的任务，避免因自己工作的失误和疏忽而给同事带来被动和麻烦；若出现这种情况会及时予以补救并诚恳地道歉；尊重同事的隐私，维护同事的利益和荣誉；多替同事着想，多给同事方便；关心和信任对方，积极帮助对方解决困难；对感情不融洽的同事，在工作上仍能够积极配合；对别人的帮助记在心上，并予以酬谢；不在上级和同事面前诋毁和贬低他人，不在大庭广众对他人评头论足；不嫉妒、讽刺、挖苦、打击别人。职工之间保持这种和谐、默契关系，能增强职工在企业工作中的满意度和企业的凝聚力，有利于企业的发展。

2. 职业道德有利于协调职工与领导之间的关系 企业中，职工与领导的关系在一定意义上说是互偿、互助、互利的关系。领导要关心职工的工作和生活，注意改善职工的工作条件，提高职工的福利待遇，给职工提供和创造受教育、培训以及晋升的机会等。职工要支持领导，认真履行自己的职责，保质保量地完成领导分配的各项任务，不给领导惹麻烦，积极给领导出谋划策，帮助领导排忧解难等。职工与领导相处和谐、融洽、默契，双方都会感到心情愉快，从而能够提高各自对工作的满意度，促进企业的发展和繁荣。

3. 职业道德有利于协调职工与企业之间的关系 职业道德要求职工正确处理好个人利益与企业整体利益的关系，以企业整体利益为重，在两者发生矛盾时，个人利益要服从企业整体利益，在企业出现困难时，要与企业患难与共，同心同德，共渡难关。要严格遵守企业的一切规章制度，保守企业秘密；服务顾客，务必做到热情周到、文明礼貌、耐心细致，确保顾客满意；对企业有意见，要通过正当途径和办法，如通过工会等组织，通过协商、谈判、法律等手段妥善解决。职工具备了这些职业道德，就会受到企业的欢迎和重视，因而也就有利于协调职工与企业的关系。

（二）职业道德可以提高企业的竞争力

任何企业要想在竞争中获得生存和发展，就必须千方百计地提高自身的竞争力，而企业要提高竞争力，就必须提高产品和服务的质量；必须不断革新工艺，改进设备，降低成本，提高劳动生产率，开发新产品；必须不断完善企业形象，创造企业著名品牌。这些目标的实现，必须依赖于企业的广大职工，依赖于职工职业道德觉悟的提高。

1. 职业道德有利于企业提高产品和服务的质量 产品和服务的质量是企业的生命。国内外许多著名的大公司，都把保证产品的质量和为顾客提供优质的服务作为企业生存和发展的根本。美国IBM公司的创始人沃森早在20世纪20年代就为公司确定了“以人为核心，向所有客户提供最优质服务”的宗旨，一直坚持至今。海尔把“用户的烦恼减到零”作为自己的服务目标。

生产性企业生产或加工产品时，职工必须严格按照每一道工序或每一个环节的要求去做，有时还要拷问职工的良心，比如在加工食品时所用的油、米、面、蔬菜、水果、肉等原料的质、量、比例是否符合要求，尤其是质是否够新鲜，因为食品质量的好坏直接关系到消费者的身体健康。在服务性行业直接给顾客提供服务的过程中，职工必须文明礼貌、热情周到、耐心细致、百问不厌。

顺丰于1993年3月在广东顺德成立。随着公司的业务不断发展并迈向国际，顺丰速运已成为中国速递行业民族品牌的佼佼者之一。2017年顺丰控股在深圳证券交易所上市，总市值达2 310亿元。2019年2月2日，国家邮政局发布2018年快递服务时限准时率测试结果，顺丰速运在排行榜中各项均为第一名。

顺丰速递成功的重要因素之一，就是公司的客户服务。以客户需求为核心，建设快速反应的服务团队，谨守服务承诺；提供灵活组合的服务计划，更为客户设计多种免费增值服务及创新体验，全天候不间断提供亲切和即时的领先服务，降低经营成本，提高客户的市场竞争力，从而赢得客户信任。为此公司在愿景、核心价值观、尤其诚信准则等方面激励员工，提升员工职业道德素质。如公司的愿景是致力于为员工提供一份满意和值得自豪的工作；致力于快速、安全、准确地传递客户的信任；致力于成为速运行业持续领先的公司；致力于承担更多的社会责任。顺丰人的核心价值观：成就客户、创新包容、平等尊重、开放共赢。诚信基本准则是顺丰人的道德基础，是公司生存和发展的基石。

顺丰速运依靠优秀的员工、优质的服务取得成功，让职业道德内涵通过员工的思想、行为体现出来，形成一股精神的力量，深深熔铸在企业的凝聚力、竞争力、生命力之中，从而树立顺丰优质的品牌形象，促使顺丰在服务中改善、完美自己。

2. 职业道德可以降低产品成本，提高劳动生产率和经济效益 降低生产经营成本、提高效益是企业竞争策略之一。职工具有良好的职业道德，才能做到爱厂如家，在生产经营过程中有利于减少厂房、机器、设备的损耗，节约原材料，降低废、次品率。职工具备良好的职业道德，才能对顾客热情周到、耐心细致、礼貌待人、讲求诚信，才会改善企业形象，提高企业声誉，增强企业在社会上的可信度，使企业生意兴隆，带来大的经济效益，同时降低企业与政府、社会和顾客的谈判交易费用。职工具备良好的职业道德，在工作中珍惜时间、争分夺秒，有利于提高劳动生产率，有利于企业获得更高的利润。

3. 职业道德可以促进企业技术进步 在如今市场激烈竞争的形势下，新技术、新产品的开发关系着企业的生死存亡，谁抢先推出新产品，谁能占领市场，谁就能在竞争中获胜，从而获得高额利润。新技术、新产品的开发需要艰苦的脑力和体力付出，职工必须有高度的敬业精神和强烈的成才意识，才会有强有力的创新动力；必须有坚韧不拔的毅力、勇于吃苦的拼搏精神，耐得住寂寞、经受得起挫折，才能出成果。

张黎明是国家电网天津滨海供电公司运维检修部配电抢修一班班长。他爱岗敬业，工作30多年来始终奋战在电力抢修一线，累计巡线8万多千米，完成故障抢修作业近2万次，被誉为电力抢修的“活地图”。一身工装四季穿在身，他说：“我要时时刻刻牢记自己是一名电力职工，时时刻刻践行人民电业为人民的宗旨。”为了更好地服务人民，他埋头苦干，不断地革新技术。他说：“创新的过程是快乐的，创新的成果会让工作充满成功感和获得感。用我们的创新让百姓的生活质量不断提高。”在他的创新工作室中，他带领团队开展的技术革新多达400余项，创新成果的经济效益超过1亿元。“可摘取式低压刀闸”就是其中典型的一例。以前需要耗时45分钟左右抢修的故障，现在修复时间一下子缩短至8分钟，既安全又省时。这项发明获得国家专利并得到广泛推广，仅这一项革新每年就可创造经济效益300多万元。从抢修到创新，从管理到服务，张黎明的每一个行动，每一次出发，都是为了点亮万家，让有黎明的地方就有光明。

4. 保守企业机密是对职工的职业道德要求 在市场竞争越来越激烈的情况下，总有一些企业千方百计想采取非道德、非正常的手段，获取其他企业花费了大量精力而开发出的新技术，甚至不择手段获取商业机密。如果职工，特别是掌握了企业核心技术或是其他商业机密的职工缺乏一定的职业道德，受利益的诱惑和驱动，就有可能背叛企业，出卖企业的科技或商业机密，给企业带来巨额的经济损失。

5. 职业道德有利于企业摆脱困难，实现企业阶段性的发展目标 企业要生存必须适应市场供求关系瞬息万变的要求，制订在各个不同发展阶段非常规性的企业目标。这样，职工就有可能进行非常规性的工作和劳动，如法律允许范围内的加班加点、超负荷工作等，因而要求职工必须具备较高的职业道德。任何企业在其发展过程中，都不可能完全一帆风顺，当企业遭受挫折时，只有职工有崇高的职业道德，才会以企业的前途、命运为重，自觉舍弃和牺牲个人利益，与企业同舟共济、奋力拼搏，这有利于帮助企业摆脱困境，起死回生。

6. 职业道德有利于树立良好企业形象，创造企业著名品牌 各大企业为抢占市场竞争的制高点，纷纷打出品牌战略。一种商品品牌不仅标志着这种商品质量和人们对这种商品信任度的高低，而且蕴涵着一种文化品位。品牌是一种无形资产。据报道，美国可口可乐公司的无形资产已达到500亿美元，即使其一夜间全部有形资产化为乌有，它仍可凭借其品牌再次崛起。因此，任何一个有长远发展战略眼光的企业，都会竭尽全力创造企业著名的品牌，而无论是塑造企业良好形象还是创造企业著名品牌，都离不开职工的职业道德。

企业形象是企业文化的综合反映，其本质是企业信誉。商品品牌是企业形象的核心内容。职工具备全面的良好的职业道德，在采购、生产、经营、销售和服务的每一个环节恪尽职守、精益求精、诚实守信，有助于树立企业良好形象，有利于创造著名品牌。相反，员工在任何一个环节的不道德行为，企业如果不加以制止的话，都可能断送企业的品牌，如三鹿奶粉曾经是中国的知名品牌、免检产品，由于在鲜奶收购环节收奶人员在奶中加入含三聚氰胺混合物的“蛋白粉”，而断送三鹿奶粉品牌，甚至把企业的法人代表及有些高级管理人员送上审判台。

复习思考

1. 什么是职业道德？
2. 职业道德的基本要素和要求有哪些？
3. 你认为职业道德对员工有哪些作用？

模块六

为你的目标而工作——职业理想

学习目标

明确掌握职业理想的特点和对大学生人生发展及对社会发展的作用；培养比较与鉴别、综合分析、理论联系实际的能力；学会结合个人情况，分析自己职业理想的缺失或存在的问题；感悟确立职业理想的紧迫性和重要性；明确如何实现职业理想，从而树立正确的职业理想。

名言警句

1. 人类的美好理想，都不可能唾手可得，都离不开筚路蓝缕、手胼足胝的艰苦奋斗。

——习近平

2. 世上最快乐的事，莫过于为理想而奋斗。

——苏格拉底

3. 人需要理想，但是需要人的符合自然的理想，而不是超自然的理想。

——列　宁

4. 在狭隘的环境中使精神狭隘，人要有更大标准才能大成。

——席　勒

5. 一种理想，就是一种力！

——罗曼·罗兰

袁隆平的成功给人的启示

袁隆平，江西省德安县人，中国工程院院士，中国杂交水稻育种专家，为我国乃至世界粮食安全做出突出贡献，获得许多国家级及世界级奖励。2018 年 12 月 18 日，中共中央、国务院授予袁隆平同志“改革先锋”称号，颁授“改革先锋”奖章，并获评杂交水稻研究的开创者。

少年时的袁隆平，对大自然充满了热爱，从小就立志当一名农艺师。从农学院毕业后，他开始了育种研究。然而，使袁隆平铁下心来搞杂交水稻研究的却是 1960—1962 年中国连续 3 年遭受罕见的自然灾害，粮食几乎是颗粒无收，无数的农民被活活饿死。袁隆平感到了一种深沉的责任感，他立下志愿：我一定要想办法让农民多打粮，摆脱饥饿！深沉的使命感促使他确立了研究“水稻杂交”，提高粮食产量的职业理想。

确定了志向之后，就是选择突破口。在一位老前辈的启发下，他开始对孟德尔的杂交优势理论产生了浓厚的兴趣。袁隆平下定决心，要“改变方向，搞水稻杂交优势利用研究”。这是一个世界性的课题，许多国家都在研究，但是均未能达到水稻杂交优势的目的。他认真地翻阅前人实验的各种记载，确定了自己的研究思路：第一步，找到雄性不育株，即母本。第二步，找到一种特殊水稻品种作父本，即保持系；用父本给母本授粉，使其后代保持雄性不育特征，即不育系。第三步，选择一个稻种与不育系杂交，使其后代恢复生育能力，称为恢复系。三系配套，便可制种。

在目标确定后，袁隆平开始了长达十余年日复一日的辛勤劳作。为了找到一株雄性不育株，他独自在田野里寻了半个月；为了寻找远缘品种，他与助手远上天涯海角，每天在野外奔走。得到了不育株，又需要授粉、浇水、观察，精心照料，忙碌半天有时只能获得几颗种子。在短短 6 年多的时间里，他就尝试了 2 000 多个栽培稻品种的杂交实验，经历了一次又一次的失败。

“文化大革命”期间，一次，他从家里返回学校，发现实验田里的秧苗一根不剩地被人拔走了。面对这突如其来的沉重打击，他丝毫也不灰心，反而坚定了他把实验搞好的决心。

为了育种，10 年中他只在家里过了 3 个春节，并且最遗憾的是，他父亲去世前也没能和他见上一面。天道酬勤，在其他农业研究机构和同志们的协助下，我国籼型杂交水稻终于研究成功！这一品种在短短的几年内，为国家增产粮食 1.06 亿吨。它作为我国第一项出口技术转让给美国，比当地的良种增产 37%；日本、阿根廷、巴西、印度等国相继引进实验，增产都在 20%以上。袁隆平成为人类绿色革命的使者。

案例分析

有梦想和追求，不断奋斗就会成功。想成为一个什么样的人，想做什么样的事情，想达到什么样的境界，想实现一种什么样的价值和生活的意义……这就是一个人的理想。这种理想是一个人世界观、价值观和人生观的具体体现。人拥有了理想和抱负，才会有具体的奋斗目标，才能调动自己的潜能、克服种种困难，努力去实现这个目标。

袁隆平之所以取得成功，主要在于他济世的朴素思想，坚定的职业理想和目标，在这种朴素的思想和远大目标的支撑下，才有了他投身于杂交水稻研究工作的强大动力，才有了日后籼型杂交水稻的研制成功，实现了为我国、为世界增产粮食的美好愿望。

一、伟大的成功源于伟大的目标

人人都希望成功，追求成功是每一个人进步和社会完美最伟大的驱动力。成功就是人生每一个梦想目标的实现过程。成功源于人生梦想和目标。在即将走向工作岗位，步入职场的当头，你确定自己的职业理想了吗？要知道这是你事业成功的前提！

（一）职业理想就是心中的职业目标

有这样一个人生哲学故事：一个年轻人和一位老板谈生意，这位老板白手起家，生意做得非常成功。年轻人非常尊敬他，也喜欢和他一起聊天，因为可以从他身上学到许多东西，这也许就是要想成功就必须和成功人士靠近的缘故吧！在饭后，这位老板对年轻人说：我曾经也是一无所有，现在的一切是我双手挣来的。人啊，要想成功，就必须有目标！想当初进入社会时，每当走到十字路口，我在想：为什么连一辆自行车都买不起，还要走路？当我工作3个月后，终于买了一辆自行车，没有骑多久，心中又在想：为什么我骑的是自行车啊？连摩托车都买不起？于是心中在想：我必须挣更多的钱。心中的目标是买摩托车，于是就想方法去挣钱，两年后买了摩托车，同时也开起了小商店，心中开始慢慢满足，我现在不用骑自行车了。可是，当我骑着摩托车时，突然从身边路过一辆小汽车时，我心中又在想，别人为什么可以享受空调？而我还要顶着太阳呢？于是心中目标有了：我要开车，我要买车。于是不停奋斗，到现在我还在奋斗。年轻人问他：那你现在目标是什么？他笑而不答。

你想成功吗？那你心中有目标吗？没有目标的人要想成功很难，因为你不知道你的终点在哪，更不知道你的希望在哪！有什么样的目标，就有什么样的人生。你今天站在哪个位置并不重要，但你下一步迈向哪里却很关键。

哈佛大学曾做过一个著名的实验。在一群智力与年龄都相近的青年中进行了一次关于人生目标的调查，结果发现：3%的人有十分清晰的长远目标；10%的人有清晰但比较短期的目标；60%的人只有一些模糊的目标；27%的人根本没有目标。

25年后，哈佛大学再次对他们做了跟踪调查，结果令人十分吃惊！那3%的人全部成了社会各界的精英，行业领袖；那10%的人都是各专业各领域的成功人士，生活在社会的中上层，事业有成；那60%的人大部分生活在社会中下层，胸无大志，事业平平；那27%的人过得很不如意，工作不稳定，入不敷出，常常抱怨社会，抱怨政府，怨天尤人。

可见，目标对我们的人生多么重要！

我们所从事的工作就是职业，一定的职业是从业者获取生活来源、扩大社会关系和实现自身价值的重要途径。在工作中，我们打拼、我们奋斗、我们追求成功，这一切源于一个驱动力——职业理想。

职业理想是人们在职业上依据社会要求和个人条件，借助想象而确立的奋斗目标，即个人渴望达到的职业境界。它是人们对职业活动和职业成就的超前反映，与人的世界观、人生观、价值观、职业期待、职业目标密切相关，是人们实现个人生活理想、道德理想和社会理想的手段，并受社会理想的制约。

职业是多样性的。一个人选择什么样的职业，与他的思想品德、知识结构、能力水平、兴趣爱好等都有很大的关系。政治思想觉悟、道德修养水准以及人生观决定着一个人的职业理想方向；知识结构、能力水平决定着一个人的职业理想追求的层次；个人的兴趣爱好、气质性格等非智力因素以及性别特征、身体状况等生理特征也影响着一个人的职业选择。因此，职业理想具有一定的个体差异性。我们在确定自己的职业理想的时候，一定要结合自身的特点，选择适合自己的、切实可行的职业理想。不能好高骛远，也不能目光短浅。

一个人的职业理想的内容会因时因地因事而变化，随着年龄的增长、社会阅历的增强、知识水平的提高，职业理想会由朦胧变得清晰，由幻想变得理智，由波动变得稳定。因此，职业理想具有一定的发展性。如鲁迅和孙中山最初的职业理想是当一名好医生，以医治体弱多病的中国人民，但后来，当他们意识到让中国人贫弱的不是体质，而是精神的时候，他们便改变了当初的职业理想，弃医从文，用文学的力量，用精神的力量来感召中国人民。再如孩提时代，你想当一名警察，长大后你却想成为一名教师。这些都说明了一个人的职业理想不是固定不变的，而是变化着，发展着的。

职业理想，是一定的生产方式及其所形成的职业地位、职业声望在一个人头脑中的反映。例如，随着人工智能的不断发展，演绎出与人工智能相关的职业，如物联网工程技术人员、大数据工程技术人员、无人机驾驶员等。2019 年 4 月，人力资源和社会保障部公布了 13 个新职业，它们是人工智能工程技术人员、云计算工程技术人员、建筑信息模型技术员、电子竞技运营师、农业经理人、物联网安装调试员、工业机器人系统操作员、工业机器人系统运维员等。这些新职业主要集中在高新技术领域，这对新时代劳动者的科学文化素质和技术技能水平提出了新要求。党的十九大报告强调，我国已经步入新时代，明确指出我国发展的历史方位。因此，新时代高职学校应积极响应《国家职业教育改革实施方案》，鼓励学生考取多类职业技能等级证书，不断用新的知识技能武装自己，只有这样才能跟上快速发展的时代步伐。

（二）心中有目标，事业才能成功

1. 职业理想是事业成功的原动力 总览历史上那些成功的人物，他们每一个人都各有一套明确的目标且志向远大，他们花费最大的心思和付出最大的努力为之奋斗。不论是像爱迪生、福特、贝尔、莱特兄弟这样的发明家，还是像马丁·路德金以及从囚徒成为南非总统的纳尔逊·曼德拉这样的社会改革家，他们的成功源自他们伟大的目标。他们追求卓越，所以他们功成名就。

对于一个渴望在这个世界上成就一番事业的人来说，任何东西都不是他前进的障碍。不管他所处的环境是多么恶劣，也不管他面临何种艰难险阻，他总是能通过内心的力量驱动自己，脱颖而出，勇往直前。

> 他父亲是赌徒，母亲是一个酒鬼，父亲赌输了又打老婆又打他，母亲喝醉了也拿他出气发泄，他在拳脚交加的家庭暴力中长大，常常是鼻青脸肿，皮开肉绽。因此，他面相很不美，学习也不好，高中辍学，便在街头当混混，直到他 20 岁的时候，一件偶然的事刺激了他，使他醒悟反思：“不能，不能这样做，如果这样下去，和父母岂不是一样吗？成为社会垃圾、人类的渣滓，带给别人、留给自己的，都是痛苦——不行，我一定要成功。”
>
> 他下定决心，要走一条与父母迥然不同的路，活出个人样来，但是做什么呢？他长时间思索着。从政，可能性几乎为零；进大企业去发展，学历和文凭是目前不可逾越的高山；经商，又没有本钱……他想到了当演员，当演员不需要过去的清名，不需要文凭，更不需要本钱。但是他显然不具备演员的条件，长相就很难使人有信心，又没有接受过任何专门训练，没有经验，也没有天赋，然而“一定要成功”的驱动力，促使他认为，这是他今生今世唯一出头的机会、最后的成功可能，决不放弃，一定要成功。
>
> 于是，他来到了好莱坞，找明星，找导演，找制片，找一切可能使他成为演员的人，四处哀求：“给我一次机会吧，我要当演员，我一定能成功。”很显然，他一次又一次被拒绝了，但他并不气馁，他知道失败定有原因，而他要成功的决心不死。钱花光了，他便在好莱坞打工做些粗重的零活，两年里，他遭受到 1 000 多次拒绝，他暗自垂泪，痛哭

失声。难道真的没有希望了吗？难道赌徒、酒鬼的儿子就只能做赌徒、酒鬼吗？不行，我一定要成功！他想到既然不能直接成功，能否换个方法？他想出了一个“迂回前进”的思路，先写剧本，待剧本被导演看中后，再要求当演员。幸好，现在的他，已经不是刚来时的门外汉了，两年多耳濡目染，每一次拒绝都是一次口传心授、一次学习、一次进步。因此，他已经具备了写电影剧本的基础知识，凭着他持之以恒的决心和坚强的毅力，他的精神终于感动了导演，导演终于给了他一次机会，让他做电视连续剧的男主角，为了这一刻，他已经做了三年多的准备，终于可以一试身手！机会来之不易，他丝毫不敢懈怠，全身心投入，第一集电视剧就创下了当时全美最高收视纪录——他成功了！

后来这个人成为世界顶尖的电影巨星，他就是大家熟悉的史泰龙。

史泰龙的健身教练哥伦布医生这样评价他：“史泰龙每做一件事都百分之百地投入，他的意志、恒心与持久力都是令人惊叹的，他是一个行动家，他从来不呆坐着让事情发生，他主动地令事情发生。”如果史泰龙当初只是“想”成功，在茶余饭后做做明星梦，消遣一下，他就绝不会有今天，因为他就不会去付出，去努力，去拼命，当然也不可能成功。

当年轻的希尔顿在希尔顿酒店当服务员时，酒店的高层领导已经预测到了，即便希尔顿现在仅仅是一个普通的清洁工，但这个年轻人必定前程无限，因为他是如此全身心地投入工作，如此乐观自信，如此强烈地渴望大展宏图。他经手的每一件事都能做到尽善尽美，这些都预示和象征着他未来的不可限量。事实证明，他的确是做到了这一点。

世上没有做不成的事，只有做不成事的人。只要有梦想和追求，不断奋斗就会成功。忍常人不能忍之辱，吃常人不能吃之苦，必能做常人不能做之事。以坚持不懈的信心和毅力，必能感动自己，感动他人，获得成功。

只要心中有梦想，任何障碍都阻挡不了你成功的步伐。正如胚芽通过力量的积蓄最终钻出地面一样，竹子需要在地下长 4 年才长到地上，然后一年快于一年，你也将通过持之以恒的努力逐渐地远离平庸，拥有辉煌而壮丽的人生。我们不可能阻挡一个林肯一样、威尔逊一样或者希尔顿一样的人物的崛起。对于这样的人来说，即便是贫穷到买不起书本的地步，他们依旧可以通过借阅而获得梦寐以求的知识，即使处于卑微的境地，他们也从不放弃梦想。他们即使一次次失败，也从不放弃努力。他们就是拥有“自驱力”的人。

2. 职业理想导引你成功 理想是前进的方向，是心中的目标。人必须有目标，为着目标而努力。没有目标的船，任何风向的风对于它来说都是逆风。

34 岁的美国妇女查德威克是横渡英吉利海峡的第一位女性，完成这项壮举之后，她决定向另一距离更远的卡塔林纳海峡挑战，要是成功了，她就是第一个游过这个海峡的女性。

1952 年 7 月 4 日清晨，海面笼罩在浓雾之中，雾很大，她连护送船都几乎看不到，海水冻得她身体发麻。她一个人坚定地游着，千万人在电视上看着。时间一小时一小时过去了，已经 15 个小时了，她仍然在游。在以往这类渡海游泳中，她的最大问题不是疲劳，而是刺骨的水温。终于，她感到又累又冷，她知道自己不能再游了，就请求拉她上船，随船的教练及她的母亲都告诉她海岸很近了，不要放弃，但她朝海岸望去，浓雾弥漫，什么也看不到，最后，在她的再三请求下，人们把她拉上船，而此时离目的地只有半英里①。

① 英里为非法定计量单位，1 英里＝1 609.344 米。

后来，她总结道，令她半途而废的不是疲劳，也不是寒冷，而是因为在浓雾中看不到目标。“说实在的，”她对记者说，“我不是为自己找借口，如果当时，我看见陆地，也许就能坚持下来。”迷茫的目标，动摇了她的信念。两个月后，她进一步总结经验教训，终于成功地游过了这个海峡，且比男子的记录快了大约两小时。这次，她有了非常清晰的目标。

人生发展的目标是通过职业理想来确立，并最终通过职业理想来实现的。俄国的托尔斯泰曾说过：“理想是指路的明灯，没有理想就没有坚定的方向，就没有生活。”有了明确的、切合实际的职业理想，再经过努力奋斗，人生发展目标必然会实现。

一个叫泰莉的空中小姐，很喜欢环游世界。另一个空中小姐宝玲也一样，但她还希望有自己的事业，最好与旅游有关。宝玲每到一个地方，就不停地记下她经历的一切，尤其是当地的旅馆及餐厅状况，并不时把自己的经验提供给乘客。

终于，她被调到旅游行程安排的部门，因为她就像一本活页百科全书，掌握的旅游知识非常丰富。她在那个部门如鱼得水，更掌握了世界各大城市的旅游动态。几年之后，她已拥有了一家自己的旅行社。

而泰莉呢？她还是一个空中小姐，尽管还是努力工作，但显然并没有什么升迁机会，唯一能改变现状的，大概只有结婚。事实上，泰莉和宝玲一样卖力工作，但泰莉没有目标，只是随兴地到世界各地玩，不把旅行看作发展潜力的活动。

没有特定目标的人，往往终生在原地打转。如果你知道自己的目标，并且能完全投入，所有的机会都会蜂拥而来。人都有惰性，即使一心想成功的人，一样有提不起劲的时候，不过只要你承认这点，并坚持不向惰性屈服，你的成功便指日可待。我们周围许多人都明白自己在人生中应该做些什么事，可就是迟迟不拿出行动来。根本原因乃是他们欠缺一些能吸引他们的未来目标。若你就是其中之一，那么，从现在开始就应该去学会怎么挖掘出从未想到的机会，进而拿出行动，以实现那些从来不敢想的梦。

一个人有了明确的奋斗目标，也就产生了前进的动力。因而目标不仅是奋斗的方向，更是一种对自己的鞭策。有了目标，就有了热情，有了积极性，有了使命感和成就感。

3. 职业理想调整人们的行为 职业理想在现实生活中具有参照系的作用，它指导并调整着我们的职业活动。当一个人在工作中偏离了理想目标时，职业理想就会发挥纠偏作用，尤其是在实践中遇到困难和阻力时，如果没有职业理想的支撑，人就会心灰意冷、丧失斗志。此外，如果一个人只把自己的追求定位在找个“好工作”上，即便是将来有实现的可能，也不能算是崇高的职业理想，因为，这样的理想一旦实现，他就会不思进取，甚至虚度年华。总之，一个人只有树立正确的、崇高的职业理想，才会产生强大的动力，并为之去努力，去奋斗，最终实现美好的理想。一个人之所以伟大，首先是因为他有远大的目标。

没有远见的人只看到眼前的、摸得着的手边的东西，相反，有远见的人心中装着整个世界。世界上最贫穷的人并非是身无分文的人，而是没有远见的人。只有看到别人看不到的事物，才能做到别人做不到的事情。远见，是看到并非摆在眼前的东西的能力，是看到别人未看到的重大意义的能力，是看到机会的能力。作家乔治·巴纳说：“远见是在心中浮沉的将来的事物可能或者应该是什么样子的图画。”远见就是看清自己的远大目标，应该属于自己的愿望：我要飞多高，我要飞多远，我要飞到哪里去，我为什么能到，我怎样才能到？

忍辱必然因为负重，忍的程度决定于负重和目标的大小。没有远大的目标，一生都是别人的陪衬和附庸；没有远大的目标，就没有动力，茫无目标地漂荡，终将迷失航向而永远达不到成功的彼岸。

4. 明确的目标具有“聚焦”力量 从贫穷到富有，第一步是最困难的。其中的关键，在于你必须了解所有财富和物质的获得，都必须先建立清晰且明确的目标。当目标的追求变成一种执着时，你就会发现，你所有的行动都会带领你朝着这个目标前进。

当卡内基决定要制造钢铁时，脑海中便不时闪现此愿望，并变成他生命的动力。接着他寻求一位朋友的合作，由于这位朋友深受卡内基执着力量的感动，便也贡献出了自己的力量；这两个人的共同热忱，又感染了另外两个人加入行列。

这 4 个人最后成为卡内基王国的核心人物，他们组成了一个智囊团，筹足了为达到目标所需要的资金，而最后他们每个人也都成为了巨富。

明确的目标可以鼓励你行动专业化，而专业化可使你的行动达到完善的程度。你对于特定领域的领悟能力，以及在此一领域中的执行能力，深深影响你一生的成就。普通教育之所以重要，就在于它可使人们发现自己的基本需要和欲望，然而一旦你确定自己的需要和欲望之后，便应立即学习相关的专业知识。明确目标好像一块磁铁，它能把达到成功必备的专业知识吸到你这里来。这就是目标的“聚焦”力量。

在我们的周围这样的人比比皆是——私下里认为自己很聪明，满足于混日子，敷衍了事，浑水摸鱼，日复一日、年复一年浪费自己宝贵的青春、生命、前程。这些人不知道自己所做的蹩脚的工作，对老板的损害不及对自身损害的一半。对于老板而言，这可能只是微不足道的损失，但对他自身来说，这却是人格和自尊的丧失，是做人的丧失。

二、就业与求职

就业，乃民生之本。近年来持续几年的全球金融危机与经济衰退，对原本压力重重的大学生就业造成了更大的冲击。这要求我们必须面对现实，树立正确的就业观，先求生存，再求发展，有了工作，就有了实现职业理想的可能。

(一) 择业

大学生毕业后，大多数人都要选择自己的职业，拥有一份工作。科学的择业观告诉我们，职业是个人通过各种工作来实现自己社会价值的途径，它既是人们谋生的手段，也是人们服务于社会的工具，职业的社会意义在于贡献。因此，我们必须顺应时代潮流，更新传统的择业观念，找准自己的位置，勇于迎接各种挑战，一步一个脚印地去实现自己的人生价值。

青年马克思谈到选择职业时的考虑时讲：“如果我们选择最能为人类福利而劳动的职业，那么，重担就不能把我们压倒，因为这是为大家而献身，那时我们所感到的就不是可怜的、有限的、自私的乐趣，我们的幸福将属于千百万人，我们的事业将悄然无声地存在下去，但是它会永远发挥作用，而面对我们的骨灰，高尚的人们将洒下热泪。”

1. 树立正确择业观 我国现阶段实行的是“双向选择”的就业方式，即个人和用人单位的相互选择。这就要求人们在择业时须树立正确的就业观。首先要形成“自找市场”的就业观。就业凭竞争，上岗靠技能，想就业就要勇敢地投身于就业竞争的劳动力市场中，这是实现就业的必由之路。其次要确立“先求生存，再求发展”的就业观。不要把“既舒适又赚钱”作为择业的必要条件，而是要先找到岗位，融入社会，然后才能实现自身价值。

美国青年本恩原来在一家研究所工作，该研究所由于经营不善将其解聘。失业之后，他给一家大公司写信求职：“我有加州理工大学物理学博士学位，我的研究成果广泛应用到宇宙飞船、人造卫星和航天飞机上。”信很快被退了回来：请另谋高就。

本恩没有灰心，接着写了第二封信：“如果你们需要，我将竭诚为贵公司服务。”这封求职信也被退了回来：本公司暂不缺人，以后需要时我们及时与你联系。

本恩马上又写了第三封求职信：“如果研究工作不缺人的话，我可以干冲洗汽车、打扫卫生之类的活，我会用搞科学研究的那种严谨态度和一丝不苟的作风去干好它们。”这封信发出去第五天，他就接到该公司的电话：“请你速来报到！”

到职后，果然如他自己所承诺的那样，愉快地上任，冲洗汽车、打扫卫生非常认真，赢得了上上下下的好评。这时公司根据他的特长和学历，调他到研究机构工作，他如鱼得水，在新的岗位上很快拿出几项成果，为公司赢得了巨额利润。

英国《泰晤士报》总编辑西蒙·福格在求职方面也创造过神话。西蒙·福格刚从伯明翰大学毕业的第二天，为寻找职业来到了伦敦。他走进《泰晤士报》总编辑办公室，问：“你们需要编辑吗?”“不需要!”“记者呢?”“也不!”“那么排字工、校对员呢?”“不，都不，我们现在什么空缺都没有。”“那么一定需要这个了。”说着福格从包里掏出一块精致的牌子，上面写着几个字：“已满，暂不雇用。”结果，福格被留下来，做报社的宣传工作。他兢兢业业，一丝不苟，25 年后，升至《泰晤士报》总编辑。

本恩和福格的可贵之处，就在于对工作不挑不拣，干什么都行。尽管学有专长，但却不以此夸耀于人，在技术岗位不缺人的情况下，宁愿干那些别人不愿干的脏活累活，而且干得非常认真。这种认真的态度和务实的精神实在值得称道。许多求职者希望一开始就找一个最理想的工作，大学毕业就想应聘大型企业的总经理助理，不愿意从基础性的工种干起，这样难免会高不成低不就。如果你毕业或下岗求职，万万不能固执地认为自己只能干某一种工作。“条条大路通罗马。”不管干什么工作，都要认真负责，有敬业精神。如果像本恩和福格那样求职，还会发愁找不到工作吗?

在实际生活中，现实往往与职业理想发生矛盾。很多人不能按照自己的理想标准选到合适的职业，于是有的人索性不就业，坐等理想职业的出现；有的人随便谋个有收入的职业混日子；也有的人对与自己的职业理想不相符的工作怨天尤人，无所作为。这些现象发生的根源，皆在于择业者没有正确认识职业理想与现实的关系。

其实，在大学生毕业后的头两年，大多数人都会感觉到现实与自己职业理想的落差非常大，这段时期被我们称为“职业探索期”。在这段时间里，职业理想与现实发生冲突非常正常。我们应该用这段时间积累经验，同时通过增加对自己兴趣、能力等各方面的认识调整自己的职业理想，积极寻找机会，从而为自己的长期发展奠定基础。

对于即将毕业的大学生来说，职业理想与“饭碗”的矛盾更会经常发生。这种现象一旦发生，既不要怨天尤人，也不要心灰意冷，而是要冷静地看待。

（1）要认真分析一下自己的职业理想定得是不是脱离实际，是否过高；自己的职业素质是否符合你所选择的职业要求。职业理想虽然因人而异，没有绝对的标准，但是有一点必须指出的是，理想职业必须以个人能力为依据，超越客观条件去追求自己的所谓理想，是不现实的。这就要求大学毕业生在选择职业之前一定要正确估量自己，给自己一个合理的定位。

（2）要懂得职业理想不等于理想职业。一般认为当个人的能力、职业理想与职业岗位最佳结合时，即达到三者的有机统一时，这个职业才是你的理想职业。只要你的职业理想符合社会需要，而自己又确实具备从事那种职业的职业素质，并且愿意不断地付出努力，迟早会有一天实现自己的职业理想；而理想职业却带有很大的幻想成分。

（3）如果你所选择的职业岗位已无空缺，而你又需要立即就业，那就先降低一点自己的要求。因为如果没有工作，即意味着没有实现职业理想的可能。而就业以后，可以在主观的作用下向自己的职业理想靠近，例如对自己的兴趣、爱好进行一定的调整。

2. 选择适合自身发展的职业　选择职业要看是否适合自己的发展。许多大学生在择业时一味追求高薪、高地位，没有考虑是否适合于自己的问题，这必定会影响人的职业生涯的发展。选择适合自身发展的职业主要有以下途径：

（1）了解自己——人最难看清楚的是自己。青年学生更容易把自己放在很高的起点去观察周围的环境，思考自己的职业未来，甚至还想将来所从事的工作条件要比别人好一些，付出的劳动比别人少一些，拿的工资却要比别人高一些。显然，这种失去“自我”的职业憧憬是“空中楼阁”，是“水中月亮”，永远是可望而不可即的。只有从自身出发，从自己的教育程度、能力倾向、个性特征、身体健康状况出发，才能够准确定位，瞄准适合自己的岗位不懈努力，才能取得成功。

（2）了解职业——并非所有的职业都适合你，也并非你能胜任所有的职业岗位。每种职业都有与之相适应的职业能力要求。除了具备观察、思维、表达、操作、公关等一般能力之外，一些特殊行业还有特殊要求。对于会计、出纳、统计、建筑师等职业来说，从业人员必须具备很强的计算能力；与图纸、建筑、工程等打交道的工作，对空间判断能力的要求较高；对图形的阴暗、线的宽度和长度能做出视觉上的区别和比较的人，就能够从事美术装潢、电器修理等工作。因此，有选择、有针对性地培养自己的能力，主动去适应并接受职业岗位的挑战是十分重要的。

（3）了解社会——职业的存在和发展与社会的需求是紧密联系的。了解社会的需求是成功择业并就业的关键。了解社会主要是要了解社会需求量、竞争系数和职业发展趋势。社会需求量是指一定时期职业需求的总量，这是一个动态的又相对稳定的数量。例如，有的职业有很高的社会名望，但需求量很少；有的职业不为多数人看好，但有发展前途，且需求量较大。职业发展趋势是指职业未来发展的态势。有些职业一时需求量大，竞争激烈，但随着社会的发展将日趋衰落；有些职业暂时处于冷落状况，但随着社会的发展会日益兴旺。因此，加强对社会职业需求的分析和预测，了解社会职业岗位需求情况是极其重要的。

（4）学习一些基本择业技巧。在择业之前，除了做好上述准备之外，还需要学习一些基本的择业技巧，这样能帮助我们更好地展现自我，赢得机会。一般来说，大学生的择业求职大致要经过这样一个过程，即收集信息、准备自荐材料、参加应聘或面试、签订协议。

①收集信息。在现今社会，求职与应聘均遵守“双向选择”的原则，因此在择业求职过程中必须先做好信息收集工作，这样才能有的放矢，节省择业成本。从这几年的经验来看，主要应收集以下几个方面的信息：当年大学毕业生就业的供需情况，比如毕业生总的供求情况，各

行各业需要毕业生的情况，自己所学专业的社会需求情况等；意向中的工作地区的情况，比如该地区对于引进人才的政策要求，是否急需人才，生活习惯、风俗、语言等社会环境和气候、天气等自然环境自己能否适应等；意向中的行业的基本情况，比如该行业在国家经济生活中的地位如何，发展前途如何，人员结构如何，对本类的人才是否急需，行业的团体规范如行业语言、工作习惯、行业性格定势、行业忌讳等情况如何，行业的福利待遇、工作状况、住房条件如何等；意向中的单位的情况，比如，是企业单位还是事业单位，是行政单位还是群众团体，是国有企业还是集体所有制企业，是合资还是民营性质，工资收入是计件还是计时，是浮动工资还是入股分红，发展前景如何，交通是否便利，福利待遇、生活条件如何等。这些信息的来源渠道很多，主要有：学校主管毕业生工作的部门（比如学生处、毕业生分配办公室、就业指导中心等），各种类型的供需信息交流会（比如各大高校组织的毕业生供需见面会等），各地人才市场，各类招聘广告以及网络信息等。对所收集的信息需要进行分类、整理，从而去粗取精，令这些职业信息更有针对性地充分发挥功用。这是求职的第一步，也是求职成功的第一步。

②准备自荐材料。一般的用人单位在招聘员工时，总是先通过阅读应聘者的自荐材料进行初步筛选。因此自荐材料能否给用人单位留下深刻印象对于求职的成功率有很大影响。自荐材料主要由三个部分组成：求职信（自荐信）、履历（简历）和附件。求职信（自荐信）没有固定的格式，一般要求篇幅不宜太长，也无须过多的华丽辞藻，内容主要包括个人的基本情况和用人消息的来源，本人胜任工作的条件，简述本人的潜力，表明面谈的愿望。行文要求语言流利，文字通顺，用词贴切，具有感染力。履历（简历）包含的信息比求职信大，一般使用表格形式，内容包括个人基本情况（姓名、性别、年龄、籍贯、民族、学历、专业、政治面貌等），学习工作经历和经验，兴趣爱好以及特长，曾获何种奖励和处分等。行文要求言简意赅，一目了然。附件指的是学历、学位证书，各种资格证书，获奖证书，科研成果证书，发表论文以及社会名流和导师的推荐信等。附件是自身成绩的佐证，用人单位通过这些附件来了解你所取得的成就。自荐材料是重要的求职文件，书写一定要严肃认真，如果可能，可以使用电脑排版打印，这样可以让用人单位负责人看起来清晰明了。自荐材料要注意多校稿，避免错别字、污损或格式不统一的现象，另外，自荐材料切忌编造、虚假和夸大成绩，这样容易使人产生反感情绪。如果你是向少数民族地区求职，或者向外企求职，那么最好还另加一份该少数民族文字或英文的自荐材料，既表示对对方的尊重，又体现自己的语言功底，一举两得。

③自荐材料通过审核，就进入了面试阶段。面试首先要有信心，不要总是想是考官在考自己，而要认为自己是在与考官交流，诚恳、直率、谦而不卑的态度能够给对方一个良好的印象。面试的目的是为了互相了解，因此你应该尽可能让对方知道你所具备的经验、能力等，让对方清楚地知道你的想法，让对方在面试中感觉到你的为人和处世的态度。面试时应注意一些小技巧。比如，事先仔细了解一下应聘单位的背景和企业文化，应聘职位对于职员的专业要求、薪金待遇等，这样就足以应付一些基本的提问了。另外，有些单位会问一些"两难"的问题，比如事业和家庭的冲突问题等，遇到这类问题，注意运用辩证法，从两方面来论述，最后再做出自己的判断。

④面试通过之后，一般就进入签约阶段。签订就业协议是一种法律行为，受到法律的保护，因此在签约之前务必看清楚协议的条款是否符合先前商议的结果，另外看清楚协议的书写及格式是否标准、具有法律效力，避免一些企业蒙骗大学生的事件发生。这就要求大学生

在择业前学习必要的劳动法、合同法等法律知识，用以保护自身的法律权益。

（二）立业与创业

1. 立业　求职不易，立业更难。立业有两种理解：一是指选定一个可以赖以谋生的职业，亦即“谋生”。这是低层次上的但又是最基本的需求，因为就业是人生存和发展的基本手段。二是不仅谋生，而且求发展，说的是一个人有抱负、有追求，并且事业有成，即所谓“谋业”。这是高层次上的立业。对青年而言，谋求生计很重要，因为获取必要的物质生活资料必须通过就业来获得，此外别无他法。因此，当成功择业后就须热爱就业岗位，同时还要使自己尽快进入角色，适应职业岗位，如服从安排，主动工作，尽职尽责；在工作中严于律己，宽以待人；尊重他人，团结互助。只有这样，才能使自己在较短的时间里适应工作岗位的需要。应当肯定“谋生”意义上的立业，但更应鼓励“谋业”意义上的立业，因为这种立业更能体现个人价值，对社会的贡献也更大。众所周知，就业给家庭带来了稳定的收入，这不仅保证了家庭生活的稳定，也促进了生活质量的提升。尤其是那些敬业乐业的家庭，父母的兢兢业业为他们自身实现自我价值提供了可能，其良好的工作作风也为子女树立了良好的榜样，有助于引导子女了解社会，并为他们进入社会做好准备。

2. 创业　创业，顾名思义，就是创建一份自己的事业，是创业者运用知识和技能，以创造性的劳动把理想转化为现实的过程。创业包括两层含义：一是在自己所从事的职业活动中，以有别于以往、以有别于常规、以有别于他人的思维方式和行为方式开展工作；二是自主创业，不仅解决自己的生存问题，还为别人提供就业岗位。在激烈的市场竞争下，创业已经成了我们这个时代的特征和潮流。对青年学子们而言，开展创业不仅仅要有理论，更重要的还有实践经验。有关专家总结出创业的七大必备条件：

（1）充分的资源（resources）。包括人力和财力。创业者要具备充足的经验、学历、流动资金、时间、精神和毅力。

（2）可行的概念（ideas）。生意概念不怕旧，最重要的是可行，有长久性，可以继续开发、扩展。

（3）适当的基本技能（skills）。不是行业中的一般技能，而是通常性的企业管理技能。

（4）有关行业的知识（knowledge）。

（5）才智（intelligence）。创业者不一定要有高智商，但要能够善于把握时机去做出明确的决定。

（6）网络和关系（network）。创业者需要有人帮助和支持，不断扩大朋友网络和打好人际关系会带来不少方便。

（7）确定的目标（goal）。

非常巧的是，将七大条件的首个英文字母串在一起，恰好是“risking”（冒险）一词，这也反映出创业是要冒风险的。

尽管创业需要具备一定的条件，但创业者是不会等条件都具备了再创业的。等条件都具备之后再创业，这种创业就不是真正的创业，因为创业的机遇已经与你擦肩而过。因此，对于创业者而言，除了上述条件外，创业者还需要具备良好的创业心理品质。我国学者借鉴国外研究成果，并对我国的青少年进行抽样调查，结果分析表明，独立性、敢为性、坚韧性和适应性这四种品质对创业成功与否有较大的相关性。独立思考，敢想敢干，持之以恒，适时调整是成功创业人士的共同心理品质。

当前大学生创业已经成为一种潮流，也是解决就业的一种现实途径。创业路上有艰辛、挫折甚至失败，但是敢于尝试，认准目标，坚持不放弃，终究会成功。实践证明，妨碍创业的除了各种客观条件外，最大的障碍是自己。

三、职业生涯规划

每个人都渴望在职业里实现自己的梦想，当你决心从事某个事业时，那就设定目标，并写下来，时刻提醒自己，用多长时间达到初级目标，用多长时间达到中期目标，用多长时间实现长远目标。因为没有目标，人就会变得无所适从。

（一）为自己的人生确立一个职业目标

很多大学生求职者说，刚开始找工作时还有目标，后来越找越没有标准，感到很迷茫。对此李开复对大学生说："如果大学四年（甚至更长的求学时间）里没有培养起自己的理想，那么，迷茫是正常的。求学十几年目标就是考上大学，这是家长为你们树立的'理想'。而现在大学毕业了，面对求职，没人告诉你该做什么了，于是迷茫产生了。那么，如何摆脱这种迷茫呢？当然是做人生规划，让自己有个目标。但是，这不是一步登天的过程，理想不是一天就能树立的。"

职业生涯管理专业供应商——向阳生涯七年来对就业市场进行研究，发现存在于求职者身上的问题有以下三大通病：

一是职业定位不清，求职目标不明。大量的求职者，包括90%以上的大学毕业生对就业市场感到茫然，不知道自己要做什么工作、能做什么工作，即便是找到了一份工作也做得不长久，工作满意度极低，频繁跳槽换工作，最终导致大量的求职者变身为"跳蚤族"，一年换五六份工作的大有人在。

二是缺乏核心能力，就业竞争力弱。包括大学毕业生在内的大量求职群体跟不上经济发展和产业发展的要求，专业知识和技能根本不能满足岗位所需，始终处于被市场淘汰的边缘。就像马云所说："他们学的和我们用的不一样。"这就必然导致很多求职者无法胜任当前岗位，还没过完试用期就已被企业辞退。

三是工作主动性弱，缺乏职业规划。相当多的求职者职业素养不高，既不热爱工作更不主动地解读工作，很难从工作中找到幸福感和成就感。甚至有为数不少的人，对于尚未掌握的专业知识也不虚心请教，严重缺乏核心竞争能力，更谈不上对自己未来3～5年的职业发展做出任何的规划，放任自流。

要想解决上述问题，求职者必须做好职业规划。职业规划不仅可以破解就业难坚冰，更是解决就业问题的根本之道。对于一个人，职业生涯规划是为自己的人生确立一个职业目标，让事业、家庭和人生都拥有一个幸福美妙的将来。每个人都应该为自己的职业发展负责，每个人都应该进行职业规划。因为在一个人的一生中，工作几乎贯穿整个生命始终，而工作中的职业发展目标往往也就是一个人一生的目标。

职业生涯规划也可称为职业生涯设计，是指个人和组织相结合，在对一个人职业生涯的主客观条件进行测定、分析、总结研究的基础上，对其兴趣、爱好、能力、特长、经历及不足等各方面进行综合分析与权衡，结合时代特点，根据其职业倾向，确定其最佳的职业奋斗目标，并为实现这一目标做出行之有效的安排。比如，做出个人职业的近期和远景规划、职业定位、阶段目标、路径设计、评估与行动方案等一系列计划与行动。职业生涯设计的目的绝不只是协助个人按照自己资历条件找一份工作，达到和实现个人目标，更重要的是帮助个人真正了解自己，为自己订下事业大计，筹划未来，拟订一生的方向，进一步详细估量内外环境的优势和限制，在“衡外情，量己力”的情形下设计出各自合理且可行的职业生涯发展方向。

职业生涯规划的期限一般划分为短期规划、中期规划和长期规划。短期规划为3年以内的规划，主要是确定近期目标，规划近期完成的任务；中期目标一般为3～5年，在近期目标的基础上设计中期目标；长期目标其规划时间是5～10年，主要设定长远目标。

（二）职业生涯规划的基本步骤

每个人都渴望成功，但并非都能如愿。了解自己、有坚定的奋斗目标，并按照情况的变化及时调整自己的计划，才有可能实现成功的愿望。这就需要进行职业生涯的自我规划。

1. 自我分析　许多职业咨询机构和心理学专家进行职业咨询和职业规划时常常采用“5个问题”的思考模式，从自己是谁开始，然后顺着一路问下去：①我是谁？②我想做什么？③我能做什么？④环境支持或允许我做什么？⑤我的职业目标是什么？回答了这5个问题，进行一次深刻的反思，找到它们的最高共同点，你就有了自己的职业生涯规划。如果有兴趣，现在就可以试试：先取出5张白纸、1支铅笔、1块橡皮；在每张纸的最上边分别写出以上5个问题；然后，静下心来，排除干扰，按照顺序，独立地仔细思考每一个问题。

（1）“我是谁?”回答的要点是：面对自己，真实地写出每一个想到的答案；写完了再想想有没有遗漏，认为确实没有了，按重要性进行排序。

（2）“我想做什么?”这是对自己职业发展的一个心理趋向的检查。每个人在不同阶段的兴趣和目标并不完全一致，有时甚至是完全对立的。但随着年龄和经历的增长，兴趣和目标逐渐固定，并最终锁定自己的终生理想。可将思绪回溯到孩童时代，从人生初次萌生第一个想干什么的念头开始，然后随年龄的增长，回忆自己真心向往过想干的事，并一一地记录下来，写完后再想想有无遗漏，确实没有了，就进行认真的排序。

（3）“我能做什么?”这是对自己能力与潜力的全面总结。一个人职业的定位最根本地还要归结于他的能力，而他职业发展空间的大小则取决于他的潜力。对于一个人潜力的了解应该从几个方面着手去认识，如对事的兴趣，做事的韧力，临事的判断力以及知识结构是否全面、是否及时更新等。把确实证明的能力和自认为还可以开发出来的潜能都一一列出来，认为没有遗漏了，就进行认真的排序。

（4）“环境支持或允许我做什么?”环境支持在客观方面包括本地的各种状态，比如经济发展、人事政策、企业制度、职业空间等；人为主观方面包括同事关系、领导态度、亲戚关系等。两方面的因素应该综合起来看。回答要稍做分析：环境，有本单位、本市、本省、本国和其他国家，自小向大，只要认为自己有可能借助的环境，都应在考虑范畴之内；在这些环境中，认真想想自己可能获得什么支持和允许，搞明白后一一写下来，再根据重要性排列一下。

（5）“我的职业目标是什么?”做法是：把前4张纸和第5张纸排开，认真比较第1～4张纸上的答案，将内容相同或相近的答案用一条横线连起来，你会得到几条连线，而不与其他连线相交的又处于最上面的线，就是你最应该去做的事情，你的职业生涯就应该以此为方向。在此方向上以3年为单位，提出近期、中期与远期的目标；再在近期的目标中提出今年的目标；将今年的目标分解为每季度目标、每月目标、每周目标、每天目标。这样，每天睡前可以对照自己的目标进行反省，总结当日成就与失误、经验与教训，修正明天的目标与方法，第二天醒过来后稍加温习就可以投入行动了！这样日积月累，没有不能实现的规划。

2. 职业生涯规划的步骤

（1）自我评估。也就是要全面了解自己。一个有效的职业生涯设计必须是在充分而且正确认识自身条件与相关环境的基础上进行的。要审视自己、认识自己、了解自己，做好自我评估，包括自己的兴趣、特长、性格、学识、技能、智商、情商、思维方式等。即要弄清我想做什么、我能做什么、我应该做什么、在众多的职业面前我会选择什么等问题。

（2）职业生涯机会的评估。职业生涯机会的评估，主要是评估周边各种环境因素对自己职业生涯发展的影响。在制定个人的职业生涯规划时，要充分了解所处环境的特点，掌握职业环境的发展变化情况，把握环境因素的优势与限制，了解本专业、本行业的地位、形势以及发展趋势，明确自己在这个环境中的地位以及环境对自己提出的要求和创造的条件等。环境因素评估主要包括：组织环境、政治环境、社会环境、经济环境。职业生涯规划还要充分认识与了解相关的环境，评估环境因素对自己职业生涯发展的影响，分析环境条件的特点、发展变化情况。

（3）确定职业发展目标。俗话说："志不立，天下无可成之事。"立志是人生的起跑点，反映着一个人的理想、胸怀、情趣和价值观。在准确地对自己和环境做出了评估之后，我们可以确定适合自己、有实现可能的职业发展目标。在确定职业发展的目标时要注意自己性格、兴趣、特长与选定职业的匹配，更重要的是考察自己所处的内外环境与职业目标是否相适应，不能妄自菲薄，也不能好高骛远。合理、可行的职业生涯目标决定了职业发展中的行为和结果，是制定职业生涯规划的关键。

（4）选择职业生涯发展路线。在职业目标确定后，要选择向哪一路线发展，如是走技术路线，还是管理路线；是走技术＋管理即技术管理路线，还是先走技术路线、再走管理路线等。发展路线不同，对职业发展的要求也不同。因此，在职业生涯规划中，必须对发展路线做出抉择，以便及时调整自己的学习、工作以及各种行动措施，沿着预定的方向前进。

（5）制订职业生涯行动计划与措施。在确定了职业生涯的终极目标并选定职业发展的路线后，行动便成了关键的环节。这里所指的行动，是指落实目标的具体措施，主要包括工作、培训、教育、轮岗等方面的措施。可对应自己的行动计划将职业目标进行分解，即分解为短期目标、中期目标和长期目标，其中短期目标可分为日目标、周目标、月目标、年目标；中期目标一般为3～5年；长期目标为5～10年。分解后的目标有利于跟踪检查，同时可以根据环境变化制订和调整短期行动计划，并针对具体计划目标采取有效措施。职业生涯中的措施主要指为达成既定目标，在提高工作效率、学习知识、掌握技能、开发潜能等方面选用的方法。行动计划要对应相应的措施，要层层分解、具体落实，细致的计划与措施便于进行定时检查和及时调整。

（6）评估与回馈。影响职业生涯规划的因素很多，有的变化因素是可以预测的，而有的变化因素难以预测。在此状态下，要使职业生涯规划行之有效，就必须不断地对职业生涯规划执行情况进行评估。首先，要对年度目标的执行情况进行总结，确定哪些目标已按计划完成，哪些目标未完成。然后，对未完成目标进行分析，找出未完成原因及发展障碍，制订相应解决障碍的对策及方法。最后，依据评估结果对下年的计划进行修订与完善。如果有必要，也可考虑对职业目标和路线进行修正，但一定要谨慎考虑。

复习思考

1. 你的职业理想是什么？
2. 请你为自己做一份职业生涯规划。

模块七

态度决定高度——确立积极进取的工作态度

学习目标

了解成功者应有的心态；认识积极的心态对于生活、事业成功的重要意义；在工作和生活中，调整心态，善于阳光思维，培养积极的工作态度，勇于进取，成就卓越。

名言警句

1. 告诉你使我达到目标的奥秘吧，我唯一的力量就是我的坚持精神。

——巴斯德

2. 心态若改变，态度跟着改变；态度改变，习惯跟着改变；习惯改变，性格跟着改变；性格改变，人生就跟着改变。

——马斯洛

3. 最惨的破产就是丧失自己的热情。

——阿诺德

4. 卓越的人一大优点是：在不利与艰难的遭遇里百折不挠。

——贝多芬

5. 乐观主义者总是想象自己实现了目标的情景。

——西尼加

6. 不因幸运而故步自封，不因厄运而一蹶不振。真正的强者，善于从顺境中找到阴影，从逆境中找到光亮，时时校准自己前进的目标。

——易卜生

7. 态度决定成败，无论情况好坏，都要抱着积极的态度，莫让沮丧取代热心。生命可以价值极高，也可以一无是处，随你怎么去选择。

——吉格斯

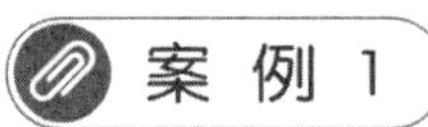

初入职场的小刘

小刘毕业于一所农业高职院校。在校期间小刘各科成绩优良，尤其喜爱钻研专业理论，动手能力也较强，技能不错。在校期间老师要求的事，小刘都认真完成，老师很器重他。实习期间老师给他介绍去大连一家农业公司实习，由于工作出色，实习工资每月 5 000 元，实习结束时这家公司想聘用他，工资也会更高，但小刘决定回家乡工作。

毕业后他回到家乡一家较大型农业公司工作，公司里有专科生、本科生，甚至还有研究生，小刘感到很有压力。一年后，同学小李来看他，由于不满意自己的工作，闲聊时小刘愤愤不平地对同学说："我在这个公司工资算低的，老板根本不把我放在眼里，我早晚会辞职。"小李也为他不平："怎么会这样，要知道你这么出色。……"一番不平之后小李说："这家公司的业务和经营诀窍你都懂了吗?"

"还没有。"

"我劝你还是先冷静下来，用心把这家公司的业务、具体细节、经营诀窍弄懂再走，这样对跳槽也好、自己创业也好都是有利的。"

小刘听了同学的建议，一改过去被动、等待分配任务的心态，开始积极主动工作。主动和大家聊天，虚心向同事请教，帮助同事做事，如端茶倒水、整理文件、制作表格，到生产基地干活、到营销部门了解营销情况。业余时间小刘继续学习深造，提高技能。慢慢小刘的勤奋被大家认可，他的专业特长也得到充分发挥，他还大胆地给公司提出建议，帮助公司解决生产经营中遇到的问题。

一年后，同学小李打来电话："现在有一家公司缺有经验的业务人员，我已经应聘到这家公司了，工资比你在的这家高，你来和我一起干吧。"小刘说："我最近发现老板对我很好，给我升了职，还涨了工资，而且同事都尊重我了，我是不想跳槽了。"

案例分析

人生离不开工作，工作不仅是生存的需要，更是实现人生价值的需要，当你拥有第一份工作的时候，你正在体现你生命的价值；当你做好一份工作的时候，你正在使你的生命升华。同时工作中遇到的困难能磨炼我们的意志，新的任务能提升我们的能力，与同事的合作能培养我们的人格，与客户的交流能够修炼我们的品格。工作是为自己，不是为别人。只有懂得工作不仅是为企业，更是为自己的人，才能真正懂得工作是多么快乐，生命是多么有意义。

在工作中，我们不能控制自己的际遇，但可以控制自己的心态；我们不能改变别人，却可以改变自己。小刘最初对待工作是一种消极被动的心态：我是给公司打工的，公司安排我任务，我才去做，尽管也可能很努力，但只是被动工作。所以他工作业绩平平，不被重用。时间长了小刘也会和很多人一样，养成了一种爱嘲弄、吹毛求疵、抱怨和批评的恶习；因为诸如工资不高、环境不好、上司不好之类的理由而缺乏工作的热情，他们经常消极怠工，经常发牢骚、抱怨，长此以往，个人的职位得不到提升，总会说诸如"我辞职不给他干了"之类的话，可是，他们恰恰忘了，自己到底是为谁在工作。如果你认为每天是在为老板打工，那么你就大错特错！抱着这种心态工作，你很难进步和发展，也很难被提拔重用，更谈不上干一番事业！

小刘在同学的建议下改变了态度，虽然改变态度的初衷不是积极的，但是客观效果是好的，改变了小刘的状况——升职、加薪；虽然升职、加薪不是人生的全部，但是对于刚步入职场，为生存需要而奋斗的新人来说，也是实现自我价值的一种体现。小刘之所以不想跳槽了，工作状况好了，是由于改变了心态，由最初为老板工作的被动心态变成为自己工作的积极心态。把工作当成自己的事业，公司的一切都与自己息息相关，努力做好工作，才有了丰厚的回报，赢得了他人的尊重，实现了自我价值。

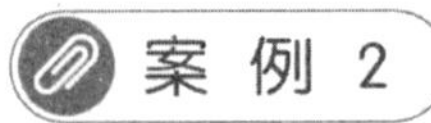

案 例 2

三个砌墙工人的命运

某建筑工地正在施工。有人问三个砌墙工人："你们在做什么？"

第一个工人没好气地说："你没看见吗，我在砌墙，每天一再重复这些无聊的动作。"

第二个工人笑了笑，说："我们在建一座高楼，只是现在由砌一堵墙开始，还有很长的工作要做。"

第三个工人一边干一边哼着歌曲，他的笑容很灿烂很开心："我想，我们不停地砌砖，最终一定会建设好一个新城市。"

十年后，第一个工人在另一个工地上砌墙，仍是一个普通的砌墙工人；第二个工人坐在宽大的办公室内，专注地在画图纸，他成了工程师；第三个工人呢，成了前两个人的老板。

案例分析

从这三人简单的答复中，可以看出他们对工作的态度不同，结果命运也不同。第一个工人是纯粹为了工作或者为了生存而工作，纯属于无奈；第二个工人是为实现目标而工作，目标现实而具体；第三个工人则是为实现更大而又清晰的目标而工作。

这个故事也印证了我们经常强调的"成功决定于态度"这一观点。三个砌墙工人的回答，实质上道出了每个人对"砌墙"这一工作的认识、态度，进而反映出每个人人生追求的目标和志向。第一个工人把砌墙看作谋生的手段、养家糊口的营生，认为砌墙工作是单调、平板、索然无味的，是一种负担，工作时敷衍塞责，"当一天和尚撞一天钟"，工作积极性不高，主动性不强，缺乏责任感与进取心，不思改革，不求进取，主观能动作用难以充分发挥出来。这样的人自然不会有所作为，也不会有发展。第二个工人工作是有目标的，目标也很现实和具体，他懂得付出，脚踏实地，因而工作得开心，通过努力得到理想的工作。第三个工人的工作有更大的目标，他把砌墙作为一种锻炼、一种积累、一种经历，虽是砌墙工人，干的是极简单、极普通的活，但他具有正确对待事物的态度，有理想，积极、乐观、充满自信；他不单纯把自己看作一个砌墙工人，而是具有人生追求的目标和志向，热爱本职，工作才有激情和创造性。正是因为有了正确的认识、积极的态度和远大的志向，他最终成为老板。

我们每一个员工，都要向第三个砌墙工人学习。工作的任何一个岗位，即使是最简单、最不起眼的岗位，都需要员工认真、负责地进行操作。对每个岗位我们必须要有正确的认识、积极的态度和远大的志向，只有干一行，爱一行，才能精一行；爱岗才能钻进去，敬业才能有作为；且莫"这山望着那山高"，或自暴自弃，"破罐子破摔"。只要我们对工作孜孜以求，精益求精，一定能够收获胜利的果实。

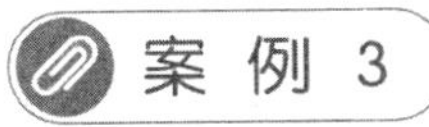

因为我在那个位置上

美国心理学博士艾尔森对世界上100名杰出人士做了一项问卷调查，结果让他十分惊讶——其中61%的人承认，他们所从事的职业，并非是他们所喜欢的，至少不是最理想的。一个人竟然能够在自己不大理想的领域里，取得那样辉煌的业绩，除了聪颖和勤奋，靠得还有什么呢？

纽约证券公司的金领丽人苏珊的经历极具代表性。苏珊出生于中国台北的一个音乐世家，她从小就热爱音乐，但她阴差阳错地考进了大学的工商管理系。尽管不喜欢这一专业，但她学得很认真，各科成绩均是优异，毕业时被保送到麻省理工学院，并拿到了经济管理专业的博士学位。如今已是美国证券界风云人物的她，依然心存遗憾地说："至今为止，我仍说不上喜欢自己所从事的工作。如果能够让我重新选择，我会毫不犹豫地选择音乐……"

艾尔森博士问她："你不喜欢你的专业，为何你又做得那么优秀?"

"因为我在那个位置上，那里有我应尽的职责，我必须认真对待。对工作认真负责，也是对自己负责。"

案例分析

苏珊和许多成功人士一样，她所学习的专业并不是她喜欢的，甚至事业成功后她仍然认为不喜欢自己所从事的工作，但不论是学习还是工作，她都能够认真对待。"因为我在那个位置上，那里有我应尽的职责，我必须认真对待。对工作认真负责，也是对自己负责。"请记住这两句话吧，这两句话道出了苏珊对工作的认真和负责任，而对工作的认真度、责任度、努力程度恰恰体现出一个人的工作态度。态度决定高度，它是一个人成功与否的关键。

在人的一生中，有一件事情始终是最重要的，那就是一种积极向上的心态。因为它能让人实现崇高的理想，它能让人无往不胜。相反，消极心态只能让人颓废、堕落、自暴自弃，结果一事无成。其实，在现实中人人都会遇到许多不如意。那些具有积极心理态度的人能从不尽如人意的环境中求得极大的发展，用积极的心理态度去激励自己，获得成功。

每个人都有自己的生活和工作，做好任何事情都需要投入，无论自己如何不情愿，都要尽心尽力地做，而且做了以后，心态就平静了。干一行爱一行，爱一行就要干好一行，这应该是我们对工作应有的态度，不管手头上的事是多么不起眼，多么烦琐，要坚信只要仔细去做，理想就会靠近你，成功就会属于你！

一、态度就是竞争力

美国成功学学者拿破仑·希尔说过这样一段话：人与人之间只有很小的差异，但这种很小的差异却往往造成了巨大的差异！很小的差异在于心态是积极的还是消极的，巨大的差异就是成功与失败。

心态其实就是一种态度——面对工作，面对生活，面对人生的态度。有什么样的人生态度，就有什么样的人生轨迹；有什么样的工作态度，也就决定了你在工作中竞争力的强弱。

（一）态度就是竞争力

每个人都有不同的职业轨迹，有的人成为单位里的核心员工，受到老板的器重；有的人一直碌碌无为；有的人牢骚满腹，总认为与众不同，而到头来仍一无是处……众所周知，除了少数天才，大多数人的禀赋相差无几。那么，是什么在造就我们、改变我们？是“态度”！

态度是人内心的一种潜在意志，是个人的能力、意愿、想法、感情、价值观等，在生活、工作中所体现出来的外在表现。态度的对象是多方面的，人对自己所处环境中的客观事物、人、事件、团体、制度及代表具体事物的观念等都会做出好坏、善恶、满意不满意等的评价，有时会做出积极或消极反应，这就是态度。因此，态度是指个体在一定环境中对一类人或事物做出积极或消极反应的心理及行为倾向。

工作态度是人们对工作所持有的评价与行为倾向，包括工作的认真度、责任度、努力程度等。由于这些因素较为抽象，因此通常只能通过主观性评价来考评。

在工作之中，我们可以看到形形色色的人，每个人都有自己的工作态度，有的勤勉进取；有的悠闲自在；有的得过且过。工作态度决定工作成绩。我们不能保证一个人具有了某种态度就一定能成功，但是成功的人们都有着一些相同的态度。

张大林、吴小松、李志鹏大学毕业后，同年到某企业工作。

张大林是一个性格很随和的人，与同事关系处得也很好，大大咧咧的，但是他有一个很致命的弱点——工作不主动。他的口头禅是：“那么拼命为什么？大家不拿同样一份薪水吗？”他从来都是按时上下班，从不行差踏错；职责之外的事情一概不理，分外之事更不会主动去做。不求有功，但求无过。一遇挫折，他最擅长的就是自我安慰：“反正晋升上去是少数人的事，大多数人还不是像我一样原地踏步，这样有什么不好？”

吴小松从小没有吃过苦，遇到困难就逃避，经常悲观失望。他似乎总是在抱怨他人与环境，认为自己所有的不如意都是由环境造成的。到企业后他就认为企业问题太多，上司出台一项新政策，他认为上司没事整事；同事取得成绩他也不舒服；职工为企业建言献策，他认为是出风头；上司安排他额外的工作，他嘴上不说，但行动不积极。他常常自我设限，让自己本身无限的潜能无法发挥。他其实也是一个有着优秀潜质的人，然而，却整天生活在负面情绪当中，完全享受不到工作的种种乐趣，总是牢骚满腹，这种消极情绪会不知不觉传染给其他人。

李志鹏性格外向，对任何事都好奇而且非常合群，到企业不久很快就适应了环境，融入了企业。在企业里经常可以看到他每天热情地和同事们打着招呼，精神抖擞，积极乐观，永争第一。他总是积极地寻求解决问题的办法，即使是在受到挫折的情况下也是如此。因此，他总能让希望之火重新点燃。同事们都喜欢和他接触，他虽然整天忙忙碌碌，但却始终生活在正面情绪当中，时刻享受工作的乐趣。

其实张大林、吴小松、李志鹏代表三种不同的人，第一种人像张大林一样，得过且过；第二种人像吴小松一样，牢骚满腹；第三种人像李志鹏一样，积极进取。

一年或几年以后，第一种人仍然做着他的工作，上司对他的评价始终不好不坏。一年一度的大学生应聘潮又开始了，上司开始关注起相关的简历来，也许，新鲜的血液很快就会补充进来。第二种人在公司里可能早就不见踪影，公司裁员，部门经理首先就想到了他。单位需要增加业绩、团结一致，第二种人却除了发牢骚，还是发牢骚。第一轮裁员刚刚开始，这种人首先就会接到解聘信。第三种人还是那么积极进取，忙碌的身影依然随处可见，他已经从销售员的办公区搬走，这一年，被提升为销售经理，新的挑战才刚刚开始。

在公司，员工与员工之间在竞争智慧和能力的同时，也在竞争态度。在一些技术含量不高的职位上，大多数人都可以胜任，能为自己的工作表现增加砝码的也就只有态度了。这时，态度也是你区别于其他人，使自己变得重要的一种能力。那些懒惰的人、那些态度上不具备竞争力的人只注重事物的表象，无法看透事物的本质。他们只相信运气、机缘、天命之类的东西。看到他人工作出色，他们就说："那是天分。"看到人家屡次加薪，他们就说："那是幸运！"发现有人为老板所重用，他们就说："那是机缘。"事实上，不管你所工作的机构有多庞大，甚至不管它有多么糟糕，每个人在这个机构中，都能有所作为。不管环境的利弊，最终，卓越的工作表现都需要积极的态度。

（二）我们的工作态度完全取决于我们自己

没有卑微的工作，只有卑微的工作态度，而我们的工作态度完全取决于我们自己。如果一个人轻视他自己的工作，认为他的工作辛苦、烦恼，那么他的工作绝不会做好。职场上，有许多人不尊重自己的工作，常常心生抱怨，这是非常错误的观念。一个人对工作所持的态度，和他本人的性情、做事的才能有着密切的关系。一个人能否成为优秀的员工，能否成功，只要看他工作时的精神和态度就可以知道。没有哪一件工作是没有意义的，每一个小事都有自己的意义。任何小事，都要求我们必须具备一种脚踏实地的态度。正是我们对一些小事情的处理方式，决定了我们是否能成就大事。这些吞噬你时间的琐碎事情包括：在上班时间打私人电话，这些私人电话浪费了自己的工作时间；上班时间吃早餐；上班时间谈论私人事件；花太多的时间计较细枝末节，明明是一些鸡毛蒜皮的小事，却爱咬着不放；在着手推行自己的工作的时候，却往往停下来对别人解释自己为什么要做这些事情等。

二、成功源于积极的心态

美国成功学院对1 000名世界知名的成功人士的研究结果表明：一个人的成功，85%取决于积极的心态！

（一）心态是一种内心的想法

从成功学角度看，心态只有两种：积极的和消极的。在世界上，每个人都随身携带着一种看不见的法宝，它的一面写着"积极心态"，另一面写着"消极心态"。

心态就是内心的想法，是一种思维的习惯状态。荀子说："心者，形之君也，而神明之主也。"意思即"心"是身体的主宰，是精神的领导。心态使人做出超常的行为。"情人眼里出西施"，"爱屋及乌"，这些都是心态在起作用。古人说："哀莫大于心死""兵强于心而不强于力"，都是在强调心态的重要性。

生活中随时可以看到不同的人对一件事持有不同的看法，并且都能成立，都合逻辑。比如同样是半杯水，有人说杯子是半空的，有人说杯子是半满的。水没有变，不同的只是心态。心态不同，观察和感知的事物的侧重点就不同，对信息的选择就不同，因而对环境与世界的认识就不同。

运用积极心态支配自己人生的人，拥有积极奋发、进取、乐观的心态，他们能乐观向上地正确处理人生遇到的各种困难、矛盾和问题；运用消极心态支配自己人生的人，心态悲观、消极、颓废，不敢也不去积极解决人生所面对的各种问题、矛盾和困难。

有这样一个老太太，她有两个儿子，大儿子是染布的，二儿子是卖伞的，她整天为两个儿子发愁。天一下雨，她就会为大儿子发愁，因为不能晒布了；天一放晴，她就会为二儿子发愁，因为不下雨二儿子的伞就卖不出去。老太太总是愁眉紧锁，没有一天开心的日子，弄得疾病缠身，骨瘦如柴。一位哲学家告诉她，为什么不反过来想呢？天一下雨，你就为二儿子高兴，因为他可以卖伞了；天一放晴，你就为大儿子高兴，因为他可以晒布了。在哲学家的开导下，老太太以后天天都是乐呵呵的，身体自然健康起来了。

看来，事物都有其两面性，问题就在于当事者怎样去对待它们。

（二）成功人士的首要标志在于他的心态

一个人如果心态积极，乐观地面对人生，乐观地接受挑战和应对麻烦事，那他就成功了一半。

积极的心态是成才不可缺少的内在动力，也是人才成功的情商标志。成功学的始祖拿破仑·希尔提出 17 条成功定律，第一条就是“积极的心态”，并把它作为成功者的黄金法则。成功人士运用积极心态黄金定律支配自己的人生，他们始终用积极的思考、乐观的精神和辉煌的经验支配和控制自己的人生；失败人士是受过去的种种失败与疑虑所引导和支配的，他们空虚、悲观失望、消极颓废，最终走向了失败。

比较一下成功者与失败者的心态，尤其是关键时刻的心态，我们将发现“心态”会导致人生惊人的不同。

在推销员中，广泛流传着一个这样的故事：两个欧洲人到非洲去推销皮鞋。由于天气炎热，非洲人向来都是打赤脚。第一个推销员看到非洲人都打赤脚，立刻失望起来：“这些人都打赤脚，怎么会要我的鞋呢？”于是他放弃努力，失败沮丧而回。另一个推销员看到非洲人都打赤脚，惊喜万分：“这些人都没有皮鞋穿，这皮鞋市场大得很呢。”于是他想方设法，引导非洲人购买皮鞋，最后发大财而回。

这就是一念之差导致的天壤之别。同样是非洲市场，同样面对打赤脚的非洲人，由于一念之差，一个人灰心失望，不战而败；而另一个人满怀信心，大获全胜。

拿破仑·希尔曾讲过这样一个故事，对我们每个人都极有启发。

塞尔玛陪伴丈夫驻扎在一个沙漠的陆军基地里。丈夫奉命到沙漠里去演习，她一个人留在陆军的小铁皮房子里，天气热得受不了，没有人和她谈天，身边只有墨西哥人和印第安人，而他们不会说英语。她非常难过，于是就写信给父母，说要丢开一切回家去。

她父亲的回信只有两行，这两行信却永远留在她心中，完全改变了她的生活。她父亲在信中写到：两个人从牢中的铁窗望出去，一个看到泥土，一个却看到了星星。

她起初非常失望，但尽管如此，这几句话还是引起了她的兴趣，因为那毕竟是远在故乡的父母对女儿的一份关爱。她反复看，反复琢磨，终于有一天，一道闪光从她脑海里掠过，仿佛把眼前的黑暗完全照亮了。她恍然大悟，觉得非常惭愧。她决定要在沙漠中找到星星。

她开始主动和印第安人、墨西哥人交朋友，并惊喜地发现他们都十分好客、热情，还送给她许多珍贵的陶器和纺织品作礼物；她研究沙漠的仙人掌，一边研究，一边做笔记，没想到仙人掌是那样的千姿百态，那样的使人着迷；她欣赏沙漠中的日落日出，还寻找海螺壳，这些海螺壳是几万年前沙漠还是海洋时留下来的……她享受着新生活给她带来的一切。她发现生活完全变了，变得使她每天都仿佛沐浴在春光之中，每天都仿佛置身于欢笑之间。塞尔玛回美国后，根据自己这一段真实的内心历程写了一本书，叫《快乐的城堡》，引起了很大的轰动。

塞尔玛在沙漠从军的生活经历，前后简直有天壤之别，前期是痛苦的，后期是欢乐的；前期是阴雨连绵，后期是阳光灿烂。沙漠没有变，铁皮房没有变，酷热的高温天气没有变，印第安人、墨西哥人没有变。这一切都没有变，那变的是什么呢？显然，变的是她的内心，是她内心习惯性的思维方式。过去她习惯性地选择看泥土，选择事物的消极一面；后来她习惯性地选择找星星，选择事物的积极一面。其实她什么也没有变，变的就那么一点点。但就这么一点小小变化，带来的差异却是巨大的：一个痛苦，一个快乐；一个失败，一个成功。

一个人能否成功，关键在于他的心态。成功人士与失败人士的差别在于成功人士有积极的心态；而失败人士则习惯于用消极的心态去面对人生。美国潜能成功学家罗宾说："面对人生逆境或困境时所持的信念，远比任何事都来得重要。"这是因为，积极的信念和消极的信念直接影响创业者的成败。

有个人名叫威廉·丹佛斯，他是一家名为布瑞纳公司的老总。威廉·丹佛斯小时候很瘦弱，就好像许多健身广告里"练习前"的那种瘦小体型，他的志向也不远大，他感觉自己很差，加上羸弱的身体，这种不安全感加深了。

但是，后来一切都改变了。他在学校里遇到一位好老师。有一天，这位老师私下把他叫到一旁说："威廉，你的思想错了！你认为你很软弱，就真会变成这样一个人。但是，事实并非一定会这样，我敢保证你是一个坚强的孩子。"

"你是什么意思？"这个小男孩问，"你能吹牛使自己强壮吗？"

"当然可以。你站到我面前来。"

小丹佛斯站到老师的面前去。"现在，就以你的姿势为例。它说明你正想着自己弱的一面。我希望你做的是考虑自己强的一面，收腹挺胸。现在，照我所说的做，想象自己很强壮，相信自己会做得到。然后，真正去做，敢于去做，靠自己的双腿站在世上，活得像个真正的男子汉。"

丹佛斯照着他的话去做了，受用一生。85 岁时，他仍然精力充沛、健康、有活力，他对朋友讲："记住，要站得直挺挺的，像个大丈夫。"

在心中为自己勾画出一幅清晰的蓝图十分重要，因为蓝图的好坏、强弱，以及你自己预想的成功或失败将会变成现实。一位心理学家说：在人的本性中有一种倾向，我们把自己想象成什么样，就真的会成为什么样子。这里的想象并不是漫无目的的狂想。想象是一种关于影像设计的艺术或科学，你可以把它称为成像。你对自己有什么样的影像十分重要，因为这个影像会成为事实。

思想是行为的先导。如果你预先想见自己的成功，你便会去实施使今日成功的行为。只要我们运用积极心态的原则，每个人都会成功。即使诸事不顺，也别轻言放弃，并认为自己与成功无缘。即使在最恶劣的情况下仍然会有出路，有隐藏的秘诀，它们能使你从失败转向成功，由绝望转向快乐。是的，一个人面对失败所持的心态往往决定他一生的命运。

（三）积极的心态创造人生，消极的心态消耗人生

积极的心态促使人采取积极的行动，有助于人克服困难，使人看到希望，保持进取的旺盛斗志；消极心态使人沮丧、失望，心灰意冷，限制和扼杀自己的潜能。

> 有位秀才第三次进京赶考，住在一个经常住的店里。考试前两天他做了两个梦，第一个梦是梦到自己在墙上种白菜；第二个梦是下雨天，他戴了斗笠还打伞。这两个梦似乎有些深意，秀才第二天就赶紧去找算命的解梦。算命的一听，连拍大腿说："你还是回家吧。你想想，高墙上种菜不是白费劲吗？戴斗笠打雨伞不是多此一举吗？"秀才一听，心灰意冷，回店收拾包袱准备回家。
>
> 店老板觉得非常奇怪，问："不是明天才考试吗，今天你怎么就回乡了？"秀才如此这般说了一番，店老板乐了："哟，我也会解梦的。我倒觉得，你这次一定要留下来。你想想，墙上种菜不是高中吗？戴斗笠打伞不是说明你这次有备无患吗？"秀才一听，更有道理，于是精神振奋地参加考试，居然中了个探花。

积极的心态是成功的起点，是生命的阳光和雨露，让人的心灵成为一只翱翔的雄鹰；消极的心态是失败的源泉，是生命的慢性杀手，使人受制于自我设置的某种阴影。选择了积极的心态，就等于选择了成功的希望；选择消极的心态，就注定要走入失败的沼泽。如果你想成功，想把美梦变成现实，就必须摒弃这种扼杀你的潜能、摧毁你希望的消极心态。

（四）积极的心态是健康和幸福的重要来源

拿破仑·希尔说："积极的心态，就是心灵的健康和营养。这样的心灵，就能吸引财富、成功、快乐和身体的健康"；"消极的心态，却是心灵的疾病和垃圾，这样的心灵，不仅仅排斥财富、成功、快乐和健康，甚至会夺去生活中的一切。"

除了生活中随处可见的大量事例可以证明外，近来国外的精神物理学的发现也可以很好地解释这个问题。积极的心态可以刺激脑啡肽，因此可以激发乐观和幸福的感觉，这些感觉反过来又增强了积极的心态，这样就形成了良性循环。积极的心态能激发高昂的情绪，帮助我们忍受痛苦，克服抑郁、恐惧，化紧张为精力充沛，并且凝聚坚韧不拔的力量。

三、调整心态，改善态度

我们无法改变人生，但可以改变人生观；我们无法改变环境，但可以改变心态；我们无法调整环境来完全适应自己的生活，但可以调整态度来适应一切的环境。

（一）树立八大成功心态

世界成功学之父——卡耐基说：你的生活是由你的心态决定的，你有什么样的心态就有什么样的生活，你有什么样的选择就有什么样的结果。要想获得事业成功，首先就要调整、完善、升华自己的心态。成功者必须具备以下心态：

1. 学习心态 学习是给自己补充能量，先有输入，才能输出。尤其是在知识经济时代，知识更新的周期越来越短，过时的知识等于废料，只有不断地学习，才能不断摄取能量，才能适应社会的发展，才能生存下来。要善于思考，善于分析，善于整合，只有这样才能创

新。读万卷书不如行万里路，行万里路不如阅人无数，阅人无数不如名师指路，因此，要紧跟成功者。要通过学习掌握相关的知识，多参加各种培训。

2. 归零的心态　重新开始。第一次成功相对比较容易，但第二次却不容易，原因是不能归零。长安集团的总裁在接受《东方之子》栏目采访的时候说了一句话："往往一个企业的失败是因为他曾经的成功"。事物发展的规律是波浪前进，螺旋上升，周期性变化。用中国的古话，叫风水轮流转，经济学上称为资产重组。电视剧有句道白：生活就是不断重新再来。不归零就不能进入新的财富分配，就不会持续性发展。

3. 积极的心态　事物永远是阴阳同存，积极的心态看到的永远是事物好的一面，而消极的心态只看到不好的一面。积极的心态能把坏的事情变好，消极的心态能把好的事情变坏。当今时代是悟性的赛跑！积极的心态像太阳，照到哪里哪里亮；消极的心态像月亮，初一十五不一样。不是没有阳光，是因为你总低着头；不是没有绿洲，是因为你心中一片沙漠。

4. 付出的心态　付出是一种因果关系。舍就是付出，付出的心态是老板心态，是为自己做事的心态，要懂得舍得的关系。舍的本身就是得，小舍小得，大舍大得，不舍不得。而打工的心态是应付的心态。不愿付出的人，总是省钱、省力、省事，最后把成功也省了。

5. 坚持的心态　90%以上的人不能成功，为什么？因为90%以上的人不能坚持。坚持的心态是在遇到坎坷的时候反映出来的，而不是顺利的时候。遇到瓶颈的时候还要坚持，直到突破瓶颈达到新的高峰。要坚持到底，不能输给自己。

6. 合作的心态　合作是一种境界。强强联合，合力不只是加法之和。1+1=11，再加1是111，这就是合力。但第一个1倒下了就变成了－11，中间那个1倒下了就变成了1－1。成功就是把积极的人组织在一起做事情。

7. 谦虚的心态　去掉缺点，吸取优点。虚心使人进步，骄傲使人落后。谦虚是人类最大的成就，谦虚让你得到尊重。越饱满的麦穗越弯腰。谦虚是华夏儿女的良好品德！

8. 感恩的心态　感恩周围的一切，包括坎坷、困难和我们的敌人。事物不是孤立存在的，没有周围的一切就没有你的存在。首先感恩我们的父母，是他们把我们带到了这个世界；其次感恩单位给了我们这么好的平台；再要感恩我们的上属，是他们不断地帮助我们，鼓励我们；还要感恩我们的伙伴，是大家的努力才有我们的成功，要感恩一切。

（二）探索美好人生的诀窍——阳光思维

保持积极的心态，关键是要善于发现事物的光明面，也就是有"阳光思维"。看人看事多往好处看，尤其在困难的时候多看有利的方面和趋势。有句谚语说得好："假如我们转身面向阳光，就不可能陷身在阴影里。""阳光思维"就是凡事从积极面去想，保持乐观向上的心态。看见半杯水而说"好在还有一半"的人，就是我们说的会阳光思维的乐观主义者。用这样的思维看待冬天，就不会因眼前的寒冷而懊丧，就会产生"冬天来了，春天不会太远"的信心；用这样的思维看待下雨，就不会感到心情郁闷烦躁，看看书、听听音乐或者上上网，再看看窗外的大雨让思绪漫游，回到童年，体味雨中打水仗的乐趣，或者到外面让雨淋在身上，体会一下"有雨趣无淋漓之苦"的感觉，多美妙啊！

阳光思维是在事实无法改变的前提下，我们应该保持的理智态度。不能改变事实就改变自己的心态。有这样一件事：有两个观光团到日本伊豆半岛旅游，路况很坏，到处都是坑洞。一个导游连声说路面简直像麻子一样，而另一个导游却诗意盎然地对游客说："我们现在走的正是赫赫有名的伊豆迷人酒窝大道。"

虽然是同样的情况，如何去想、如何去看全看你是怎样的心态。

一个国王的朋友有个习惯，看到生活中发生的任何事，不管是好事还是坏事，他都会说这是件好事。一天，国王和这位朋友一起出去打猎。这位朋友在给猎枪装弹的时候出现了失误，结果猎枪把国王的一个拇指打掉了。这位朋友看了看国王的伤势，又说这是件好事。国王一听怒火万丈，一气之下把他投进大牢。

一年以后，国王又一次外出打猎，但不幸被食人族抓获。当食人族准备吃掉国王的时候，发现国王少了一根拇指。食人族有一种迷信，就是不能够吃身体部位不完整的人。因此，他们释放了国王。

回到王宫，国王想起了他那位被关在牢里的朋友，觉得他当初说的话很有道理，于是他把他的朋友请到了王宫，告诉了他所遭遇的一切，并对将他的朋友关在牢里一事表示道歉，承认自己做了一件错误的事。然而，他的这位朋友一如既往地讲这是一件好事。国王非常奇怪，怎么把你关在牢里是一件好事呢？

这位朋友回答，如果我不关在牢里，我一定会跟你一起，那么，成为食人族美食的就是我了。

乐观主义者是把坏事看成是好事的人，说明他看任何问题都是乐观的，积极的，他的心胸是开阔的；同时，他又是有头脑的，能够看到问题的另外一面。拥有这样一种思维方式和心态，说不定真可让坏事变成好事。

乐观主义者不仅会从正面看坏事，而且还会只看它好的一面，不看坏的一边。

黄美廉是一位自小患有脑性麻痹的病人，不仅肢体失去平衡，而且还失去语言表达的能力。但她克服了一切不可能，获得了美国加州大学艺术博士学位。有学生问她：你从小这样，你有没有怨恨？黄美廉用粉笔在黑板上写了这么几句话：

我好可爱

我的腿很美

爸爸妈妈这么爱我

我会画画

我会写稿

我还会很多很多

最后黄美廉写下她的结论：我只看我所有的，不看我所没有的。

有的人会说乐观主义者有点自欺欺人，是阿Q精神，自己哄自己。对！人有时是需要点阿Q精神的，要学会自己哄自己，自己调节自己。哄自己是一种生存技巧，它会让人一活得下去，二活得有趣。

四、积极进取，成就卓越

积极进取、追求卓越是一种人生态度，也是一种境界。失败的最大祸根，就是从小养成敷衍了事的习惯，而成功的最好方法，就是把任何事情都做得精益求精、尽善尽美，让自己经手的每一件事，都贴上“卓越”的标签。

（一）满怀激情

在我们的生活中，工作占据了我们大部分的时间，是我们生活的重要组成部分，拥有对工作的热情并在工作中做出优秀的成绩，是创造美好生活的需要。

激情是工作的灵魂，只有对工作充满热爱的人，才会在工作中找到生活的意义和乐趣，才会在工作中只去发现快乐，创造快乐，从而营造更加精彩的生活。

首先，我们需要找到产生工作激情的源泉。对工作产生激情，源于工作带给我们的快乐。领导赞许的表扬、同事信任的目光、工作成绩的突破……每一项都能给我们带来充实的成就感，这种感觉就是工作带给我们的快乐。当我们体味到努力工作的甜头，就会产生对工作的热爱，全身心地投入到工作之中去，因为快乐的人能够在工作中体验人生的乐趣。品尝到了激情工作带来的快乐，还需要我们将这种激情保持到永远。比尔·盖茨有句名言：“每天早晨醒来，一想到所从事的工作和所开发的技术将会给人类生活带来的巨大影响和变化，我就会无比兴奋和激动。”比尔·盖茨的这句话阐释了他对工作的激情。在他看来，一个优秀的员工，最重要的素质是对工作的激情。他的这种理念已成为微软文化的核心，像基石一样让微软王国在互联网技术世界傲视群雄。

对工作充满激情的人是企业最欣赏的人。任何企业都希望员工对工作抱有积极、热情、认真的态度，因为只有这样的员工才是企业进步的根本。具有激情的员工能够感染别人的情绪，使事情向良好的方向发展。对于工作饱含激情的人，永远都是企业最为欣赏的人。

激情是尽职尽责的体现。激情和责任紧密相连，在尽职尽责的背后，我们总能发现激情的身影。没有责任感的激情犹如没有缰绳的烈马，冲动、盲目而危险。激情不一定就是轰轰烈烈，在平凡的工作中，在平凡的岗位上，尽职尽责的人每天都在给我们诠释激情的真正含义。数年如一日，尽自己最大的努力，兢兢业业地做事，并不断地去完善、开创、拓展，这就是激情在我们日常工作中的体现。

激情是乐观自信的态度的体现。激情体现出一种积极的人生态度，一种不畏困难、坚持勇毅的工作精神。在生活工作中，每个人都可能面对各种不利的情况，小的挫折和困难，暂时的停顿或迷惘，不如意的环境，不公正的待遇……这时候，任何的消极、抱怨、逃避、退却，都是不可取的。当我们有乐观自信的人生态度和工作态度，当我们胸中澎湃着激情之火，我们就不会迷失方向而能坦然对之，化逆境为崛起和奋进的动力。

激情是积极进取的行动体现。激情是行动，没有行动，所有美好的计划、说教、梦想和目标，都只能落空。我们欣赏勇于行动、敏于行动的人，我们更需要那种充满激情的行动。正如歌德所说：“责任是一种耐心细致的行动，是一种把你应该做好的日常工作做到最好的充满激情的行动。”激情不是空洞的口号和虚无的噱头，它体现在工作的每个细节上，体现在具体的行动中。

同样一份工作，让充满激情和没有激情的两个人去做，结果肯定是不同的。充满激情的人工作充满活力，干劲十足，因为他热爱工作，所以能创造出一番成绩；而把工作当成负担的人在工作中找不到丝毫乐趣，对待工作冷漠，导致自身的潜能也无法发挥，那他自然也得不到老板的认可。

（二）细心做事

老子说："大必出于细。"海尔的张瑞敏也曾说："什么叫不容易？就是把容易的事情反反复复地做到位，就是不容易。"这个道理其实再简单不过了，因为，再伟大的事业都是由一系列小事构成的，没有小事就没有大事。什么叫不简单？就是把简单的事情日复一日、月复一月地做到位，就是不简单！我们每天面临的正是简单的、枯燥无味的重复、重复再重复的工作，面对这些我们更要踏踏实实地做好每一个细节，从小事做起，小事中看责任，责任中无小事。对一位有责任心的人，"小"就是"大"！

人类的历史，充满了因为苟且与不小心而造成的种种悲剧。

> 颜某曾经是某水泥厂的爆破工人。在工作中，颜某向来勤勤恳恳，扎实肯干，得到了厂领导的信任，并被安排负责全厂的爆破施工作业。
>
> 2010年1月21日中午1点多，颜某和平常一样，拿着计划书，在对一个山头进行爆破作业时，想到爆破的工程量不大，放置的炸药又很少，便一时粗心大意，在未按规定设置警戒标志，又未通知警戒范围内其他施工人员撤离的情况下，便匆忙实施了爆破作业。
>
> 随着爆炸的一声巨响，爆破过程中产生的飞石顿时四处飞溅。哪料，其中的几块飞石正好击中了距离爆破点南面往下93米处正在实施堡坎工程作业的四名工人。其中一人被飞石击中头部当场死亡，其余三人不同程度地受伤。
>
> 2010年3月3日上午，经人民检察院批准，当地警方对涉嫌危险肇事罪的犯罪嫌疑人颜某执行了逮捕程序。接到逮捕通知书的颜某，痛哭流涕，对自己粗心大意酿下的严重后果悔恨不已。

生活中由于粗心造成损失的现象太多了，前车之鉴，后事之师，我们应该从中吸取惨痛的教训。

> 美国旧金山的一位商人给一个萨克拉门托的商人发电报报价："100吨大麦，单价1美元。价格高不高？买不买？"萨克拉门托的那个商人原意是要说："不。太高。"可是电报里却漏了一个句号，结果成了"不太高。"这个小小的失误一下子就使他损失了10万美元。
>
> 一个皮货商订购一批羊皮，在合同中写道："每张大于0.5米^2、有疤痕的不要。"而其中的顿号本应是句号。结果供货商钻空子，发来的羊皮都是小于0.5米^{2}的，使皮货订购商哑巴吃黄连，有苦说不出，损失惨重。

做事细心、严谨、有责任心，是卓越；做人坚持原则，不随波逐流，不为蝇头小利所惑，"言必行，行必果"，也是卓越；生活中重秩序，讲文明，遵纪守法，甚至小到起居有节、衣冠整洁、举止得体，也是卓越的体现。卓越就是不放松对自己的要求，就是在别人苟且随便时自己仍然一如既往坚持操守，就是高度的责任感和敬业精神，就是一丝不苟的做人态度。

（三）主动工作

要取得卓越的成就就必须有积极主动完成任务的精神。不论做什么事，要想成为一名优秀的员工，就必须具有积极主动的做事习惯，这种积极主动不能仅仅局限于一时一事，而必须把它变成一种思维方式和行为习惯。只有时时处处表现出你的主动性，才能获得机会的眷顾，并最终成就卓越。

有些事，不必领导交代。一个做事主动的人，知道自己工作的意义和责任，并随时准备把握机会，展示超乎他人要求的工作表现。

美国标准石油公司曾经有一位小职员叫阿基勃特。他在出差住旅馆的时候，总是在自己签名的下方，写上“每桶 4 美元的标准石油”字样，在书信及收据上也不例外，签了名，就一定写上那几个字。他因此被同事称作“每桶 4 美元”，而他的真名倒没有人叫了。

公司董事长洛克菲勒知道这件事后说：“竟有职员如此努力宣扬公司的声誉，我要见见他。”于是邀请阿基勃特共进晚餐。

后来，洛克菲勒卸任，阿基勃特成了公司第二任董事长。

在签名的时候署上“每桶 4 美元的标准石油”，老板洛克菲勒并没有交代这样的任务，但阿基勃特却主动地做了。也许在他看来，身为标准石油公司的职员，无论职务高低，都有为公司的产品做宣传的责任和义务。

老板交代的任何事，可以做好，也可以做坏；可以做成 60 分，也可以做成 80 分。但只有主动的人，才会把工作做得尽善尽美。主动的人实际完成的工作，往往比他原来承诺的要多，质量要高。无怪乎，主动的人不缺乏加薪和升迁的机会。

工作需要一种积极主动的精神。主动工作的员工，将获得工作所给予的更多的奖赏。无论做任何工作，任何事情，哪怕这些事很简单，都要求人们必须具备一种脚踏实地的务实态度，一种主动的责任心，一种为老板细心考虑的忠诚。也正是这些，让那些主动工作的人，在各种各样的工作中找到超越他人的机会，并在其中表现出自己能胜任工作，自然职务和报酬就接踵而至了。

如果想登上成功之梯的最高阶，你就必须永远保持主动率先的精神，纵使面对缺乏挑战或毫无乐趣的工作。当你养成这种主动的习惯时，你就以行动证明了自己是一个勇于承担责任、值得信赖的人，一个有可能成为老板和领导者的人。

善于抓住机会。脚踏实地的耕耘者在平凡的工作中创造了机会，抓住了机会，实现了自己的梦想；而好高骛远不愿俯视手中的工作细节的人，在等待机会的焦虑中，度过了并不愉快的一生。

约翰·格兰特在一家五金商店工作，每周只能赚 2 美元。他刚一进商店时，老板就对他说：“你必须对这个生意的所有细节熟门熟路，这样你才能成为一个对我们有用的人。”

“一周 2 美元的工作，还值得认真去做?!”与格兰特一同进公司的年轻同事不屑地说。

然而，这个简单得不能再简单的工作，格兰特却干得非常用心。

经过几个星期的仔细观察，年轻的格兰特注意到，每次老板总要认真检查那些进口的外国商品的账单。由于那些账单使用的都是法文和德文，于是，他开始学习法文和德文，并开始仔细研究那些账单。一天，他的老板在检查账单时突然觉得特别劳累和厌倦，看到这种情况后，格兰特主动要求帮助老板检查账单。由于他干得实在是太出色了，以后的账单自然就由格兰特接管了。

一个月后的一天，他被叫到一间办公室。老板对他说：“格兰特，公司打算让你来主管外贸。这是一个相当重要的职位，我们需要能胜任的人来主持这项工作。目前，在我们公司有20名与你年龄相仿的年轻人，只有你看到了这个机会，并凭你自己的努力，用实力抓住了它。我在这一行已经干了40年，你是我亲眼见过的3位能从工作琐事中发现机遇并紧紧抓住它的年轻人之一。其他2个人，现在都已经拥有了自己的公司，并且小有建树。”

格兰特的薪水很快就被涨到每周10美元。一年后，他的薪水达到了每周180美元，并经常被派驻法国、德国。他的老板评价他时说：“约翰·格兰特很有可能在30岁之前成为我们公司的股东。他已经从平凡的外贸主管的工作中看到了这个机遇，并尽量使自己有能力抓住这个机遇，虽然做出了一些牺牲，但这是值得的。”正是这份每周2美元的工作为格兰特每周180美元的工作奠定了基础，并为格兰特最终成为公司最年轻的股东奠定了基础。

（四）比别人做得更多

成功的人永远比一般人做得更多更彻底。没有任何人可以不经过苦练就可以比别人更优秀，成功的伟人和天才并不是生下来就胜过别人。财富不会凭空掉下来，成功之路从来就没有捷径。

李嘉诚曾经说过：“别人做8小时，我就做16小时！”有位记者曾经询问他推销的秘诀，李嘉诚讲了这样一个故事。

日本的“推销之神”原一平69岁时在一次演讲会上被人问到推销秘诀时，当场脱掉鞋子并请提问的人走上讲台，说：“请您看看我的脚板。”提问者看了看惊讶地说：“您脚底的老茧好厚啊！”原一平接过话茬说：“因为我走的路比别人多，跑得比别人勤，这就是推销秘诀。”提问者顿有所悟，在场所有的人都深思起来。

李嘉诚讲完这个故事后，微笑着对记者说：“我可没资格让你来看我的脚底，但我可以告诉你，我脚底的老茧也很厚。”李嘉诚脚底的老茧未必有原一平那么厚，但在这厚厚的老茧上我们分明看到一个字：“勤”。发明大王爱迪生对天才的解释是：“所谓天才乃是1%的天赋，加上99%的努力。”在成功的路上如果你想要向前迈进，每一步都要付出辛苦的代价。

真正的成功是一个过程，是将勤奋和努力融入每天的生活中的过程。当亨利·瑞蒙德在美国《论坛报》做责任编辑时，刚开始时他一星期只能挣到6美元，但他还是每天平均工作13～14个小时。往往是整个办公室的人都走了，只有他一个人在工作。“为了获得成功的机会，我必须比其他人更扎实地工作，”他在日记中这样写道，“当我的伙伴们在剧院时，我必须在房间里；当他们熟睡时，我必须在学习。”后来，他成为美国《时代周刊》的总编。

复习思考

1. 积极心态的作用是什么？
2. 如何树立八大成功心态？
3. 什么是阳光思维？
4. 如何使自己更卓越？

模块八

责任重于泰山——勇于承担责任

学习目标

深刻理解责任和责任感的重要意义；清楚作为一个从业人员怎样才能做到尽职尽责，让责任成为一种习惯；在实际工作中要勇于承担责任，做一个有责任感的人。

名言警句

1. 责任就是对自己要求去做的事情有一种爱。

——歌　德

2. 天下兴亡，匹夫有责。

——顾炎武

3. 凡是我受过他好处的人，我对于他便有了责任。

——梁启超

4. 真正进步的人决不以"孤独""进步"为已足，必须负起责任，使大家都进步，至少使周围的人都进步。

——邹韬奋

5. 我们不是为自己而生，我们的国家赋予我们应尽的责任。

——西塞罗

6. 我们的使命是照亮整个世界，熔化世上的黑暗，找到自己和世界之间的和谐，建立自己内心的和谐。

——高尔基

7. 一个人若是没有热情，他将一事无成，而热情的基点正是责任心。

——列夫·托尔斯泰

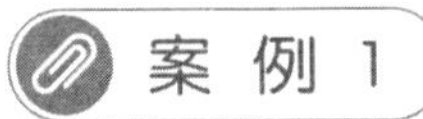

案例 1

民的本分，兵的责任

江苏省灌云县开山岛位于我国黄海前哨，面积仅有两个足球场大小，战略位置却十分重要。1986 年，26 岁的王继才接受了守岛任务，从此与妻子王仕花以海岛为家，与孤独相伴，在没水没电、植物都难以存活的孤岛上默默坚守了 32 年，把青春年华全部献给了祖国的海防事业。夫妻两人守护着一座孤岛，一起劳动，一起巡逻，他们坚信“守岛就是守家，国安才能家宁”。同时他们还与违法犯罪分子做斗争，先后发现并协助公安边防部门破获6起走私、偷渡案件。

2014年，王继才、王仕花夫妇被评为“全国时代楷模”。

2018年7月27日，王继才因病医治无效去世，年仅58岁。

2019年2月18日，王继才、王仕花获得“感动中国2018年度人物”荣誉称号。

案例分析

王继才、王仕花夫妇30多年如一日的执着坚守，守护着祖国的开山岛，担起了卫国守疆的使命。王继才、王仕花夫妇通过日复一日的真诚奉献，体现出自身的社会价值，体现了人生价值。对王继才、王仕花夫妇来说，守岛就是守护一份神圣的使命和履行一项光荣的重任，在他们的身上充分体现了一种责任担当和爱国奉献的精神。

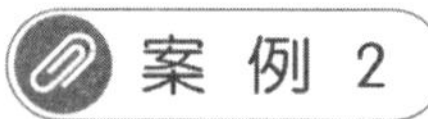

勇于承担责任

20世纪初的一位美国意大利移民曾为人类精神历史写下光辉灿烂的一笔。他叫弗兰克，经过艰苦的积蓄开办了一家小银行，但一次银行抢劫导致了他不平凡的经历。他破了产，储户失去了存款。当他拖着妻子和4个儿女从头开始的时候，他决定偿还那笔天文数字般的存款。所有的人都劝他：“你为什么要这样做呢？这件事你是没有责任的。”但他回答：“是的，在法律上也许我没有，但在道义上，我有责任，我应该还钱。”

还钱的代价是39年的艰苦生活。寄出最后一笔“债务”时，他轻叹：“现在我终于无债一身轻了。”他用一生的辛酸和汗水完成了他的责任，而给世界留下了一笔真正的财富。

一个11岁的美国男孩在踢足球时，不小心将邻居家的玻璃打碎，邻居愤怒不已，向他索赔12.5美元。这12.5美元在当时可谓是天文数字，足够买下125只生蛋的母鸡了。男孩把闯祸的事告诉了父亲，并且忏悔。见儿子为难的样子，父亲拿出了12.5美元，说：“这笔钱是我借给你的，一年后要分毫不差地还给我。”男孩赔了钱之后，便开始艰苦地打工。终于，经过半年的努力，他把这“天文数字”分毫不差地还给了父亲。这个男孩就是后来的美国前总统罗纳德·里根。他还回忆说：“通过自己的劳动来承担过失，使我懂得了到底什么是责任。”

案例分析

人可以清贫、可以碌碌无为，但不可以没有责任。任何时候，我们都不能放弃自己所肩负的责任，放弃责任就等于是放弃了自我！勇于承担责任，会激励一个人不断进取甚至走向成功。

一、责任是生命赋予的天职

每个人的生命里都沉淀着责任，责任是我们生活工作的一部分，也是我们生命的重要组成部分。对工作负责、对家庭负责、对亲友负责、对社会负责，是我们的责任和义务，承担责任和履行义务的自觉态度就是责任心，勇于承担责任是对每一个社会成员的基本要求。

（一）责任心是金

一个人如果想跨进成功的大门，就必须持有一张门票——责任心。责任心是一个人对自己的所作所为负责，对他人、集体、社会、国家乃至整个人类承担责任和履行义务的自觉态度；责任心是把一座道德大厦连接起来的钢筋，如果没有这种钢筋，人们的善良、智慧、正直、爱心和追求幸福的理想都难以为继，人类的生存基础就会崩溃；责任心是人生中最积极的态度，是珍重自己、关爱他人，珍惜生命、珍视未来的表现。一个人的责任心如何，决定着他在工作中的态度，决定着其工作的好坏和成败。如果一个人没有责任心，即使他有再大的能耐，也不一定能做出好的成绩来。

责任心是金。一个人有了责任心，就拥有了至高无上的灵魂；一个人有了责任心，心中就如同有了一座高山，不可逾越，不可移动；一个人有了责任心，在平凡的工作中就会做出不平凡的成绩。

在这个世界上，每个人都扮演着不同的角色，每一种角色又承担着不同的责任，责任是生命赋予的天职。承担责任的态度就是责任心。一个人无论是对工作、家庭、生命、朋友，还是对社会、国家，都要有责任心。

海拉蒂4岁半时，在萨尔马多城上幼儿园，最近她在学习有关植物方面的知识。海拉蒂迷上了植物，她觉得那些花草实在是太美了，便苦苦地哀求爸爸给她买一盆鲜花。爸爸同意了海拉蒂的请求，趁周末带着海拉蒂到花卉市场买了一盆小花。父亲希望海拉蒂看到小花生长的整个过程，并且能够自己照顾它。于是，父亲和海拉蒂约定，由海拉蒂负责照顾鲜花，给它浇水和施肥。最初几天，海拉蒂非常兴奋，每天耐心地给小花浇水，还根据日照的情况，不断给花盆挪动位置，并拿出本子，歪歪扭扭地在上面画出花卉生长的情况。海拉蒂的父亲看到小海拉蒂这么有责任心，十分满意。可是，没过多久，海拉蒂的父亲发现小海拉蒂给花浇水的次数越来越少了，甚至好多天都不给小花浇水，也不做记录，似乎她已把养花的事给忘了。结果，小花慢慢枯萎了，叶子也开始泛黄，生长的速度减慢了，再过几天，小花快死了。吃过晚饭，父亲把海拉蒂叫到阳台，说："你给花浇水了吗？"海拉蒂低着头说："没有。""为什么没有？""我……""我们在买这盆花的时候，是怎么说的？由谁负责给这盆花浇水？"海拉蒂沉默不语。"你看，这盆花多么伤心、悲哀！她失去了美丽的叶子变得枯黄，而这都是因为你。"以后的日子里，海拉蒂每天坚持给花浇水，小花不久又恢复了以往漂亮的颜色。

不论你是一名工人、一名默默无闻的办事员，还是大权在握的领导者，都应有责任心，凡事尽心尽力而为。一个有责任心的人，一定会认真地思考，勤奋地工作，细致踏实，实事求是；一个有责任心的人，做每一件事都会坚持到底，按时、按质、按量完成任务，圆满解决问题；一个有责任心的人，一定能主动处理好分内与分外的相关工作，有人监督与无人监督都能主动承担责任而不推卸责任；一个有责任心的人，一定会从事业出发，以工作为重，而不会只把精力放在揣摩领导的意图、了解领导的好恶上。

任何企业发展，都需要有责任心的员工群体。员工们任何被动的行为，心境的脆弱，拖拉的作风，都有可能把企业的工作带到“三个和尚没水喝”的危险境地。既然单位给了我们工作的机会，给了我们发展的空间，我们每个人都有责任、有义务、责无旁贷地完成好每一项工作，忠于职守、尽职尽责，用一颗赤诚的责任心去做好每一项工作。

(二) 责任是什么

每个人都肩负着责任，对工作、对家庭、对亲人、对朋友，我们都有一定的责任。我们的家庭需要责任，因为责任让家庭充满爱；我们的社会需要责任，因为责任能够让社会平安、稳健地发展；我们的企业需要责任，因为责任让企业更有凝聚力、战斗力和竞争力。正因为存在这样或那样的责任，才能对自己的行为有所约束。社会学家戴维斯说：“放弃了自己对社会的责任，就意味着放弃了自身在这个社会中更好的生存机会。”那么，责任到底是什么呢？

1. 责任是分内应做的事情 责任就是承担应当承担的任务，完成应当完成的使命，做好应当做好的工作。

美国独立企业联盟主席杰克·法里斯曾对人说起少年时的一段经历。在杰克·法里斯13岁时，他开始在他父母的加油站工作。那个加油站里有3个加油泵、2条修车地沟和1间打蜡房。法里斯想学修车，但他父亲让他在前台接待顾客。当有汽车开进来时，法里斯必须在车子停稳前就站到车门前，然后检查油量、蓄电池、传动带、胶皮管和水箱。法里斯注意到，如果他干得好的话，顾客大多还会再来。于是，法里斯总是多干一些，帮助顾客擦去车身、挡风玻璃和车灯上的污渍。有段时间，每周都有一位老太太开着她的车来清洗和打蜡，这个车的车内地板凹陷极深，很难打扫。而且，与这位老太太极难打交道，每次当法里斯给她把车准备好时，她都要再仔细检查一遍，让法里斯重新打扫，直到清除完每一缕棉绒和灰尘，她才满意。终于，有一次，法里斯实在忍受不了了，他不愿意再伺候她了。法里斯回忆道，他的父亲告诫他说：“孩子，记住，这就是你的工作！不管顾客说什么或做什么，你都要做好你的工作，并以应有的礼貌去对待顾客。”父亲的话让法里斯深受震动，法里斯说道：“正是在加油站的工作使我学习到了严格的职业道德和应该如何对待顾客，这些东西在我以后的职业生涯中起到了非常重要的作用。”

责任无处不在，存在于生命的每一个岗位。父母养儿育女，儿女孝敬父母，老师教书育人，学生尊师好学，医生救死扶伤，军人保家卫国。人在社会中生存，就必然要对自己、对家庭、对集体、对祖国承担并履行一定的责任。

大连市公共汽车联营公司702路422号双层巴士司机黄志全，在行车途中突然心脏病发作，在生命的最后一分钟里，他做了三件事：把车缓缓地停在路边，并用生命的最后力气拉下了手动刹车闸；把车门打开，让乘客安全地下了车；将发动机熄火，确保了车和乘客的安全。他做完了这三件事，趴在方向盘上停止了呼吸。这只是一名平凡的司机，他在生命的最后一分钟里所做的一切也并不惊天动地，然而许多的人却牢牢地记住了他的名字。

责任是一种职责或任务，它伴随着人类社会的出现而出现，有社会就有责任。责任是身处社会的个体成员必须遵守的规则和条文，带有强制性。责任有个人的责任和集体的责任。个人的责任指一个完全具备行为能力的人（成年人）所必须去履行的职责；集体的责任指一个集体必须去承担的一种职责。

2. 责任是道德建设的基本元素　官德、师德、医德、商德、艺德，社会公德、职业道德、家庭美德，都以责任为基础，为前提。有责任感的人，受人尊敬，招人喜爱，让人放心。

> 张丽莉，黑龙江省佳木斯市第十九中学教师。2012 年 5 月 8 日，一辆原本停在路边的客车突然失控猛地朝学生们冲过来，在这危急时刻张丽莉奋不顾身地先把两个学生挡住，又奋力把已经吓傻的几名学生推开，但她却被客车辗轧并导致全身多处骨折，双腿高位截肢。在紧急关头，张丽莉为了挽救学生而放弃了躲避的机会，但她并不后悔。从她的英雄事迹可以感受到作为一名人民教师的责任感和见义勇为的精神，张丽莉因此被誉为"最美教师"，并获得"全国优秀教师""感动中国 2012 年度人物""全国见义勇为道德模范"等荣誉称号。

3. 责任是一种主观追求，也是一种客观需要，是自律，也是他律　一切追求文明和进步的人们，应该基于自己的良知、信念、觉悟，自觉自愿地履行责任，为国家、为社会、为他人做出自己的奉献。无论是道德责任，还是法定责任，都不以个人意志为转移。不履行道德责任，会受到道德的谴责和良心的拷问；不履行法定责任，会受到法律的追究和制度的惩处。

（三）工作就是责任

一个人所做的工作是他人生态度的表现，一生的职业就是他志向的展示和理想的所在。美国教育部前部长、著名教育家威廉·贝内特说："工作是我们要用生命去做的事。"工作就是一种责任，承担责任是一种付出，付出过后必定会获得丰厚的回报。

1. 担当责任，是工作出色的前提，是职业素质的核心　一个人工作做得好坏与否很大程度上取决于他的责任心，取决于是否认真履行了自己的责任。一个人有了责任心，才能有激情、有忠诚、有奉献，才有成就一切事业的可能。责任可以改变你对工作的态度，而对待工作的态度决定你的工作成绩。只有遵循工作就是责任的价值观，才能赢得别人的信任和赞许，工作才能更有热情，才能更出色地完成任务。一旦你踏上了一个岗位，你就是选择了一份责任、拥有了一份使命，你就应该承担岗位赋予你的责任，按时按质完成你负责的工作。

> 老吴是个退伍军人，几年前经朋友介绍来到一家工厂做仓库保管员。虽然工作不繁重，无非就是按时关灯，关好门窗，注意防火防盗等，但老吴却做得超乎常人的认真。他不仅每天做好来往工作人员的提货日志，将货物有条不紊地码放整齐，还从不间断地对仓库的各个角落进行打扫清理。三年下来，仓库没有发生一起失火失盗案件，其他工作人员每次提货也都会在最短的时间里找到所提的货物。在工厂建厂 20 周年庆功会上，厂长按老员工的级别，亲自为老吴颁发了 5 000 元奖金。好多老职工不理解，老吴才来厂里三年，凭什么能够拿到这个老员工的奖项？厂长看出大家的不满，于是说道："你们知道我这三年中检查过几次咱们厂的仓库吗？一次也没有！这不是说我工作没做到，其实我一直很了解咱们厂的仓库保管情况。作为一名普通的仓库保管员，老吴能够做到三年如一日地不出差错，而且积极配合其他部门人员的工作，对自己的岗位忠于职守，比起一些老职工，老吴真正做到了爱厂如家，我觉得这个奖励他当之无愧！"

可以想象，只要在自己的位置上真正领会到"工作意味着责任"，领会到责任的重要性，百分之百负责地完成自己的工作，这样的员工迟早会得到加倍的回报。相反，伴随着责任感的缺失，则是惨剧的发生。

2018 年 11 月 28 日零时 41 分，位于河北省张家口市桥东区大仓盖镇的盛华化工有限公司附近发生爆燃，导致停放在公路两侧等候卸货的车辆的司机等 24 人死亡、21 人受伤，38 辆大货车和 12 辆小型车损毁。“11·28”爆燃事故的直接原因是：中国化工集团河北盛华化工有限公司氯乙烯气柜发生泄漏，泄漏的氯乙烯扩散到厂区外公路上，遇明火发生爆燃，是一起重大危险化学品爆燃责任事故。

2019 年 3 月 21 日 14 时 48 分，江苏省盐城市响水县陈家港镇化工园区内江苏天嘉宜化工有限公司化学储罐发生爆炸事故并波及周边 16 家企业。3 月 23 日，国务院事故调查组第一次全体会议指出：事故暴露出的问题十分突出，事故企业连续被查处、被通报、被罚款，企业相关负责人仍旧严重违法违规，我行我素，最终酿成惨烈事故。截至 2019 年 3 月 25 日，事故已造成 78 人死亡。

从以上两次重大事故看，如果企业和员工的安全意识再高一些，责任心再强一些，惨剧是可以避免的。

责任出勇气，出智慧，出力量。有了责任心，再危险的工作也能减少风险；没有责任心，再安全的岗位也会出现险情。责任心强，再大的困难也可以克服；责任心差，很小的问题也可能酿成大祸。

2. 责任胜于能力，责任提升能力 我们有些工作表面看来很平凡、很一般，甚至微不足道，还索然无味，但如果深入其中，你就会认识其非同凡响的意义，小事情蕴涵大责任。

麦克道尔曾是美国阿穆尔肥料厂的一名速记员，他最初在一个懒惰的经理手下做事，尽管他的经理有偷懒的恶习，但麦克道尔仍保持认真做事、高度负责的良好习惯，他重视每一项工作，丝毫不敢玩忽职守。

一天，经理指派麦克道尔编一本阿穆尔先生前往欧洲需要的密码电报书。如果是一般人来做这个工作，可能就会简单地把电码编在几张纸片上敷衍了事，但麦克道尔可不是这样的人。他利用下班的空余时间，把这些电码编成了一本漂亮的小书，并用打字机打印出来，然后再用胶装好。完成之后，经理便把电报本交给了阿穆尔先生。

“这大概不是你做的吧？”阿穆尔先生问。

“不……是……”那经理战栗着回答。

“是谁做的呢？”

“我的速记员麦克道尔做的。”

“你叫他到我这里来。”

阿穆尔对麦克道尔亲切地说：“小伙子，你怎么会想到把我的电码做成这个样子呢？”

“我想这样用起来会方便些。”

“你什么时候做的呢？”

“我是晚上在家里做的。”

“是吗，我特别喜欢它。”

这次谈话后没几天，麦克道尔便坐到了前面办公室的一张写字台前；没过多久，他便代替了以前那个经理的位置。

麦克道尔的能力不一定比同事高，但他的责任意识比他们强！麦克道尔的提升告诉我们，千万别忽视自己所做的每一项工作，当老板交给你一项极其平凡的工作时，千万不要自怨自艾、牢骚满腹，你可以试着从工作本身的高度去理解它、审视它、看待它。当你从它的平凡表象中洞悉其不平凡的本质后，你就会从消沉怠惰的情绪中解脱出来，不再有劳碌辛苦的感觉，厌恶的感觉也就烟消云散。一旦你圆满完成这些“平凡低微”的工作，你自然就超越了其他同事，也就向成功更迈进了一步。只有对工作的认识达到这一高度，你才会投入足够的注意力和十二分的热情，成功才会尾随而至，而你也会成为老板重点培养的对象。

只有承担责任，才会被欣赏重用。人才不是学历、不是知识、不是年龄甚至不是经验，而是“责任能力”！每个岗位都有重要的责任，企业里真正的人才就是忠实于岗位的人才，能把岗位责任一点一滴、一月一年地坚持做好、做到位的人就是最可爱的企业人。要想成就事业，就要从做好本职工作开始。对工作负责就是敬业，对企业负责就是忠诚，对客户负责和合作者负责就是守信。高度的责任心永远是组织最宝贵的财富，对我们个人而言，从脚下做起，从自己的工作做起，是走向成功的基础。

二、尽职尽责，让责任成为习惯

尽职尽责，就是根据所处岗位的性质和要求，全力做好本职工作，努力担负应有的责任，精益求精，圆满完成工作任务。有人说，假如你非常热爱工作，那你的生活就是天堂；假如你非常讨厌工作，那你的生活就是地狱。在每个人的生活当中，有大部分的时间是和工作联系在一起的，责任就是出色地完成工作。从业人员要做到尽职尽责，需要把握以下几点：

（一）要明确岗位职责

在职业活动中，不同的工作岗位都有不同的职责，这是从业人员必须做到和应尽的义务。岗位职责与职业纪律有相通性，但不同于职业纪律。职业纪律强调的是不可违反性，即违反了要承担违纪的后果；岗位职责强调的是主动性，即应当做到和完成，往往是针对企业或公司内部的某一个岗位正面提出的要求。

作为从业人员，尤其是初涉职场的员工，从就业的第一天起，就要了解自己的工作性质，明确工作任务，知道哪些是自己职责范围的工作，为什么必不可少，需要同哪些部门打交道等。要搜集有关岗位职责的资料，如有不懂之处应积极请教他人。有些特殊岗位的职责，更不能马虎大意，“责任重于泰山”。比如，一个秘书，首先要了解为领导服务的职责，哪些是事务性的工作，哪些是文秘性的工作；哪些先办，哪些后办；哪些需要协调，等等。随着时代的发展，有些职责具有变动性，所以即使对一些工作时间较长的从业人员，也有与时俱进的必要。以公交车售票员为例，过去自己的职责就是卖好票、收好钱、打扫好车内卫生，而现在由于售票的智能化，其职责比过去有所增加，如维持车内秩序、提醒车外行人注意安全、宣传文明礼貌等。

了解岗位职责，明确工作任务，是尽职尽责的基础。对从业人员来说，做到这一点并不难，但重要的是认真领会，理解到位。许多员工总认为这是小事，有时会掉以轻心。殊不知，一旦尽不到职责，有可能影响到整个企业的全局。诚如比尔·盖茨所说：“熟悉本公司是每个员工的必修课，因为只有熟悉本公司情况，才有可能把公司情况介绍给你的客户；反之，必会引起客户的怀疑。”

有一个刚刚进入公司的年轻人，自认为专业能力很强，对待工作十分随意。有一天，他的上司交给他一项任务：为一家知名的企业做一个广告宣传方案。这个年轻人自以为才华横溢，用了一天的时间就把这个方案做完了，交给上司。他的上司一看不行，又让他重新起草了一份。结果，他又用了两天时间，重新起草了一份，交给上司看了之后，上司虽然觉得不是特别完美，也还能用，就把它呈报给了老板。

第二天，老板让年轻人的上司把他叫进了自己的办公室。老板问年轻人："这是你能做的最好的方案吗？"年轻人一怔，没敢回答。老板轻轻地把方案推给了他，年轻人什么也没说，拿起了方案，折回了自己的办公室。然后，他调整了一下自己的情绪，又修改了一遍，重新交给了老板。老板还是那一句话："这是你能做的最好的方案吗？"年轻人心中还是忐忑不安，不敢给予一个肯定的答复。于是，老板让他还是拿回去重新斟酌，认真修改。这一次，他回到了办公室里，费尽心思，苦思冥想了一个星期，彻底地修改完后交了上去。老板看着他的眼睛，依然问的是那一句话："这是你能做的最好的方案吗？"年轻人信心百倍地回答说："是的，我认为这是最好的方案。"老板说："好！这个方案批准通过。"

有了这一次的工作经历之后，年轻人明白了一个道理：只有尽职尽责地工作，才能够把工作做得尽善尽美。以后，在工作中，他便经常叮咛自己：不要分心，一定要尽职尽责地对待自己的工作。结果，他变得越来越出色，受到了上司和老板的器重。

职场上就是这样，有些员工本来具有出色的能力，却因为不具备尽职尽责的工作精神，在工作中经常出现疏漏，结果让自己逐渐平庸下去。而另外有一些人，刚开始在工作中表现得并不出色，为了改变自身的境况，他们全身心地、尽职尽责地投入到工作之中，想尽一切办法把自己的工作做得完美，最终在事业上取得了一定的成就。

（二）要培养职责情感

在职业生涯中，不少员工对多年来所从事的工作产生一种机械的应付心态，难免对自己的职责淡化，这就很难做到尽职尽责。因此，培养职责情感，更好地完成工作任务，并非可有可无。

热爱自己的职业。俗话说，兴趣是最好的老师。热爱职业，才能培育职责情感，才能带来快乐。对员工来说，工作不仅是谋生的手段，也是个人价值实现的手段。真正优秀的员工之所以努力工作，并非只为了生活，而是为了更高的追求。不论在哪个岗位上，都要为信念而工作，视工作为天职。热情可以决定工作的态度和效果，有了工作热情，可以释放出巨大能量，赢得成长和发展的机会。正如奥地利心理分析专家威廉·赖特所说："爱工作和知识是我们幸福之源，也是支配我们生活的力量。"如果缺乏热情，工作就变成苦役，就不会把本职工作做好。职场上流行"找好适合自己的位置"，但并不排斥"干一行，爱一行"。很难想象，一个整天抱怨工作的员工，能有很强的职责情感。

从业人员应不甘平庸，要有主动性，自觉自愿地对待工作，积极地做好工作，完成应尽的任务。大庆油田工人"干工作黑夜和白天一个样，坏天气和好天气一个样，领导在场和不在场一个样，没有人检查和有人检查一个样"。主动性是职责感的体现，有主动性才有创造性。有主动性的人并不以时间和条件为转移，对工作总是发自内心的驱动；如果为了引人注意，或为博取什么名声，也许能主动一时，但不会长久。大科学家爱迪生堪称主动工作的楷模，他从不计较工作时间，直到60多岁时还每天工作16小时。有人计算过，在他50年的工作生涯中，在实验室或工厂里工作的时间，相当于普通人125年的工作时间。对从业人员来说，主动工作与被动工作效果大不一样。被动地只做被人吩咐的工作，或连被动工作都做不好的员工，注定会被公司视为可有可无的人。阿尔伯特·哈伯德说："有两种人永远无法超越别人：一种人是只做别人交代的工作；另一种人是做不好别人交代的事。哪一种情况更令人丧气？实在很难说。总之，他们会成为第一个被裁员的人，或是在同一个单调的工作岗位上耗费终生的精力。"

在一家皮毛销售公司，老板吩咐三个员工去做同一件事：去供货商那里调查一下皮毛的数量、价格和品质。第一个员工五分钟后就回来了，他并没有亲自去调查，而是向下属打听了一下供货商的情况就回来做汇报。30分钟后，第二个员工回来汇报。他亲自到供货商那里了解皮毛的数量、价格和品质。第三个员工90分钟后才回来汇报，原来他不但亲自到供货商那里了解了皮毛的数量、价格和品质，而且根据公司的采购需求，将供货商那里最有价值的商品做了详细记录，并且和供货商的销售经理取得了联系。在返回途中，他还去了另外两家供货商那里了解皮毛的商业信息，将三家供货商的情况做了详细的比较，制订出了最佳购买方案。

第一个员工只是在敷衍了事，草率应付；第二个人充其量只能算是被动听命；真正尽职尽责地行事的只有第三个人。简单地想一想，如果你是老板你会雇用哪一个？你会赏识哪一个？如果要加薪、提升，作为老板你愿意把机会留给谁？如果你想做一个成功的值得老板信任的员工，你就必须尽量追求精确和完美。认认真真、兢兢业业地对待自己的工作是成功者的必备品质。

（三）要全力以赴地工作

爱默生说："一个人，当他全身心地投入到自己的工作之中，并取得成绩时，他将是快乐而放松的。但是，如果情况相反的话，他的生活则平凡无奇，且有可能不得安宁。"从业人员选择了自己服务的企业，就要全身心地投入到工作中。因为企业提供了实现职业理想的平台，只有全神贯注，一心一意把本职工作做好，才能谈得上职业发展与事业追求。

有一家研究机构曾对不同的员工做过这样的调查：有两类利用网络进行工作的人，第一类人用公司网络与客户保持及时联系，搜集必要的资讯、业界动态，上专业网站学习，等等；而另一类人上网就是聊天灌水，有时还偷偷玩点小游戏什么的。几年过去了，第一类人多数已经有所成就，其中有的已晋升到管理层；而第二类人依旧默默无闻，一边原地踏步地工作着，一边仍偷偷上网聊天和玩游戏。这个调查表明，工作中是否用尽全力，对员工事业成功与否关系甚大。

全力以赴，意味着在工作中竭尽才智和能力。"工作是我们要用生命去做的事。"作为从业人员，要在自己的岗位上做出成就，就要尽到最大的努力。在这一点上，日本企业的工人就非常典型。他们对待工作非常自觉、认真和用尽全力，上班都要提早，中午吃饭都要小步跑。国外日本企业的工人也是如此，外国人一致评价日本人是"只知工作的小蜜蜂"。要在职业生涯中成就一番事业，就要具备这种拼尽全力的精神。许多成功的企业，总是汇集了大批全身心扑在工作上的员工。一些成绩斐然的人士，都是全力以赴工作的人，如比尔·盖茨就被身边的人说成是工作狂。简·奥斯丁说："有的人本领平庸，但做事尽心竭力，他们比那些本领出众但做事敷衍塞责的人强。"

全力以赴，意味着在工作上精益求精。从一上班开始，员工就应当认识到技不压身、艺无止境的道理。当今社会，激烈的市场竞争对各种职业提出更高的要求，即追求精益求精，为企业多创造利润，尽到职责。老福特曾说："人总是受着沿袭已久的陈规旧习支配，这在生活中是允许的，但在工业企业中是必须排除的恶习。"作为从业人员，如果不加强学习，不要求自己精益求精，就会失去发展的机遇。

陈行行，2018年"大国工匠年度人物"获得者，"以精益求精铸就青春信仰"是他的人生信条。2011年，年仅22岁的陈行行就进入了中国工程物理研究院工作，靠着全面的技能、扎实的编程功底和精湛的操作技术，取得了加工中心高级技师、数控车技师、高级制图员等8项职业资格证书，掌握了多种铣削加工参数化编程方法、精密零件铣削及尺寸控制方法，以及成型刀具的手工刃磨方法，不仅在新设备运用、新功能发掘、新加工方式创新等方面成为单位的领军人才，还在第六届全国数控技能大赛中荣获加工中心赛项职工组第1名，被授予"全国五一劳动奖章"。

全力以赴，意味着从小事做起，注重工作细节。对从业人员来说，工作之中无小事，一件不起眼的小事，可能因为自己的马虎而导致全盘皆输。

2003年2月1日美国"哥伦比亚"号航天飞机返回地面途中，着陆前意外发生爆炸，飞机上的7名宇航员全部遇难，全世界感到震惊。美国宇航局负责航天飞机计划的官员罗恩·迪特莫尔被迫辞职。此前，他在美国宇航局工作了26年，并已担任4年的航天飞机计划主管。事后的调查结果表明，造成这一灾难的凶手竟是一块脱落的隔热瓦。"哥伦比亚"号表面覆盖着2万余块隔热瓦，能抵御3 000℃的高温，以免航天飞机返回大气层时外壳被高温所熔化。2003年1月16日"哥伦比亚"号升空80秒后，一块从燃料箱上脱落的碎片击中了飞机左翼前部的隔热系统。宇航局的高速照相机记录了这一过程。应该说，航天飞机的整体性能等很多技术标准都是一流的，但就因为一小块脱落的隔热瓦就毁灭了价值连城的航天飞机，还有无法用价值衡量的7条宝贵的生命。

在这里，一个小小的细节上的错误，却导致了毁灭性的后果。古人说："天下难事，必成于易；天下大事，必作于细。"从小事做起，就是踏踏实实，一步一个脚印，"千里之行，始于足下"。员工希望事业成功，总会寻求成功的秘诀，然而任何成功的事业，必须从身边的小事做起。无数事实证明，成功者的共同特点，就是能做小事情，严肃认真地对待工作中的细节。

在很多情况下，员工对待工作是否全力以赴，凭其对待工作中的小事情就能体现出来。从业人员必须牢记，在工作中把细微之处做好，是走向成功的开端。

有三个人去一家公司应聘采购主管。他们当中一人是某知名管理学院毕业的，一人毕业于某商学院，而另一人则是一家民办高校的毕业生。在很多人看来，这场应聘的结果是很容易判断的，然而事情却恰巧相反。应聘者经过一番测试后，留下的却是那个民办高校的毕业生。

在整个应聘过程中，三个人经过一番测试后，在专业知识与经验上各有千秋，难分伯仲。随后，招聘公司总经理亲自面试，他提出了这样一道问题：假定公司派你到某工厂采购4 999个信封，你需要从公司带去多少钱？

几分钟后，应试者都交了答卷。

第一名应聘者的答案是430元。总经理问："你是怎么计算呢？""就当采购5 000个信封计算，可能是要400元，其他杂费就30元吧！"答者对应如流。但总经理却未置可否。

第二名应聘者的答案是415元。对此他解释道："假设5 000个信封，大概需要400元，另外可能需用15元。"总经理对此答案同样没表态度。

但当他拿第三个人的答卷，见上面写的答案是419.42元时，不觉有些惊异，立即问："你能解释一下你的答案吗？""当然可以，"该同学自信地回答道，"信封每个8分钱，4 999个是399.92元。从公司到某工厂，乘汽车来回票价10元。午餐费5元。从工厂到汽车站有1.5千米的路，请一辆三轮车搬信封，需用4.5元。因此，最后总费用为419.42元。"总经理不觉会心一笑，收起他们的试卷，说："好吧，今天到此为止，明天你们等通知。"

这显然是专门用来考查求职者细节的试题，在这里，一个不经意的细节就决定了面试的成败。

三、做一个有责任感的人

工作就意味着责任，每一个职位所规定的工作内容就是一份责任，你做了这份工作就应该担负起这份责任。我们每个人都应该对所担负的责任充满责任感。

（一）责任感是一种强大的精神力量

责任感是一个人对自己、自然界和人类社会，包括国家、社会、集体、家庭和他人，主动施以积极有益作用的精神。责任感是衡量一个人精神素质的重要指标，是简单而无价的。据说美国前总统杜鲁门的桌子上摆着一个牌子，上面写着："责任到此，不能再拖。"这就是责任感。"责任"和"责任感"有着本质的区别，责任是人分内应做之事，还需要一定的组织、制度或者机制促使人尽力做好，故"责任"有被动的属性，而责任感是一种自觉主动地做好分内分外一切有益事情的精神状态。

责任感是我们战胜工作中诸多困难的强大精神力量，使我们有勇气排除万难，甚至可以把"不可能完成"的任务完成得相当出色。失去责任感，即使是做我们最擅长的工作，也会做得一塌糊涂。

（二）责任感是事业成功者和失败者的分水岭

一个人责任感的强弱决定了他对待工作是尽心尽责还是浑浑噩噩，而这又决定了他事业是否能够成功。当我们对工作充满责任感时，就能从中学到更多的知识，积累更多的经验，从而成为事业成功的基础；对待工作敷衍了事，只能导致事业的失败。

中国培养的第一位计算机应用专业博士、中国第一家软件上市公司东软的创办者，他就是东软集团现任董事长兼首席执行官——刘积仁。

刘积仁 17 岁参加工作，他的第一份工作是在本溪钢铁厂做煤气救护工。这是一项相当危险的工作，一不留神，随时会有生命危险，但刘积仁对待工作责任感特别强，哪里有煤气泄露，他就会出现在哪里，及时处理险情，这份认真和责任为他以后出国深造和创办东软集团奠定了坚实的基础。

1986 年，31 岁的刘积仁到美国国家标准局计算机研究院计算机系统国家实验室做博士论文研究，当时那些研究都有很强的前瞻性，与实际运用还相距很远，但刘积仁却非常认真负责，在经费紧张的情况下依然坚持不懈地开展两年的研究并最终取得优异的成绩。1988 年，33 岁的刘积仁学成回国并被直接提升为当时全国最年轻的教授。

刚从国外回来满怀雄心的刘积仁加入了东北工学院计算机系软件与网络工程研究室，但现实令人气馁：一间半的研究室房间，三台破电脑，经费也是寥寥无几。他顶着各种质疑和非议，和两位青年教师一起，搭建了一个技术转移中心，把科研成果转移到企业，从而获取充足的科研经费继续做研究。后来一个偶然的机会，刘积仁与日本的一个软件公司进行了合作并淘得第一桶金，这是刘积仁的东软迈出的第一步。1992 年东软完成股份制改造，1996 年成为国内首家上市的软件公司，2001 年上市公司正式更名为东软股份，2008 年东软集团完成整体上市。2011 年，东软集团实现营业收入超过 10 亿美元，员工人数超过 20 000 人，成为国内最大的软件公司。

刘积仁和东软集团为什么能够成功？刘积仁认为，成功是因为有了自我，失败是因为拷贝别人。正是因为对事业孜孜不倦的追求和强烈的责任感，最终刘积仁走向了成功。

（三）责任感直接影响到企业的生存和发展

一个有责任感的员工，不仅仅会完成他自己分内的工作，而且会时时刻刻为企业着想。当他面临挑战和困难时，会迸发出比以往强大若干倍的能力和勇气，因为他知道，很可能因为他的懦弱而让企业承受巨大的损失，只有勇敢地面对，才有可能真正担当起责任，不让企业遭受损失。缺乏责任感的员工，不会视企业的利益为自己的利益，也就不会因为自己的所作所为影响到企业的利益而感到不安，更不会处处为企业着想、为企业留住忠诚的顾客、让企业有稳定的顾客群，他们总是推卸责任。这样的人在老板眼里是一个不可靠的、不可以委以重任的人，一旦伤害公司和客户的利益，老板会毫不犹豫地将其解雇掉。

（四）责任感可以创造奇迹

在斯特拉特福子爵为克里米亚战争举办的晚宴上，人们做了一个游戏，军官们被要求在各自的纸片上秘密地写下一个人的名字，这个人要与那场战争有关，并且是那场战争中最有可能流芳百世的人。结果每一张纸上都写着同一个名字："南丁格尔"。她是那场战争中赢得最高名声的妇女。下面是一段关于南丁格尔的故事：

在几个小时内，成百上千的伤员从战场上被运了回来，而南丁格尔的任务就是要在这个痛苦嘈杂的环境中把事情弄得井井有条。不一会儿，又有更多的伤员从印克曼战场上被运了回来。什么事情也没有准备好，一切都需要从头安排。而当各种事务都在有序地进行着时，她自己就又会去处理其他更危险、更严重的事情。在她负责的第一个星期，有时她要连续站立 20 多个小时来分派任务。"南丁格尔的感觉系统非常敏锐，"一位和她一起工作过的外科医生说，"我曾经和她一起做过很多非常重大的手术，她可以在做事的过程中把事情做到非常准确的程度……特别是救护一个垂死的重伤员，我们常常可以看见她穿着制服出现在那个伤员面前，俯下身子凝视着他，用尽她全部的力量，使用各种方法来减轻他的疼痛。”一个士兵说：“她和一个又一个的伤员说话，向更多的伤员点头微笑，我们每个人都可以看着她落在地面上的那亲切的影子，然后满意地将自己的脑袋放回到枕头上安睡。”另外一个士兵说：“在她到来之前，那里总是乱糟糟的，但在她来过之后，那儿圣洁得如同一座教堂。”

南丁格尔被誉为“护理学之母”，她创立了真正意义上的现代护理学，使护理工作成为妇女的一种受尊敬的正式社会职业。她的故事告诉我们，一个人来到世上并不是为了享受，而是为了完成自己的使命。正是在对她所热爱的护理工作的强烈使命感的驱使下，在短短3个月的时间内，她使伤员的死亡率从42%迅速下降到2%，创造了当时的奇迹。

事实充分证明，一个人如果没有责任感，会从各方面出问题：作为从业者注定不会取得应有的业绩；作为经营者注定设法损人利己；作为家庭成员注定使这个家庭不幸福；作为朋友注定是个损友；作为公共场所的一员也注定会常常惹人厌、讨人嫌。没有责任感，甚至能使人发生异化，人的个性片面甚至畸形发展，为自己赖以生存的社会所不容，最后走向沉沦、颓废或者成为社会的异己力量。责任感是人的基本道德规范，在责任感的基础上才能架构整个道德体系的各种元素，没有责任感也就没有道德。因此，责任感在人的素质结构中处于核心地位。

复习思考

1. 什么是责任？责任有哪些重要意义？
2. 结合实际谈一谈从业人员要做到尽职尽责应把握哪几个方面。
3. 什么是责任感？它有什么重要性？

模块九

热忱对待你的工作——爱岗敬业

学习目标

掌握爱岗敬业的含义；深刻理解敬业既是一种端正的工作态度，也是一种崇高的职业精神；在实际工作中自觉做到爱岗敬业。

名言警句

1. 鞠躬尽瘁，死而后已。

——诸葛亮

2. 如果可以，我真的好想再干三十年！

——胡双钱

3. 认真做事，只能把事情做好；用心做事，才能把事情做好。

——李素丽

4. 不论干什么，干就干一流，争就争第一，拼命也要创出世界名牌，为企业增效，为祖国争光。

——许振超

5. 来到这个世界上，做任何事情都要全力以赴。

——罗斯金

6. 那些为共同目标劳动因而使自己变得更加高尚的人，历史承认他们是伟人。

——马克思

7. 不是每一个人都要站在第一线上的，各人应该做自己分内的工作。

——赫尔岑

8. 船锚是不怕埋没自己的。当人们看不见它的时候，正是它在为人类服务的时候。

——普列汉诺夫

9. 不能爱哪行才干哪行，要干哪行爱哪行。

——丘吉尔

案　例

乔治的坚持

乔治到一家钢铁公司工作还不满一个月，就发现许多炼铁的矿石并没有得到充分的冶炼，很多矿石中仍残留着尚未炼好的铁。这种情况如果一直持续下去的话，将会给公司造成很大的经济损失。为此，他便找到负责技术的工程师反映他所担心的问题。然而，工程师却十分自信地讲道："我们的冶炼技术绝对堪称世界一流，你所担心的问题根本不可能存在！"

无奈之余，乔治只好拿着尚未充分冶炼的矿石去找公司负责技术的总工程师反映问题。听完乔治反映的情况，出于职业的敏感，总工程师严肃地说道："竟然有这种问题，为什么没有人向我反映？"

总工程师立即召集负责技术的工程师来到车间检查问题，果然发现了很多冶炼不充分的矿石。公司的总经理了解了事情的全部经过之后，感慨万分地说："我们公司并不缺少工程师，可是我们缺少敬业、爱岗的精神，以至于这么多工程师没有一个人发现问题，甚至有人提出了问题，他们还认为不会给公司带来很大的损失而不愿理睬或不以为然。要知道，这些小问题，日积月累就会变成大问题。当它们变成大问题时，给公司带来的经济损失将是不可估量的！"

总经理不仅表彰了乔治，还提升他为负责技术监督的工程师。

案例分析

按理说，检验矿石是否冶炼充分，不在乔治的工作范围之内，而且，乔治作为一位新员工，多一事不如少一事，他完全可以当作没有发现。然而，面对工程师的不理睬和不以为然，他坚持自己的观点，为公司挽回了巨大的经济损失，他为什么要这么做呢？因为他敬业，他知道对待工作要全心全意，尽职尽责。

具有敬业精神的员工，老板不会对他吝啬。因为老板很愿意为一个对公司一丝不苟、对工作认真负责的员工花钱，只要老板觉得你值得投资，就会给你加薪，给你培训的机会，提拔你。

一、爱岗敬业是一种职业精神

爱岗敬业既是一种端正的工作态度，也是一种崇高的职业精神。它是一个人做好工作、取得事业成功的前提条件，同时也直接关系到一个部门或单位事业的发展壮大。荀子说："凡百事之成也，必在敬之；其败也，必在慢之。"对于从业人员来说，缺少敬业精神，在职场中就难以生存；对企业来说，没有一大批拥有敬业精神的员工，其发展就缺乏坚实的基础。

（一）敬重自己的职业

人的心态决定人的命运，企业管理者的心态、员工的心态也决定着企业的命运。如果企业的管理者、员工能够把敬业、忠诚当成自己的庄严使命，这个企业一定能迸发出巨大的生命力。

对企业而言，敬业能带来利润，提升其在本行业中的竞争力，降低管理成本；对员工而言，敬业能带来更加稳定和光明的发展前途。敬业就是重视自己的工作，将工作真正当成自己的事情，视其为"天职"。这种使命感使敬业精神成为员工最基本的工作准则，它也是我们每个人立业的重要前提。

何谓敬业呢？在我国古代《礼记·学记》中就有"敬业乐群"之说。朱熹也说："敬业何，不怠慢，不放荡之谓也。""敬字功夫，即是圣门第一义，无事时，敬在里面；有事时，敬在事上，有事无事，君之敬未尝间断。"

所谓敬业，就是敬重自己的职业，用一种严肃认真的态度对待自己的工作。敬业就是全心全意地做好每一项工作，做事一丝不苟、忠于职守、认真负责、一心一意、尽职尽责、善始善终。

搜狐总裁张朝阳曾这样评论敬业精神在工作中的重要性，他说："我们公司聘人的标准是敬业精神。我认为，工作是一个人的基本权利，有没有这个权利在这个世界上生存则看他能不能认真地对待自己的工作。公司给一个工作，实际上是给一个生存的机会，如果能认真地对待这个机会，也对得起公司给予的待遇。能否干好公司给的工作，能力不是主要的，能力差一点，只要有敬业精神，能力会提高的。"

可见，敬业精神在一个员工身上是多么重要。其实，人与人之间的能力差不多，但是，人与人之间的品质却相差很大。正是这种品质的差异才产生了成功与失败，产生了贫穷与富有的差别。在表面看，敬业是有利于公司，有利于老板的，其实，最终获益的却是我们自己。从敬业中，你将获得新的知识、能力、经验、快乐，尤其是养成的敬业习惯，将使你受益终生。

王浩是一家机械厂的修理工，从进厂的第一天，他就喋喋不休地抱怨："修理这活太脏了，瞧瞧我身上弄的。""太累了，我真是厌恶死这份工作了。""凭我的本事，做修理工太丢人了！"

就这样，每天，王浩在抱怨和不满的心情中度过。他认为自己在受煎熬，在像奴隶一样做苦力。由于每天都经受着不良情绪的煎熬，王浩做什么事都无精打采的，而且，稍有空隙，他便偷奸耍滑，对待工作也是应付了事，既不认真负责也不学习提高。

转眼一年过去了，与王浩一同进厂的两位工友，凭着自己踏实的工作和高超的技术成了厂里的技术骨干。而王浩却因工作不努力被工厂除名了。

有的人就像王浩一样，经常挂在嘴边的话就是："凭我的本事我哪能干这种工作""如果给我一份好的工作，我一定会做得很好"。但是事实果真如此吗？

在我们的人生旅途中，我们需要不断地用我们的智慧和知识来换取财富，因为知识是不断变化的，所以智慧和知识也需要我们在工作和生活中不断学习才能提高。敬业就是我们提高自己能力的最佳途径。

敬业者的特点是即便遇到很普通的工作，也会竭尽全力地去把它做好，这是成功者的一种工作态度。正因为这种态度，敬业者能从最普通的工作中汲取知识，学到今后能够不断上升的技能。实践出真知，每一项普通的工作中都有可值得学习的地方，踏踏实实地掌握好每一项技术，就能熟能生巧，得到对自己有用的东西。

没有一样东西可以轻易得到，没有幸福会自动降临到一个人身上，也没有成功会自动送上门来，在这个世界上所有美好的东西都需要我们主动争取。快乐如此，友谊如此，时间如此，工作如此，成功也是如此。不要对自己说，我必须为公司做什么；要对自己说，我能为公司做什么。当你选择主动的时候，从竞争中脱颖而出也将是迟早的事。

（二）爱岗是敬业的基础

所谓的爱岗就是热爱自己的工作岗位，热爱本职工作，是对人们工作态度的一种普遍要求。爱岗体现的是职业工作者对自己所从事的工作的幸福感、荣誉感，一个人一旦爱上了自己的职业，他的心就会融合在职业工作中，就能在平凡的岗位上做出不凡的成绩。

对于一种职业是否有兴趣是爱岗的基础，但不论你对从事的工作是否感兴趣，你都要从整个社会需要的角度出发，培养兴趣，促使自己热爱这一工作。有人问英国哲人杜曼先生，成功的第一要素是什么？他回答说："喜爱你的工作。如果你热爱自己所从事的工作，哪怕工作时间再长再累，你都不觉得是在工作，相反像是在做游戏。"需要指出的是，对于那些条件好、待遇高、专业性强、工作轻松的工作，做到爱岗相对容易些；对于那些工作环境偏僻艰苦、工作性质单调劳累，甚至有危险性的工作，要做到爱岗就不容易。在这种情况下，热爱这些岗位并在这些岗位上认真工作的人就是具有高尚品德的人。爱岗是敬业的基础，敬业是爱岗的具体表现。不爱岗就很难做到敬业，不敬业也很难说是真正的爱岗。

对一个城市来说，没有人当市长是不行的；同样，如果没有人去扫地、清除垃圾也是不行的。想当市长的人多的是，想扫地的人肯定不多。但在一个城市里，市长只需要一人，清洁工人却需要几百人、几千人，甚至几万人。无论是心甘情愿的，还是不得已而为之的，只要是在自己既得的工作岗位上认真负责，尽心尽力，遵守职业道德，这就是一种普遍的奉献精神。在我们国家，如果大大小小的公务员、企事业单位职工、私营企业主、个体户都能够表现出这种奉献精神，人民就会更加富裕，国家就会更加强盛。

只有爱岗敬业的人，才会在自己的工作岗位上勤勤恳恳，不断地钻研学习，一丝不苟，精益求精，才有可能为社会、为国家做出崇高而伟大的奉献。焦裕禄、孔繁森、郑培民、毛丰美、黄大年、廖俊波等一大批党和人民的好干部都是在本职工作岗位上呕心沥血，勤政为民；当非典疫情袭来，一大批平时并不引人注目的医生、护士和科研人员，挺身而出，冲上第一线，拯救了一个个在死亡线上挣扎的同胞的生命，有人还为此献出了自己宝贵的生命；当地震发生时，又有多少解放军战士、武警官兵、共产党员和志愿者，冲锋陷阵，冒着生命危险，抢救出一个又一个活生生的生命。全面建设小康社会的伟大事业正呼唤着亿万具有爱岗敬业奉献精神的人。具备爱岗敬业这种平凡而伟大的奉献精神的人，永远都是强大民族的脊梁！

（三）爱岗敬业是一种精神境界

在平凡岗位上默默奉献是一种追求，是一种操守，更是一种精神境界。爱岗敬业的精神，实际上就是为人民服务精神的具体体现。为人民服务不是抽象的，它体现在每个从业人员的具体工作、劳动中。一块砖，平平常常，但千万块砖，就能垒起万里长城；一滴水，微不足道，但千万滴水，可汇成汪洋大海。每个从业人员若能在自己的工作岗位上，尽职尽责，就能更好地服务于人民、服务于社会。

王顺友，一名普通的乡邮递员，一名普通的共产党员。他在20年的乡邮递员生涯中演绎着绚烂的人生。他的事迹从四川省木里藏族自治县大山里传遍祖国大地，感人肺腑，令人振奋，催人奋进。

> 人迹罕至的大山，陡峭崎岖的邮路，乡民热盼的邮件。20年来，王顺友日复一日、年复一年，跋山涉水，往返在大凉山的这条邮路上，把邮件投递到千家万户，无怨无悔地履行着神圣的职责。月平均投递报纸700份，杂志28份，信函45份，印刷品25件，包裹5件，在雪域高原的送邮行程达26万千米，从没延误过一期邮班、丢失过一件邮件。20年来，王顺友的邮递生涯是一首爱岗敬业、忠于职守的颂歌。爱岗敬业，在王顺友身上重若千钧，字字无价，铿锵激越。他对工作的爱，像大凉山一样深沉；他对事业的敬，像马班邮路一样质朴。他以深沉和质朴，干一行、爱一行，钻一行、精一行，

把生命中壮丽的青春无私无求、无怨无悔地奉献给邮政事业，在平凡中铸造着不平凡，在普通中彰显着崇高，让我们感受着来自平凡的震撼，感受着激励中的感动。他是爱岗敬业的楷模，在他的身上，体现着职责的神圣，操守的高贵，无私的伟大，体现着共产党员先进性的光辉。

王顺友的模范行为和崇高精神是中华民族传统美德和时代精神的完美结合，是人民邮政为人民和全心全意为人民服务宗旨的完美体现。这一切告诉我们：爱岗敬业是从业人员永恒的优秀品质，任凭沧海桑田、斗转星移，永远不会磨灭，永远不会尘封，依然熠熠生辉。

我们所处的时代，是一个改革的时代、创新的时代，更是一个竞争的时代，对每个从业者的业务水平、技术素质、工作能力都提出了更高的要求。每个从业者要在各自的岗位上做出贡献，就必须熟悉本专业的基本性质和要求，必须熟练地掌握本职工作的业务和基本技能，必须懂得本职业起码的职业道德要求，否则，就很难真正做到爱岗敬业。

许振超是青岛港（集团）有限公司职工，从 1968 年参加工作至今，干一行，爱一行，精一行，靠追求卓越、敬业报国的主人翁意识和开拓进取、求真务实的创业精神，带领自己的团队，创造出了世界一流的集装箱装卸效率。许振超认为，爱岗就要敬业，敬业就要精业，他始终抱着“争就要争世界第一”的志向，对技术操作精益求精，练出“一钩准”的操作水平和“无声响操作”的绝活。2001 年，他承担起青岛港桥吊安装现场总指挥的重任，接受任务后他买了 10 箱方便面，连续 40 多天没有回家，坚持工作在码头一线，每天在寒风里一干就是十五六个小时。许振超就是凭着这种艰苦奋斗、顽强拼搏的精神，带领工友顺利完成了任务，为青岛港集装箱业务的发展赢得了宝贵的时间和机遇。

许振超非凡的业绩得益于他时刻把学习作为“第一需要”，他坚信“知识改变命运，学习成就未来”，数十年如一日，不论在什么岗位上，他坚持工作需要什么就学习什么，总是带着问题去学习。他说：“一个人可以没有文凭，可以不进大学，却不能没有知识。人要活出质量，就要孜孜不倦地学习，这样才不枉宝贵的一生。”

正如“宝剑锋从磨砺出，梅花香自苦寒来”一样，爱岗敬业这种职业道德品质的养成不是一朝一夕的事情。这需要在有了正确认识后，在工作中进行“苦其心志、劳其筋骨”的磨炼，耐得住寂寞，坐得住板凳，大处着眼，小处着手。让爱岗敬业成为我们自觉的职业道德行为。

二、立业，要先敬业

爱岗敬业是人类社会最为普遍的奉献精神，它看似平凡，实则伟大。一份职业，一个工作岗位，都是一个人赖以生存和发展的基础保障。一个刚步入职场的新人，想要在职场上立足并站稳脚跟，必须踏踏实实、兢兢业业、一丝不苟地工作，以谋得未来长远的发展。

（一）敬业是从业人员在职场立足的基础

从业人员在职场立足需要多种条件，其中首要的条件是从业人员的敬业精神。敬业与否已成为单位选人用人的重要标准。每个岗位无论需要什么样的人，不管其工作能力有多大差异，所有的应聘人员必须具备一个共同的素质，这就是敬业。

近年来，我国就业市场出现了令人困惑的现象。一方面，大学生就业困难，其中包括一些著名高校的毕业生找不到工作；另一方面，很多单位渴望那些具有真才实学的大学生来企业创业发展。也就是说，在人力资源上，一方面存在很大的市场需求，另一方面又不能满足市场需求。出现这种状况的原因究竟是什么呢？并非单位不希望著名高校的大学生来企业发展，问题在于一部分著名高校的大学生“眼高手低”。这些青年学生好高骛远，在工资待遇、职务晋升上产生不合理的期待，却连基本的岗位职责也不愿意认真履行。单位对那些仅仅拥有丰富书本知识但缺乏敬业精神的大学生“敬而远之”。国内一家人力资源机构曾经做过一项调查，调查表明，企业雇主可能允许员工在能力上有所不同，甚至有欠缺，但不能容忍没有敬业精神的员工，那些缺乏敬业精神、频繁“跳槽”的员工是最不受企业欢迎的人之一。

员工李某工作能力很出色，但经常迟到早退。开始的一段时间里，老板看他工作出色，没有责怪他。有一次，老板与他约好去客户那里签合同。老板千叮咛万嘱咐，要他不要迟到。可最终，李某还是迟到了半个小时。等李某和老板一起驱车到达客户那儿时，客户已经走人，出席另一个会议了。李某的迟到，使公司失去了已经到手的好项目，给公司造成了很大的损失，老板一气之下把李某辞退了。

在国外，企业同样重视员工的敬业精神，同样把是否具有敬业精神作为选人用人的标准。例如，美国 IBM 公司招聘员工时，除了逻辑分析能力、适应环境能力、团队协作能力、创新能力外，员工素质中最看重的是职业道德素质；在职业道德素质中，敬业精神是雇用的先决条件。IBM 会认真调查每个应聘者的工作经历，如果发现有频繁“跳槽”的人来应聘，他们就格外关注，通过各种途径了解频繁“跳槽”的原因，并根据其言谈举止推测其是否还会见异思迁。IBM 每年都不停地进行招聘，但真正能够进入 IBM 工作的人却不多，而一旦进入 IBM，离开的员工更是屈指可数，原因是他们招聘的都是敬业的人。

在日本，曾经担任东芝株式会社社长的土光敏夫也十分重视员工的敬业表现，他说：“为了事业的人请来，为了工资的人请走。”日本电气股份有限公司在用人观念上提倡打造终身受雇佣的员工，希望员工能够更长时间地服务于企业，对于那些忠诚度不高的应聘者，即便他们能力很高，在聘用时一般也比较慎重。在许多企业看来，聘用缺乏敬业精神的人，对企业来说是一种风险。企业在确定招聘人员之前，真实考察从业人员的敬业精神，这是规避风险的最好方法，企业坚持的立场是“有才无德者一定慎用”。

子敏在一家大型建筑公司任设计师，常常要跑工地，看现场，还要为不同的客户修改工程细节，异常辛苦，但她仍主动地去做，毫无怨言。虽然她是设计部唯一的女性，但她从不因此逃避强体力的工作。她从不感到委屈，反而挺自豪。有一次，老板安排她为一名客户做一个可行性的设计方案，时间只有三天。这是一件原本难以做好的事情，接到任务后，子敏看完现场，就开始工作了。三天时间里，她都在一种异常兴奋的状态下度过。她食不甘味，寝不安枕，满脑子都想着如何把这个方案弄好。她到处查资料，虚心向别人请教。三天后，她带着布满血丝的眼睛把设计方案交给了老板，得到了老板的肯定。因做事积极主动、工作认真，子敏成为了公司的骨干。后来，老板告诉她：“我知道给你的时间很紧，但我们必须尽快把设计方案做出来。如果当初你不主动去完成这个工作，我可能会把你辞掉。你表现得非常出色，我最欣赏你这种工作认真负责、积极主动的人！”

从企业用人的实践来看，那些具有高度敬业精神的员工，无论走到哪里都是“香饽饽”，都会成为企业重用的对象。相反，如果从业人员缺乏敬业精神，“干一行，厌一行”，频繁跳槽，即使能力再强，恐怕哪个企业也不会用。在当前激烈的市场竞争中，工作岗位相对缺乏，员工更应该具有敬业精神。人们要慎重选择工作，珍惜岗位。员工如果不敬业，甚至出工不出力，敷衍了事，就会面临下岗失业的尴尬。有两句话说得非常在理：“不爱岗就会下岗，不敬业就会失业”“今天工作不努力，明天努力找工作”。这正说明了敬业精神的重要性。

（二）敬业是从业人员事业成功的保证

说起成功，人们总会想到，成功人士具有非凡的智力、胆量或者特别的机遇。事实上，这样的看法固然不错，但只说对了一部分。如果从职业生涯的角度看，敬业是成功的保证。凡成功人士，其共同特点是敬业。爱迪生说自己的成功是“百分之九十九的汗水加百分之一的天赋”，鲁迅也说自己不是个天才，他是把别人喝咖啡的时间用在了写作上的。

1. 强烈的敬业精神是从业人员做好工作的前提 一个人具备了强烈的敬业精神，就意味在工作中能够严格要求自己，以积极心态、饱满热情投入到工作中来，做好每一件事情；就能够为了完成工作任务，做到勤奋踏实，勇于创新，不怕吃苦；就能够自觉遵守各项规章制度，不做损害集体的事情。这样，他就能够出色地完成工作任务，认真地履行自己的工作职责，这就为自己事业的成功奠定了良好的基础。

敬业，就是把自己应该做的事情做实做细，精益求精，创造一流。黑龙江造林工人孙俊福，20 年来克服千辛万苦，走过了 40 万千米的路程，累计植树 48 万株，植树面积达 98.67 公顷，创造了 1 600 多万元的经济价值，他本人也因此被评为中国十大杰出青年。孙俊福作为一个普通的工人，之所以能够取得常人难以想象的成绩，凭的就是内在的一种强烈的敬业精神。

2. 敬业是人生的关键，是人生制胜的法宝 敬业就要认真，认真做事是从业人员通往崇高理想目标的桥梁。“差之毫厘，谬以千里。”一个错误的字，可能会导致整个合同无法执行；一个错误的标点符号，可能会导致整个财务报表失去意义，如把“10.0”写成“100”，那么，差错就会是 10 倍。在具体工作中，做到爱岗敬业就要全身心投入，把点滴小事做好，把分秒的时间抓牢。检测零件时，用心细心；记录和填写单据时，用心细心；计算数据时，用心细心；撰写工作报告时，用心细心。事事敬业，时时敬业，才能成就事业。因为职业生涯就是由一件件的工作串在一起的。点点滴滴逐步积累，养成敬业精神，没有做不了的事情，没有成就不了的事业。

胡双钱，中国商飞上海飞机制造有限公司数控机加车间钳工组组长，人称“航空手艺人”；全国劳动模范、“全国五一劳动奖章”获得者，获“第五届全国道德模范——敬业奉献模范”称号。

胡双钱从小就喜欢飞机，1980 年胡双钱进入当时的上海飞机制造厂后就强烈感受到“造飞机是一件很神圣的事”。他深知，飞机的每个零部件都关系着乘客的生命安全，因此他对质量要求更高、更严，不管是多么简单的加工，他都会在干活前认真核校图纸，操作时小心谨慎，加工完再多次检查，“慢一点、稳一点、精一点、准一点。”核准、画线，锯掉多余的部分，拿起气动钻头依线点导孔，握着锉刀将零件的锐边倒圆、去毛刺、打光……这样的动作，他整整重复了 30 年。在 30 年的航空技术制造工作中，胡双钱经手的零件上千万，没有出过一次质量差错，也使国产 ARJ21 新支线飞机成功飞向了蓝天。

敬业精神会使一个人赢得他人的信任，意味着更多的成功机会。我国台湾企业家王永庆最初创业的成功正是得益于高度的敬业精神和高超的服务技巧。他开了一家小米店，地点偏僻，规模又小，生意冷清。后来他看到米里沙子、杂物很多，就一点点地挑出来。看到老年人来买米不方便，就主动送货上门，还帮人家擦干净米缸，再把米倒进去。若有旧米，会先倒新米，再倒旧米，不然旧米时间长了会变质。更绝的是他能根据每户人家的人口多少、米缸容量，算出下次买米的时间，再主动送米上门。就这样，王永庆的生意逐渐红火起来。

3. 敬业意味着工作和生活的乐趣　敬业是一种责任精神的体现。一个有敬业精神的人，才会真正为企业的发展做出贡献，自己也才能从工作中获得乐趣。一个厌倦工作、把工作当作包袱的人，为了谋生或薪水而工作，自然缺乏对于工作的激情，不可能专心致志于工作之中，只是被动地应付工作，“做一天和尚撞一天钟”，机械地完成任务，茫然地上班、下班，生命时光匆匆而去，成功机会擦肩而过，一辈子庸庸碌碌。从业人员要实现人生价值，追求自我实现，就要乐观地对待工作，快乐工作每一天。只要你用心体验，你会发现，其实我们真正用心干好每一件工作后，内心都会产生一分安详和慰藉。如果我们的付出得到了同事的赞许，那么，我们便能够感到欣喜。这就是从业人员在平凡工作岗位上无怨无悔的动力。

（三）敬业是企业发展壮大的根本

敬业是一个部门或单位发展壮大的需要，是重要的无形资产，是其竞争力的重要组成部分。如果单位员工都缺乏敬业精神，工作敷衍，动不动就想跳槽，我们很难想象这个单位会有长远的良性发展；相反，每个从业人员都爱岗敬业，那么，这个单位的发展就具有无穷的力量。

1. 敬业促进企业效益提高　具有强烈敬业精神的员工，总是能够以一种积极主动和高度负责的态度，想方设法地完成好企业交给的任务。实践表明，具有敬业精神的员工会有如下表现：当遇到困难时，他们总会迎难而上，把自己的精神状态调整到最佳状态，把自己的潜能发挥到极致；当取得成绩时，他们总是感到不满足，不沾沾自喜，而是立足本职，开拓创新，力求有所发现，有所创造；在别人求助时，他们会积极主动帮助他人，善于合作。正是因为有了这样的员工，企业的生产与经营才有良好效益，并能够不断发展壮大。那些成功的大企业，无一不拥有一大批爱岗敬业的员工。海尔的张瑞敏说：“有缺陷的产品等于废品，所有的产品都应该是精品。”只有具有敬业精神的员工才能够生产出精品，也正是这种敬业精神才创造出了海尔产品的“零缺陷”。因为他们知道，1%的差错就会造成100%的问题。问题的关键并不是对1%差错率的容忍，当我们容忍了1%的差错率时，企业必定会失去不止1%的顾客，而且失去的信誉会更多。建立起一种信誉很难，但是打破一种信誉却很容易。产生“零缺陷”和“1%差错率”两种情况的关键是企业的态度问题，这种态度的实质就是敬业。再比如，以“真心真意”为企业信条的小天鹅、以“IBM就是服务”为宗旨的美国IBM公司，员工的敬业品德都为企业赢得了广泛声誉。

拥有大批敬业度高的员工是企业发展壮大的根本，事实证明了这一结论。“员工敬业度”最早是由美国著名社会学家盖洛普博士提出来的。他认为，员工敬业度是在给员工创造良好的环境、发挥其优势基础上，使每个员工作为自己所在单位的一分子，产生一种归属感与主人翁精神。2003年，有机构以敬业与企业的各种关系为题在北美公司的员工开展调查，以确认员工敬业程度与企业业绩之间的关联性关系。结果显示，从业人员的敬业程度越高，他们对雇主和企业的忠诚度越高，在全球范围样本中，59%的敬业程度高的员工没有离开自己当前雇主的计划。与此同时，仅有35%的中等敬业程度的员工承诺不会离开当前雇主，这一比例在敬业程度低的员工中下降到了24%。显然，员工的敬业程度直接决定着企业团队的稳定性，影响到企业发展。

2. 敬业提升企业生产力水平 员工越敬业，企业越有活力。通用电气公司前总裁杰克·韦尔奇曾经说过："任何一家想竞争取胜的公司必须设法使每个员工敬业。"在很多企业领导心目中，优秀员工不一定有多高天赋，也不一定才华多么出众，而是具有敬业精神，对工作充满热情、充满干劲的人。当员工全力融合到实现组织目标的活动时，便能够最大限度地发挥企业精神的作用，企业越具有创新力，生产效率就越高，赢利能力也更好。调查表明，拥有大批具有敬业精神的员工的企业，其经营业绩比同行业其他公司要高一些。因为当人们以敬业状态参与企业活动，并清楚自己的工作会影响企业财务和其他目标时，工作成效便显现出来。从业人员知道，这么做的结果对企业和个人都有好处。相反，当人们的敬业度不高，并且感到企业目标与自己无关时，会表现出较差的职业道德、高离职率和病假率、低落的士气和其他一系列直接影响企业业绩的行为。

3. 敬业提高员工的工作绩效 在企业员工关心企业成本、提高工作质量、关注企业收入增长和利润率、树立对客户服务观念和提高服务水平等问题上，调查发现，敬业度高的员工比敬业度低的员工要高出4～9倍，具有敬业精神的员工在工作态度、兴趣和努力程度上都更胜一筹。同时，低敬业度的消极影响更是显而易见。对于零售业、银行业、电话销售等服务业而言，低敬业度员工的影响是破坏性的，得罪顾客的结果只能是让他们流向竞争对手。因此，培育员工的敬业精神，是企业管理的内在要求，是增强企业竞争力的重要因素。德尔塔航空公司、丰田汽车等公司能够发展壮大，根本原因在于，在激烈的市场竞争中，富有敬业精神的员工是他们最重要的竞争武器。

三、忠于职守、爱岗敬业

一份职业，一个工作岗位，是一个人赖以生存和发展的基本保障。有句俗语说得好：不爱岗就会下岗，不敬业就会失业！只有爱岗敬业，在工作岗位上勤勤恳恳、不断钻研学习、一丝不苟、精益求精的人，才会在工作岗位上做出出色的成绩，才会为社会、为企业做出贡献。也只有爱岗敬业的人，才有可能成为企业的栋梁之材，希望所在！

（一）工作认真负责

要对工作认真，反对粗心、懒散、草率。只有精益求精，才会越来越对自己的工作感兴趣，才会变得爱岗敬业。自古以来，我们推崇敬业乐业的精神，崇尚"干一行、爱一行"，脚踏实地的工作作风。一个人是否有作为，不在于他有多少学识，从事的是何种职业与岗位，而在于他是否能尽心尽力把自己所从事的工作做好，是否能体现自我价值。一个人的工作成效，是自己给自己画的一幅画，是美丽还是丑恶，可爱还是可憎，都是由自己一手造成的。每个人如果以自强不息的精神，夏天般的激情，发挥长处，勇于创新，那么不论自己做的是怎样的工作，都不会觉得劳累，都会使自己的事业蒸蒸日上。

有一位本领高超的木匠，年事已高，就要退休了。他告诉他的老板，他想离开建筑业，然后和妻子儿女享受一下轻松自在的生活。老板实在是有点舍不得这样好的木匠离去，所以希望他能在离开前再盖一栋具有个人品位的房子来。木匠欣然答应了，不过令人遗憾的是，这一次他并没有很用心。他草草地用劣质的材料就把这栋房子盖好了。其实，用这种方式来结束他的事业生涯，实在是有点不妥。房子落成时，老板来了，顺便看了看，然后把大门的钥匙交给这个木匠说："这就是你的房子了，是我送给你的一个礼物！"木匠实在是太惊讶了！当然也非常后悔。因为如果他知道这栋房子是他自己的，他一定会用最好的木材，用最精致的工艺来把它盖好。

其实我们每个人自己正在做的活儿，归根结底都是在准备为自己建造一间房子。如果我们不肯努力地去做，那么我们只能住进自己为自己建造的最后的也是最粗糙的"房子"里。

（二）不断提高自身素质

个人的能力素质直接决定着爱岗敬业和奉献的质量。只有把主观上的勤学上进和爱岗敬业奉献精神相结合，我们才能在学习和实践中使个人素质不断提高，个人对企业的价值也才会更大。专业素质是影响和制约爱岗敬业奉献质量的直接因素，专业素质强，敬业奉献的质量就高，反之亦然。因此，培养自己优良的专业素质也是爱岗敬业的一项重要任务。

"第六届全国道德模范——敬业奉献模范""感动中国2016年度人物"、逐梦海天的强军先锋——张超，生前系中国人民解放军92950部队一级飞行员。

张超始终执着"飞行梦""航母梦""强军梦"，入伍后苦练飞行本领，先后飞过歼—6、歼—8、歼—11B、歼—15等8型战机，他把每型飞机、每个课目都飞到极致，先后3次成功处置重大空中飞行险情，数十次带弹紧急起飞执行战备任务。加入舰载战斗机部队后，在不到一年的时间里，就完成上舰前93.24%的飞行架次，所学所训课目成绩全部优等。

2016年4月27日，张超驾驶歼—15进行陆基模拟着舰训练时，飞机接地后突发电传故障，机头急剧大幅上仰。危急关头，他首先选择推杆全力挽救战机，直至飞机几乎垂直于地面才被迫跳伞，错过跳伞最有利时机，坠地受重伤经抢救无效壮烈牺牲，用4.4秒的生死一搏谱写激荡海天的人生壮歌。

（三）积极投入工作

所有的成功，都来自于自己的努力，自己对工作的投入。有的人幻想不劳而获，可是不经历风雨，怎么见彩虹？不耕耘，哪里有收获？而是否愿意为了工作而全力以赴，这些将在很大程度上影响到自己的实际命运。为什么自己的薪水始终没有提升？为什么自己的工作能力没有得到肯定？为什么自己一直停滞不前？为什么自己屡战屡败？只因自己没有坚强的信念，除非愿意为了事业和生活而努力付出，否则，自己的一生必然难以顺心如意。

有位外科护士首次参与外科手术，在这次腹部手术中负责清点所用的医疗器具和材料。在手术就要结束时，这位护士对医生说："你只取出了11个棉球，而刚才我们用了12个，我们得找出余下的那一个。"医生却说："我已经把棉球全部取出来了，现在，我们来把切口缝好。"那位新护士坚决反对："医生，你不能这样做，请为病人着想。"医生眼里顿时闪出钦佩的光彩："你是一个合格的护士，你通过了这次特别的考试。"原来，精明的医生把第12个棉球踩在了自己的脚下，当他看到新来的护士如此认真时，他高兴地抬起了脚，露出了那第12个棉球。

如果你是一滴水，你是否滋润了一寸土地；如果你是一线阳光，你是否照亮了一分黑暗；如果你是一颗螺丝钉，你是否永远坚守你的岗位。这是雷锋日记里的一段话，它告诉我们无论在什么样的岗位都要发挥最大的潜能，做出最大奉献。

复习思考

1. 如何理解敬业是从业人员事业成功的保证？
2. 为什么说敬业是企业发展壮大的根本？
3. 结合实际谈一谈怎样才能做到爱岗敬业。

模块十

做人立业之本——诚实守信

学习目标

正确理解诚实守信这一美德及制度的内涵及要求；明确诚实守信在个人生存、职场拼搏、社会交往、事业成功等方面的重要性，进一步了解诚实守信对企业发展、社会稳定、国家形象的重要作用；努力修炼诚信美德，培养诚信品质。

名言警句

1. 生命不可能从谎言中开出灿烂的鲜花。

——海　涅

2. 诚实是力量的一种象征，它显示着一个人的高度自重和内心的安全感与尊严感。

——艾琳·卡瑟

3. 工作上的信用是最好的财富。没有信用积累的青年，非成为失败者不可。

——池田大作

4. 做人无非是讲个信义。生意失败，还可以重新来过；做人失败，不但再无复起的机会，而且几十年的声名，付之东流。

——胡雪岩

5. 诚者，天之道也；思诚者，人之道也。

——孟　子

6. 人之所助者，信也。

——《周易》

7. 人际关系最重要的，莫过于真诚，而且要出自内心的真诚。真诚在社会上是无往不利的一把剑，走到哪里都应该带着它。

——三　毛

8. 进学不诚则学杂，处事不诚则事败，自谋不诚则欺心而弃己，与人不诚则丧德而增怨。

——程颢、程颐

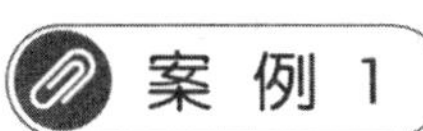

案例 1

20元的诚信

2019年4月14日下午，李女士匆忙赶去参加一场法语考试，这次考试对她来说很重要，她准备了两年多，但因为一些突发事件，她出门的时候还是有点晚了。李女士拦了辆出租车。出租车司机了解情况后，在确保安全的情况下，很快将李女士送到了考场。车费20元，李女士用手机扫码，输入金额后，便急匆匆地进了考场。考试很顺利，李女士也很高兴，心想：多亏出租车司机及时送她到考场，为她赢得时间，才有了这次顺利的考试。于是她想通过支付界面找到出租车司机的联系方式，以表达感谢，却发现根本没有支付记录。她马上意识到，自己当时太过匆忙，根本没完成支付操作。

李女士觉得，这么重要的考试，要是没有这位出租车司机的帮助，她很可能会错过，自己会遗憾很久。虽然自己不是故意的，但司机费力帮忙，不但没有得到回报，连该得的20元也没有得到，会很失望，心里也会有很不好的感受。

4月22日上午，李女士来到南京秦淮公安分局光华路警务站，向民警寻求帮助，想找到出租车司机。民警听了李女士的讲述后，对李女士的执着和诚信很感动，通过调取监控，联系上了出租车司机。司机接到李女士的电话也很意外，他没发现那20元没付，也没有想到李女士会为了20元通过警方找到自己。

案例分析

诚信就在我们的身边，它深深扎根渗透于日常生活的点滴琐碎中，乘坐公交车、考试、助学贷款、求职履历、就业签约等都在考量人们的诚信。20元钱虽然不多，但它反映出一个人的品格。诚信是公民的第二个"身份证"，体现在日常行为的诚实和正式交流的信用；对于自我修养、交友、营商以至为政，都是一种不可缺少的美德。古语云：反身而诚，乐莫大焉。只有做到真诚无伪，才可使内心无愧，坦然宁静，给人带来最大的精神快乐，是人们安慰心灵的良药。

李女士20元的诚信，既让自己内心坦然宁静，又不让别人失望，还表达了对司机的感激，这就是诚信的内在动力，这就是美德。诚信如和煦的阳光，带给人温暖；诚信如绽放的花朵，带给人芳香；诚信如涓涓的小溪，带给人动力。人和人之间多了诚信、懂得感恩，生活就更加美好，社会就更加和谐。

真诚待人、诚信做事是为人之本，诚信就是点点滴滴的积累，从点滴做起，从小事做起，让我们恪守诚信、真诚做人，在诚信里感受温暖，在诚信里憧憬未来。

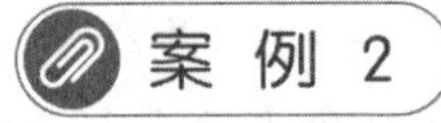

不诚实使他丢掉了薪水颇丰的工作

几年前，惠普公司有一个业务水平很高的专业技术人员，月工资近万元。不知是利欲熏心，还是一时糊涂，这名技术人员竟然在一张出差报销单上作假，因为这事他被公司开除了。事情是这样的：这名专业技术人员，在出差回来报销车费的时候做了手脚，发票上原来的金额是40元，这名员工把40元改写成了140元。

后来那张发票被公司财务人员看出了破绽，经过与出租汽车公司核对，证明这名员工的确作假了，于是公司财务部门将这件事通报给这名员工的上级经理，同时通报给公司的人力资源部。

这名员工面对自己顶头上司的质问只好承认了，同时非常真诚地希望公司能给他一次改正错误的机会。他表示会用实际行动来报答公司，加倍努力地工作，毕竟只是100元钱的小问题，与他一个月近万元的收入相比，算不上什么。但是这名违规员工还是被开除了，因为这名员工犯了无法饶恕的错误——作假。虽然他工作能力很强，少了他公司业务会受到很大影响，但是公司无法容忍员工撒谎和作假。

案例分析

这名业务水平很高的专业技术人员，因为报销单作假被公司开除，在他看来区区100元钱的小问题，在惠普公司却是无法饶恕的大问题。因为100元钱作假，却丢掉了每月近万元收入的工作，确实是不值啊！

任何不诚实的行为，都是不可饶恕的大错。这件事如果放在国内企业，结局可能会完全不一样，很多人可能会认为惠普这样做是小题大做。我们传统的思维方式更多的是考虑员工的错误给公司造成多大经济损失，区区100元钱很难受到如此严厉的惩罚。

很多人会认为他可能是一时糊涂，也可能是鬼迷心窍，100元钱与他近万元月薪相比算不了什么，教育一下，改了就是好同志。况且这名业务人员专业技术水平很高，开除了他，公司的业务肯定会受到影响。其实不然。这件事情如果不严肃处理，很多员工会抱有侥幸心理，认为犯点错误没有什么；那些工作能力较强的员工更会觉得公司离不开自己，不会受到严厉的惩罚，这样下去，就会有更多的员工把职业道德规范放在一边，出了问题通融一下，找找人，拉拉关系就可以了，尤其是那些有后台、有关系的人就更是无所畏惧了。久而久之，公司的各项规章制度就会一一被攻破，成为摆设，放在文件柜里。

在市场经济环境中，没有什么比诚信更重要，也没有什么比撒谎更可怕，企业绝对不会姑息撒谎的毛病，否则后患无穷。

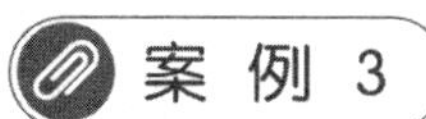

疫苗造假事件

2018年7月11日，长春长生生物科技有限责任公司被内部员工举报疫苗造假。随后，国家药品监督管理局（简称“国家药监局”）会同吉林省局组成调查组进驻企业全面展开调查。2018年7月15日，国家药监局发布通告，称吉林长春长生生物科技有限责任公司生产的冻干人用狂犬病疫苗，在检查中被发现存在生产记录造假，严重违反《药品生产质量管理规范》行为，被国家药监局责令停产，收回GMP（指药品生产质量管理规范）证书。不久，长春长生再被爆出百白破疫苗效价指标不合格。

国家主席习近平和总理李克强对此非常重视。李克强总理针对疫苗事件作出批示：此次疫苗事件突破人的道德底线，必须给全国人民一个明明白白的交代。李克强批示中要求，国务院要立刻派出调查组，对所有疫苗生产、销售等全流程全链条进行彻查，尽快查清事实真相，不论涉及哪些企业、哪些人都坚决严惩不贷、绝不姑息。公安机关对犯罪嫌疑人长生生物董事长等18人提请批捕，多位政府官员因此事被免职。2018年10月16日，国家药监局和吉林省食药监局分别对长春长生公司作出了多项行政处罚。国家药监局针对三项违法行为进行了罚款处罚，合计罚没款91亿元。本次除了对企业罚款之外，国家药监局对涉案的高俊芳等14名直接负责的主管人员和其他直接责任人员作出依法不得从事药品生产经营活动的行政处罚。涉嫌犯罪的，由司法机关依法追究刑事责任。

案例分析

长春长生疫苗事件刺痛国人心，挑战了国人的底线，引发人们对诚信道德的思考。古人云："天失信，三光不明；地失信，四时不成；人失信，五德不行。"这句话的意思是说，天失信，人们将生存在黑暗之中；地失信，人们将生存在饥饿之中；人失信，仁、义、礼、智、信将会全部丧失，人将不成为人。个人诚信、企业诚信、行业诚信，都是社会诚信大厦的基本单元。长春长生疫苗事件、曾经的三鹿奶粉事件令人痛心，也再一次激起人们对食品药品安全问题的怀疑和担心。没有诚信基石，难建和谐大厦，没有诚信基石，难享小康成果，没有诚信基石，难成百年大业。

经济利益的诱惑，导致有些人价值观念转变，有些人变得极端自私、唯利是图。孩子是祖国的未来，也是每个家庭的核心，疫苗关乎孩子的生命健康。一些企业只顾眼前利益，缺乏诚信，缺乏社会责任感，为了钱可以造假，为了钱可以不顾孩子的生命健康。诚信建设的缺失让这一悲剧最终爆发。长生疫苗事件再一次拷问"人性"的下限究竟能到什么程度。企业不能为了追求利益，把孩子的健康和家庭的幸福当作谋取非法利润的砝码，企业必须守住起码的道德底线，不能赚黑心钱。企业必须以"敬畏生命"为信条，重新构建企业的诚信道德。

诚信是市场经济的基础，是企业发展的灵魂，企业失去诚信就意味着失去立足之地。教训是深刻的，值得更多人和更多企业反思。

一、诚信道德与制度

诚信是中华民族乃至世界人民固有的美德。中华民族是诚信之乡，千百年来，无论圣贤先哲还是普通民众都将诚信作为安身立命之本。在市场经济条件下，诚信对于个人而言意味着成败，对于企业而言意味着兴衰，对于国家而言意味着国际形象。一个没有诚信的人将失去朋友、失去信任；一个没有诚信的企业将失去客户和利润，失去生存与发展的机会；而一个没有诚信的国家将失去国际形象，甚至导致亡国。个人、企业、国家，我们谁都不希望失去什么，我们需要尊重、需要朋友、需要客户和利润，更需要国家富强，民族昌盛，而这一切的根本，就是必须具备诚实守信的美德和建立诚信制度。

（一）诚信是一种美德

诚实守信是中华民族的传统美德，自古至今，人们都十分看重诚信，推崇诚信。我国传统道德把诚实守信看作"立身之本""举政之本""进德修业之本"，孔子甚至认为可以"去兵""去食"，而不可以无信。

成语"言必行，行必果""一言既出，驷马难追""一诺值千金""金口玉言""守口如瓶""说一不二"等，历来是正直的中国人所遵循的道德信条，也是人类共同追求的崇高境界。日常生活及交往中我们也常常会听到人们这样说："说话算数""不敢耽误""说到做到""铁板钉钉""说出去的话，泼出去的水""应人事小，误人事大"，这说明，人们崇尚和敬仰诚实守信的人。

诚信是一切道德的基础和根本，是人最重要的品德。它是发自内心的、自愿的，是人的一种坚守，是道德人格不可或缺的因素。一个品德高尚的人，不论在何时、何地，也不论身处何境，都不会失去诚信的美德。诚信是人必须严格遵守的生存、处世原则。

明山宾是南朝梁时会稽人，曾任中书侍郎、北兖州刺史等职务。

在明山宾担任某州从事的时候，正好那年大旱，庄稼颗粒无收，百姓没有粮食吃，饥饿难耐，随时都有丧命的危险。看到这些，明山宾决定开仓放粮给老百姓，以解救百姓于水火。

告示张贴之后，百姓们纷纷来领救命粮，并严格遵守秩序。一天，一个叫李虎的人因三岁的儿子快饿死了，所以没有排队就去领粮食，违反了州里的规定，负责维持秩序的衙役不问缘由，就将李虎关押起来。十天后，李虎回到家里，看到生命垂危、奄奄一息的儿子，仇恨在心，发誓要明山宾家破人亡。就在这时，明山宾开仓放粮的事情也被朝廷知道了，朝廷非常震怒，并派官员前来追查，明山宾遭到助手周显良暗算，被朝廷革职。

明山宾被革职后，带着夫人默默地回会稽老家去了。李虎背井离乡，千里迢迢去找明山宾报仇。到了会稽，他找遍了所有豪宅大院，却没有找到明山宾的家。其实，明山宾为政清廉，家里根本没有什么财产，当然也不会有什么豪宅大院，而是住在一间茅草屋里，度日艰难，眼下正为吃的问题发愁呢。无奈之下，他决定将家中唯一值钱的东西——一头黄牛牵到集市上去卖。

明山宾来到集市上，以三两银子的价钱将牛卖给了一个年轻人。在场的人都说牛卖便宜了，认为明山宾傻。明山宾回到家，把卖牛的经过告诉了妻子。妻子笑说："这头牛能卖三两银子就不错了。"原来，这头牛几年前就得过病，一直没痊愈。明山宾一听，说："那买牛的人不是吃亏了吗？"

于是，明山宾又匆匆忙忙赶到集市上，四处打听年轻人的去处，费尽九牛二虎之力，终于找到了那个买牛的人，并反复向他说明情况。可是，那个买牛的年轻人却以为明山宾是嫌牛卖钱少了，想反悔，所以执意不肯退还，两人就在路边拉拉扯扯……说来也巧，这事正好让到处寻找明山宾的李虎给撞见了。李虎一见明山宾，分外眼红，拿出匕首，想趁机行刺。

但是，李虎看到明山宾穿的是粗布衣服，又得知他生活拮据，竟然落到以卖牛为生的地步，不由得迟疑了。而明山宾并不知道李虎与自己有仇，还误认为他是那买牛人的亲戚，便一五一十地告诉了李虎，还说："买卖总要诚实，如果得过病的牛被当作好牛卖掉，我心里会不安的。"李虎一听，不由得从心里赞叹明山宾是个真君子，消除了误解，并请求明山宾宽恕自己。

在中国古人看来，诚是指一种真实无妄、表里如一的品格。"诚"既是天道的本然，也是道德的根本，故"养心莫善于诚"。"信"是指一种诚实不欺、遵守诺言的品格。孔子提出"人而无信，不知其可也"，他告诉我们，一个人如果不具备诚信的美德，是什么事情也做不成的。不仅如此，他还认为"民无信不立"。孟子说："至诚而不动者，未之有也；不诚，未有能动者也。"荀子则进一步将"信"推行于选贤治国，使"信"不仅是朋友伦理、交际伦理的规范，而且扩至一切伦理关系皆应以诚信为本。荀子说："天地为大矣，不诚则不能化万物；圣人为知矣，不诚则不能化万民；父子为亲矣，不诚则疏；君上为尊矣，不诚则卑，夫诚者，君子之所守也，而政事之本也。"中国传统道德认为，诚信的内容和要求是多方面的，但最基本的是以诚为本，取信于人，"与朋友交，言而有信"；为人思诚，信以行义，"信近于义，言可复也"。

"诚"是指道德方面的品质、信念，即所谓"内诚以心"，表现为真诚、诚实、诚恳等。"信"是指道德方面在社会生活中与他人或社会交往时采取的具体行为和价值取向，即所谓"外信于人"，表现为讲信义，守信用，重诺言，言行一致，表里如一。"诚"、"信"合起来使用，则有着道德品质与道德行为相统一的丰富内涵。诚实就是真实无欺，既不自欺，也不欺人；守信就是重诺言，讲信誉，守信用。

在当代社会，诚实守信仍是人们最基本的道德标准。诚信是立身之本，从业之要，交友之道，它要求人们为人诚恳，待人诚实，做事实在，追求信誉，等等。

（二）诚信是一种制度

诚信是一种美德，但是这种美德不是对人人事事都管用。当一些人的行为用舆论、内心感悟不起作用时，必须依赖制度，甚至一些人的行为触犯诚信道德底线时，必须用法律来有效制止其发生。制度是一种规范形式，但在现实生活中，并不是所有的规范都以制度的形式存在。诚信作为人们的行为范式和人际关系模式，需要制度化才能持久，才有力量。在现代市场经济下，诚信既是一种美德，还是一种制度。制度化的诚信是无形资产，是金质名片。

将诚信作为一种制度来认识，严格地说是近现代社会的事情，是市场经济发展的产物。信用是一切经济活动的基础，市场经济更离不开信用这一基础。马克思在《资本论》中就明确提出，竞争和信用是资本集中的两个最强有力的杠杆。随着资本主义银行的诞生和发展，信用得到了进一步发展，并在社会生活中发挥着越来越重要的作用。西方发达国家个人信用制度通过个人信用登记机制、个人信用评估机制、个人信用风险机制的具体运作，确保个人信用消费得以健全发展。在西方国家，金融机构向消费者或私营企业主发放个人贷款之前，都需要向有关机构查询该借款者的资信情况，查看个人资信档案并对其进行调查和核实。在建立个人资信档案系统的基础上，进行个人资信评估，对每一位客户的受信内容进行科学、准确的信用风险评级，为各金融机构提供的信用业务进行辅助决策，用个人信用风险机制控制、预防、减少风险。因此，可以这样说，没有信用就没有正常的金融秩序和市场经济。而诚信，则是信用制度的思想道德基础和精神支柱。诚信在当今社会，不仅是一个经济伦理学范畴，而且还是一个社会学范畴。诚信作为一种制度，不但是一种经济制度，同时也是一种政治制度和道德制度。今天经济生活中的诚信缺失，往往与政治生活、道德生活中的诚信缺失有着密切关系。

在发达资本主义国家，人们崇尚诚信的美德，更强化诚信制度。在美国、英国，撒谎者，口是心非者，会让人鄙视，甚至遭到法律制裁。澳大利亚对于外来经商、求学、定居的人有一项规定，有三次不守信用经历的人，将被无条件驱除出境。在德国，失去诚信就意味着永远失去工作。所以人们宁肯失去工作，也决不失去诚信。

有一名在德国留学的中国留学生，他毕业时成绩优秀，当他在德国四处求职时，却被多家大公司拒绝。在万般无奈之下，他带着困惑，小心翼翼地询问原因，没想到德国人给这位中国留学生看了一份记录，上面显示他乘坐公共汽车曾三次逃票被抓住。"德国抽查逃票一般被查到的概率是万分之三。这位高才生居然被抓住三次逃票，在严肃的德国人看来，大概是永远不可饶恕的。"

在我国社会主义市场经济条件下，需要一种诚信制度。社会转型与市场经济的负面影响导致人们对诚信意识的背离，如一些企业、个人为了利益而不顾诚信，制假售假，骗税逃税，伪造账目，恶意拖欠，变相传销，各种诈骗花样翻新；一些机关干部以权谋私，贪污受贿，虚假招标，为了政绩大造统计数字；甚至教育领域这块本该育人灵魂的地方也被污染，招生考试偷题漏题，大学教授论文、成果抄袭、造假，学生考试舞弊、恶意拖欠学费，不履行助学贷款承诺等。这些诚信缺失仅靠诚信道德约束还不足以制止，建立诚信制度和法律尤为必要。

首先，应当建立与完善政府诚信管理制度与监督机制，建立切实可行的联合征信系统，建立诚信信息的监管制度，最终形成强有力的舆论监督体系。诚信的自律必须以制度规则为基础，没有相应的制度规则架构做支撑，诚信社会是塑造不起来的。要为诚信提供一个正常的社会环境。为促进人们养成好习惯，必须建立一套完整的信用体系和诚信系统，为市场主体的信用状况查询提供一个基础平台。通过为市场主体建立诚信档案，让市场主体的信用状况向社会公开，使守信者从中获得实实在在的利益，也使失信者无处藏身，为自己的失信行为付出代价。

其次，建立政治诚信评估惩戒机制。在构建诚信监督体系的基础上，运用法律规范，通过强化失信惩戒机制，加大失信行为的成本，使每个社会成员和市场主体都充分意识到诚信的实际价值及其对自己的现实利益，认识到失信对自己切身利益的直接损害。要使严重失信者尤其是严重失信企业寸步难行。当然，这有赖于诚信法律法规的建立健全，既要发挥法律的规范约束作用，也要依法制裁失信行为。

二、诚信赢天下

诚信是一切社会规则存在的基石，也是一切成功的重要因素。个人讲诚信，邻里和睦，受人尊重，广交朋友，提升人格力量，赢得人生、事业成功；企业讲诚信，服务社会，开拓市场，获得社会效益和经济效益，助推企业发展；国家讲诚信，对内政令畅通，百姓乐业，社会和谐稳定，国家政权稳固，对外赢得国际形象，提升国际地位，增强国际竞争力。

（一）诚信赢得个人成功

美国专家通过对几十名成功者的研究发现，在决定事业成功的诸多因素中，一个人的能力、知识占了10%，技能占了20%，态度也仅占到20%，而忠诚则占到50%。因此，美国一位成功学家曾无限感慨地说："如果你是忠诚的，你就会成功。"中国香港著名实业家李嘉诚先生多年的成功经验告诉我们："做事先做人，一个人无论成就多大事业，人品永远是第一位的，而人品的第一要素就是诚信。"因为诚信是一种长期投资，唯有长期遵守诚信原则，才能建立你的信誉与品德，才能取得持续的成功。

1. 诚信赢得尊重

在战场上，某战士为了给部队开拓前进道路，不惜以自己身体引爆敌人埋下的地雷阵，以致身负重伤，危在旦夕。报纸上连续不断报道他的事迹，称他为黄继光式的英雄。

当部队老将军得知这位战士生命垂危时，便去医院探望，并给他颁发军功章。将军问战士还有什么话要说，战士说："有句话，指导员不让我说。"将军问："为什么？"战士说："指导员说已经报道了，全国都知道我是英雄了，说了影响不好。"将军追问："怎么回事，你说！"战士说："我不是用身体引爆的地雷阵，而是自己不小心，跌倒在地碰上地雷的。我不是英雄。"将军极为震动，沉思良久，最后说："把事实真相说出来和用身体引爆地雷阵同样需要巨大的勇气。你仍然是名副其实的英雄，军功章你当之无愧！"

战士是诚实的，面对将军、面对荣誉，他勇敢地说出事实真相，在生命垂危之即，捍卫自己的诚信品格，即便走了，也会很坦然。也正是战士的诚实，赢得了将军的尊重，赢得了真正属于自己当之无愧的军功章。

2. 诚信赢得他人信赖 一个人拥有了诚信，才会得到他人信任，赢得更多的朋友、更多的合作者和更多施展才华的机会。

有一个年轻人大学毕业之后，和几个同学开办了一家电脑耗材公司。经过两年多的打拼，他成为一个小老板。

可天有不测风云，就在他的事业蒸蒸日上的时候，一个皮包公司利用一份假合同骗走了他们公司很大的一笔钱。由于资金周转困难，他们的公司在坚持了不到半年之后，到了面临宣布破产的境地。几个合伙人也都各谋出路，只有他选择留下来，并为此承担公司 30 万元的债务。

尽管在这样一个艰难时刻，尽管债权人并没有找上门来逼债，但几天后，十几位债权人都无一例外地接到了他打来的电话，他诚恳地表示：在半个月内，会把所有的债务还清。他毅然决定将自己一处位于黄金地段且极具升值潜力的房产低价卖了出去。果然，在不到半个月的时间里，他还清了 30 万元的债务。

他讲信用、一言九鼎的行动，让那些债权人感到惊讶，也深深地打动了他们。他们把他视为可交的朋友，给他介绍生意，并为他出谋划策，选择更好的重振契机。

不久，一家有名的企业管理软件公司的主管听说他卖房还债的事情后，主动找到他，要他代理自己的产品，但前提是需要 60 万元的启动资金。而在当时，他全部财产加起来还不到 8 万元。他的那些朋友得知消息后，在不到两天的时间，竟为他凑齐 70 万元。很快，他的事业有了转机，并一步步获得了成功。

诚信是做人的准则，是打开成功之门的钥匙，是一个人立足于社会的基础，发展事业的基石。日本大企业家小池在总结自己的成功经验时，说过这样一段话："做人就像做生意一样，第一要诀就是诚实。诚实就像树木的根，如果没有根，树木就别想有生命了。"

在商业往来时，诚信较之金钱要重要得多。如果你欺骗了你的客户，他们就不会再相信你，也就不会再同你合作。作为一名员工，你应该懂得：信誉是一生最重要的资本，糟蹋自己的信用无异于在拿自己的人格做典当。有伟大的人格才会有伟大的事业，不论你居于多高的地位，都必须对自己许过的诺言负责。诚实信用是现代社会发展的基础，没有信义的人在社会上是无法立足的。

失信就会失去用武之地。在企业里，很多员工以为职业技能是最重要的资本，他们往往只看重对技能的培养，而忽视对忠诚的培养，其实，光有能力是不足以在企业立足的，忠诚才是每个人的立身之本，能力只有加上忠诚，才能够得到最大限度的发挥，相反，缺乏忠诚，其他的能力就失去了用武之地。

林志是一家企业的业务部副经理，他年轻能干，毕业短短两年就能有这样的成绩也算是表现得不俗了。可是，令大家奇怪的是，他上任后不久就离开了这家企业。离开这家企业之后，林志的再求职之路不是很顺利，他找到了昔日关系不错的同事杨峰。在餐桌上，林志满脸懊悔，对杨峰说："知道我为什么离开吗？其实我非常喜欢那份工作，但是我犯了一个不可饶恕的错误，利令智昏，我竟然为了一点蝇头小利，就出卖了我自己的灵魂，失去了作为企业职员最重要的东西。虽然总经理宽恕了我，没有追究我的责任，也没有公开我的事情，但我真的很后悔，你千万别犯我这样的低级错误，不值得啊！"尽管听得不甚明白，但是杨峰知道这一定和钱有关。后来，杨峰才知道，林志在担任业务部副经理时，曾经收了一笔款子，业务部经理说可以不入账："没事儿，大家都这么干，你还年轻，以后多学着点。"林志虽然觉得不妥，但是他并没有拒绝，糊里糊涂地就拿了5 000元。当然业务部经理拿得更多。没多久，业务部经理就辞职了。后来，总经理发现了这件事，林志也被开除了。杨峰看着林志落寞的表情，知道林志一定很后悔，但是有些东西失去了是很难弥补回来的。林志失去的是对企业的忠诚，他还能奢望企业重用他吗？

失去忠诚的人往往被贴上"不忠诚"的标签，这其实是社会对他们不忠诚行为的一种谴责，他们因此付出的代价就是很难再找到好工作，因为没有哪个老板愿意将一个没有忠诚品质的人引进企业。

3. 诚信让你畅行职场 诚信可以使你顺利步入职场。当今社会人才越来越市场化，人才的竞争已经从单纯的技能竞争转向了品德与技能两方面的竞争。而诚信是所有品德的核心。任何单位都需要有能力的人，但那种既有能力又诚信的人，才是用人单位最想要的。有时，用人单位宁可任用一个能力一般却绝对诚实的人，而不愿重用一个缺乏诚信的人。

王一硕，男，1980年4月出生，中共党员，副教授，硕士生导师，在读博士，现任河南中医药大学药学院中药传承教育办公室主任。

2000年，王一硕靠国家助学贷款迈入大学校门。毕业那年，当学校动员大学毕业生积极参加志愿服务西部计划时，他当即下了决心："是国家的助学贷款和学校领导、老师的帮助圆了我的大学梦，在国家急需人才的时候，我不能无动于衷。"

在西部期间，他充分发挥所学专长，服务当地经济建设，积极带领当地群众种植中药材，增加当地群众收入，帮助他们脱贫致富。他高票当选陕西省杰出青年志愿者，还光荣地加入了中国共产党。

服务期满后，为了早日还清贷款，他决定一边打工一边复习参加硕士研究生考试。他认为，作为一名大学生，应该以诚信为本，以守信为荣。2005年年底，他决定提前还贷。学校为他举行了还贷仪式，当他把自己辛苦积攒的26 770元交到发贷银行负责人手里时，全场响起热烈的掌声。

2006年，王一硕被共青团中央评为"第六届中国十大杰出青年志愿者"，当选教育部"2006年中国大学生十大年度人物"；2007年被评选为"全国道德模范"。

诚信是"天之骄子"的人生通行证。当年作为新时代的"天之骄子"，王一硕还是刚毕业的大学生，以一颗感恩的心回报国家，自愿支援西部，服务期满后，边打工边复习备考研究生，并提前还贷，以自己的诚信赢得银行领导及员工的赞誉。正是因为他的诚信赢得了社会的认可和充分尊重，以后的工作也非常顺利。

诚信能够赢得他人的信任。忠诚是诚信的人格表现，忠诚的人无论能力大小，管理者都会给予重用，这样的人走到哪里都有条条大路向他们敞开。相反，能力再强，如果缺乏忠诚，也往往被人拒之门外。毕竟在人生事业中，需要用智慧来做出决策的大事很少，需要用行动来落实的小事甚多。少数人需要智慧加勤奋，而多数人却要靠忠诚和勤奋。当今社会的企事业单位，无论是在对求职人员的录用测试中，还是对在职人员的总结考核中，都有诚信方面的专项或相关内容。大学生在就学期间要培养诚信品质，步入职场更要始终坚守诚信道德。

诚信是通行职场的最好品牌。诱惑颇多的今天，考验着每个人的忠诚度。当你忠诚于你的企业时，你所得到的不仅仅是企业对你的更大的信任，你的所作所为还会使诱惑你的人感觉到你的人格力量。一个不为诱惑所动、能够经得住考验的人，命运之神不仅不会让他失去机会，相反会让他赢得机会，从而成为一名优秀的职业人。这一点，在IR电子公司的高级工程师斯特身上，得到了最好的体现。

当时，IR电子公司正面临赫赫有名的比利孚公司的挤压，处境非常艰难。

有一天，比利孚电子公司的技术部经理邀请斯特共进晚餐。在饭桌上，这位经理对斯特说："只要你把公司里最新产品的数据资料给我，我就会给你一个超乎想象的回报，怎么样？"

一向温和的斯特一下子就愤怒了："请你不要再这样说！我的公司虽然效益不好，处境艰难，但我决不会出卖我的人格做这种事，我不会答应你的任何要求。"

"对不起，"这位经理不但没生气，反而颇为欣赏地拍拍斯特的肩膀说，"这事当我没说过。来，干杯！"

过了段时间，IR公司终因经营不善而破产。斯特失业了，没过几天，他突然接到比利孚公司总裁的电话，让他去一趟总裁办公室。

他疑惑地来到比利孚公司，出乎意料的是，总裁热情地接待了他，并且拿出一张非常正规的聘书——聘请斯特去公司做技术部经理。

斯特惊呆了，喃喃地问："你为什么这样相信我？"

总裁微笑着说："原来的技术部经理退休了，他向我说起了那件事并特别推荐了你。年轻人，你的技术水平是出了名的，你对工作的忠诚更让我佩服，像你这样的人，任何一个企业都会欢迎你的。"

斯特一下子醒悟过来，这就是忠诚的回报。但如果当时斯特没有拒绝比利孚公司技术部经理的诱惑，那么，后来的好机会是不可能降临到他头上的。

忠诚并不单纯是对某个公司或老板的忠诚，它本质上是一种负责的职业精神，是一种崇高的敬业精神。具有忠诚的精神，你也就具有了通行职场的最好品牌。

4. 诚信者成大事 美国金融家罗塞尔·塞奇说："坚守信用是成大事者的最大关键。一个人要想赢得人家的信任，一定要下极大的决心，花费大量的时间，不断努力才能做到。"如果你拥有良好的品性，能让人在心里默认你、信任你，那么你就有了一项成大事者的资本。著名企业家马云以自己的才华和诚信，将一家小企业奇迹般地变成目前全球最大的企业电子商务平台；李嘉诚先生信奉做事先做人，把诚信看作人品的第一要素，公司越做越大，成为华人首富。综观古之成大事者，也无不将诚信作为安身立命的根本。汉代张良信守约定，以老者所授兵书，助汉高祖刘邦完成统一大业，成为史上名将；诸葛亮紧要关头不改原令讲诚信，使还乡的命令变成了战斗的动员令，士兵们人人奋勇，个个争先，从而大败魏军。

北宋时期著名的文学家和政治家晏殊，素以诚实著称。他在14岁时被地方官作为神童举荐给皇帝。本来他不参加科举考试便能得到官职，但他没有这样做，而仍然参加了考试。事情十分凑巧，那次考试题目是他曾经做过的。这样他不费劲就从一千多名考生中脱颖而出，并得到了皇帝赞赏。但晏殊并没有因此而洋洋自得，相反他在接受皇帝的复试时，把情况如实地告诉了皇帝，并要求另出题目，当堂考他。皇帝与大臣们商议后出了一道难度更大的题目，让晏殊当堂作文。结果，他的文章又得到了皇帝的夸奖。

晏殊当职时，正值天下太平。于是，京城的大小官员便经常到郊外游玩或在城内的酒楼茶馆举行各种宴会。而晏殊每日办完公事，总是回到家里闭门读书。有一天，真宗提升晏殊为辅佐太子读书的东宫官。大臣们惊讶异常，不明白真宗为何做出这样的决定。真宗说："近来群臣经常游玩饮宴，只有晏殊闭门读书，如此自重谨慎，正是东宫官合适的人选。"晏殊谢恩后说："我其实也是个喜欢游玩饮宴的人，只是因为家贫无钱，才不去参加。我是有愧于皇上的夸奖的。"这件事，使晏殊在群臣面前又一次树立起了信誉，皇帝又称赞他既有真实才学，又质朴诚实，是个难得的人才，因而也更加信任他，过了几年便把他提拔上来，让他当了宰相。

晏殊为人诚实，表里如一，不弄虚作假的品德，使得他仕途上不断得到发展。

（二）诚信赢得企业发展

全球最大的企业、荣登《财富》全美500强排行榜首位的美国零售公司沃尔玛的胜出有八大要素，其中之一就是"诚信的服务"。企业短期的繁荣可以通过许多方式获得，但是企业持续增长的力量却只能从人类几千年来的价值公理中获得。对此，哈佛大学商学院教授波特在《竞争战略》一书中认为："企业最终的竞争力取决于它在一系列价值中如何进行价值选择，共有价值观——'诚信的理念'才是企业竞争力的动力源。"

1. 诚信是千古经商的不二法则　诚信既然是立身之本，执政之本，同样也应是商道之本。一个企业如果信誉缺失，会破坏企业形象，失去长久发展的生命力。企业失去了信誉，就等于失去了品牌竞争力，企业的生存发展就不存在任何可能。美国可口可乐公司总裁曾声称自己的公司即使在一夜之间化为灰烬，第二天仍可在银行获得足够的贷款，这份自信源于公司拥有良好的商业信誉和品牌价值。有300多年历史的我国老字号——同仁堂也是一个很好的范例，它创建于清康熙八年（1669年），300多年来，同仁堂恪守诚信职业道德，信守其行业古训，"修合无人见，存心有天知"，"炮制虽繁必不敢省人工，品味虽贵必不敢减物力"，药料选用十分讲究，"产非其地，采非其时"的药材，坚决不用。同仁堂用精湛的制药工艺和严格的诚信经营理念，赢得了金字招牌的长盛不衰。同仁堂始终坚持重质量、重服务、重信誉，因此，同仁堂的美名传遍全世界，享誉五大洲。现代企业海尔集团，将企业文化的内涵定在“真诚”两个字上，他们“真诚”做产品，“真诚”做销售，“真诚”做服务，“真诚到永远”这句话充分体现了海尔的商道。

2. 诚信是企业财富的基石 信誉和信用自古以来就是人们竞争的法宝，在现代市场经济条件下，信用、信誉更是企业价值连城的无形资产。纵观现代企业中那些在竞争中被淘汰的公司，十有八九是因为企业的声誉和信用受到了怀疑或否定所致。这也正是许多知名企业家经营之道中将企业的声誉和信用放在首位的原因。

“一个人有两样东西谁也拿不走，一个是知识，一个是信誉。我只要求你做一个正直的公民。不论你将来是贫或富，也不论你将来职位高低，只要你是一个正直的人，你就是我的好儿子。”这是联想集团董事局前主席柳传志的父亲对他的教诲。此后，无论做什么事情，柳传志都以诚信为先，以真诚为首，这一思想一直到后来他任联想集团总裁的时候都未曾改变。

联想的成功，诚信是重要因素之一，它取信于银行，取信于员工，更取信于投资者，而这一切都离不开柳传志这位当家人，柳传志的父亲“正直做人”的教诲也许就是联想的精神支柱。

> 1997 年，香港联想因为库存积压造成 1.9 亿港元的亏损，这在当时是个相当大的数字。在这危急的时候，联想的领导层竟然选择了首先告之银行亏损的消息，然后再申请贷款。一般人认为，先借钱再通知银行亏损状况或者干脆不通知银行会比较容易借到钱。但是联想集团宁愿付出天价也不愿失去银行的信任。联想此举果然赢得银行的信任，并再次贷到了款。如果不是联想长期守信用，这件事根本就做不成。
>
> 联想集团靠诚信赢得了很高的社会信誉，也赢得了巨大的财富。这就是诚信的力量！

人无信不立，企业无信不长，社会无信不稳。企业的信用犹如它的脸。因为信任那张脸，喜爱那张脸，顾客才会去亲近光临。生意成功，有时凭的不是充足的金钱，而是信誉。信誉是一点点积淀而来的，如果你把它挥霍了，就再也收不回来了。对于企业来说，信誉是一笔不可替代的巨大财富。企业的信誉是靠它的每一名诚实可靠的员工共同树立起来的，所以作为一名员工，你必须靠勤劳、诚实去为自己赢得信誉，弄虚作假只能是一锤子买卖，终究是要弄巧成拙，惨遭失败的。做生意其实就是做人，勤快的钱、劳动的钱虽然来得慢，却能够长久，而投机取巧得来的钱虽然多而且容易，但纸终究是包不住火的，等真相被戳穿的那天，也就是你名声扫地之日了。

3. 诚信赢得商机 电视剧《乔家大院》的播出，使人们对晋商更加关注。除了一个个脍炙人口的晋商传奇，晋商的诚信尤其给人印象深刻。

> 公元 14 世纪中叶，山西商人借助明政府实施“开中法”政策的历史机遇，利用靠近北部边防重镇的有利地理位置，推着满载粮食的木轱辘小车，在长城一带数十万兵马驻扎的军事消费市场经营食盐、粮米、棉布、铁器之类军属用品，崛起于国内商界。进入清代，由于国内统一市场的形成、边疆地区的开发，晋商获得长足发展，到道光初年实现了商业资本向金融资本的飞跃，首创票号，进入鼎盛阶段。其财力之雄厚，活动地域之广阔，经营商品之众多，管理制度之严密，在国内商界首屈一指。晋商足迹遍天下，纵横欧亚数万里，堪与意大利威尼斯商人相媲美，在中国封建社会后期发挥了重要作用。

诚然，晋商成功的因素和经验不少。除了大家熟知的节俭吃苦、精于管理、敢冒风险、开拓进取外，“诚实守信”“信誉至上”是成就晋商辉煌的重要法宝。近代思想家、文化巨擘梁启超在评说山西商人的经营之道和制胜法宝时，更是浓墨重笔写下“晋商笃守信用”六个大字。正是由于一代又一代的山西商人执着地践行“诚信第一”的准则，才使晋商在激烈的商海搏击中能不断地抓住商机，拓展市场，发展壮大。

晋商在中国封建社会后期数百年的经商实践中，一直奉行“诚信为本”，长期坚持按“信誉第一”的宗旨从事经营活动。

在道德观念上，晋商主张道德为先、利以义制，认为经商虽以赢利为目的，凡事则以道德信义为根基，提倡生财有道、见利思义，反对唯利是图、不择手段。明代著名商人王文显把从商40年的经验总结为：“善贾者，处财货之场，而修高明之行。”另一位商人樊现以自己的亲身体会教育子弟说：谁说公道难信呢？我南至江淮，北尽边塞，贸易之际，人以欺诈为计，我却不欺，因此，我的生意日兴，而他们很快衰败。

《乔家大院》剧中主人翁乔致庸坚持以“首重信，次讲义，第三才是利”作为经商准则。他经常告诫儿孙，经商之道诚信第一，商家必须重视信用，以信誉赢得顾客；其次要讲义，不能用坑蒙拐骗伎俩坑害别人；第三才是利，推崇以义制利，不赚昧良心黑钱。晋商正是由于注重道德信誉，把诚信不欺作为经商长久取胜的秘诀，因而市场越拓越宽，生意日渐兴隆，利润逐年递增，终于在当时众商林立的市场浪潮中发展壮大为国内外商界瞩目的著名商人。

（三）诚信赢得国家、社会稳定

诚信是治国之道。治国安邦，取信于民，察民情，严法度，公平、公正、公开，官民一律，使社会和谐，是对国家的基本要求。一个有诚信的政府可以聚民心，一个有诚信的国家可以昌国运。

诚信关系社会稳定。社会要靠人们之间的信任与合作来维系，因此诚信关系着社会稳定。在一个社会中，如果人人都能诚信做人、诚信做事，这个社会必然是一个和谐、祥和的社会，在这样的社会中生活，人们肯定会有安全感和幸福感。而如果在社会中、生活中，到处都是谎言，到处都是欺骗，社会正常的工作、学习和生活秩序不仅难以维系，人们的精神生活也不会获得安宁，同时，社会的道德法律体系也会受到强大冲击，影响社会稳定。

诚信关系国家兴衰存亡。国无诚信不稳，诚信是稳定社稷之王道。在中国传统社会，哲人、政治家都非常重视诚信在维护政权稳定中的作用，并将之视为谋求国家及社会稳定所必须遵循的重要道德原则。《论语》中有则故事叫“子贡问政”，当子贡问政于孔子时，孔子回答很简单：“足食，足兵，民信之矣。”子贡曰：“必不得已而去之，于斯三者何先?”孔子曰：“去兵。”子贡曰：“必不得已而去之，于斯二者何先?”孔子曰：“去食，自古皆有死，民无信不立。”孔子认为，取信于民是处理好政事、治理好国家的基本条件，是关系到国家生死存亡的大事。

春秋战国时期，秦国的商鞅为了推进改革，下令在都城南门外立一根三丈[①]长的木头，告之谁把此木头移到北门，奖赏十金。众人以为游戏一场，无人当真。商鞅把赏金

① 丈为非许用单位，1丈≈3.3米。

提到五十金，有人抱着试试的心理将木头扛到了北门，商鞅立即赏了他五十金。那位扛木头的人看到自己果真得到了五十金，不禁开怀大笑，一边炫耀那五十金，一边对围观的老百姓说："看来官府还是讲信用的啊！"这事一传十，十传百，不久就传遍了整个秦国。商鞅这一举动，在百姓心中树立起了威信，而商鞅接下来的变法就很快在秦国推广开了。新法使秦国渐渐强盛，最终统一了中国。

而同样在商鞅"立木为信"的地方，在早它400年以前，却曾发生过一场令人啼笑皆非的"烽火戏诸侯"的闹剧。

周幽王有个爱妃名叫褒姒，长得非常美丽，《东周列国志》中有这样一段话来形容褒姒："目秀眉清，唇红齿白，发挽乌云，指排削玉，有如花如月之容，倾国倾城之貌。"褒姒虽然很美，但是"从未开颜一笑"。为此，周幽王使出了一个赏格：谁要能叫娘娘一笑，就赏他千金。于是有人想出了一个点起烽火戏诸侯的办法，想换取娘娘一笑。一天傍晚，周幽王带着爱妃褒姒登上城楼，下令在都城附近20多座烽火台上点起烽火——烽火是边关报警的信号，只有在外敌入侵需召诸侯来救援的时候才能点燃。诸侯们见到烽火，以为西戎来犯，便领兵赶到城下救援，但见灯火辉煌，鼓乐喧天。一打听才知是周幽王为了取乐娘娘而干的荒唐事儿，诸侯们愤然离去。褒姒见状，果然淡然一笑。五年后，西戎大举攻周，幽王烽火再燃而诸侯未到——谁也不愿再上第二次当了。结果幽王被逼自刎而褒姒也被俘虏。

一个是"立木取信"，一诺千金；一个是帝王无信，本来只有万分危急的时候才点燃的烽火，周幽王却用来买美人一笑，戏玩"狼来了"的游戏。结果前者变法成功，国强势壮；后者自取其辱，身死国亡，千古间留下一声悠长的叹息。可见，"信"对一个国家的兴衰存亡都起着非常重要的作用。

（四）诚信赢得国际形象

一个国家和民族拥有了诚信，就会赢得尊严，树立良好的国际形象，从而提升国际地位。国家形象是一国软实力的重要体现，习近平总书记在对外交往中大力宣传中华民族的诚信品格，强调诚信在国际交往中的重要地位，以此树立良好的国家形象。访问印度尼西亚时，习近平总书记指出："人与人交往在于言而有信，国与国相处讲究诚信为本。"在纪念和平共处五项原则发表60周年大会上，习近平总书记引用"凡交，近则必相靡以信，远则必忠之以言"，阐述中国坚持按照"亲、诚、惠、容"的外交理念，处理与周边国家的关系。2019年习近平总书记在第二届"一带一路"国际合作高峰论坛的讲话中指出，重视多边和双边经贸协议，加强法治政府，诚信政府建设，建立有约束的国际协议履约执行机制，按照扩大开放的需要修改完善法律法规，完善营商环境……中方诚邀各国来华投资，邀请更多伙伴加入共建"一带一路"。中国愿同各国一起携手推动建设更加进步和繁荣的世界。中国人向来重信，进一步扩大开放的承诺不会改变，进一步加强交流合作，顺应经济全球化的诚意不会改变。目前全球的国家形象之争实际上是国家之间软权力的较量。作为软权力的国家形象，其对国际公众心理、行为上的潜移默化的影响有时会产生比经济、军事更加显著的效果。良好的国家形象是一个国家极为重要的"无形资产"，而相反，不好的国家形象往往会在国际交往中造成更多的"无形成本"。

就像一个品牌的形象会在国际市场产生巨大吸引力一样，一国的国家形象在世界舞台上也发挥着重大影响。从国家来说，诚信程度如何，是其国际形象的重要组成部分。政府的公信力、国家外交、国际经济往来等，无疑都在检验一个国家的诚信度，它直接影响国家形象，也直接影响着国家竞争力。诚信也是投资环境优劣的重要尺度。如果缺乏诚信，就会加大我们吸收外资的成本，也会加大我们参与国际竞争的成本。

全球化首先是经济的全球化，国与国间的交往首先是经济交往，一国在经济交往中的表现和行为对该国的国家形象有重要影响。一个不遵守竞争规则、违反贸易秩序、生产假冒伪劣产品的国家绝不会有良好的国家形象。当前，我国正在进行经济体制改革，市场经济中产生的一些问题，特别是假冒伪劣产品横行、缺乏诚信和违反竞争规则等问题严重影响了我国形象。因此，在经济活动中，我们应加强对国民的诚信教育，建立起诚信的市场经济环境以及信息公开和诚信评估体系，形成全社会重视诚信、以诚信为荣的良好氛围，让“中国信用”走向世界。

三、修炼你的诚信

诚实守信是职业道德的根基，也是从业人员不可缺少的道德素质。诚实守信的职业道德要求，渗透在各行各业的各种活动中，如商业活动中的保质保量、公平交易，科学研究中的实事求是、追求真理，教育中的治学严谨、教书育人等，无一不是要求信守职责，诚信做人。诚信赢得个人成功，诚信赢得企业发展，诚信赢得国家社会稳定，诚信赢得国际形象。作为社会一员、一个职业工作者，要时时修炼诚信美德，恪守诚信规则，做一个诚实、守信、受欢迎的人。

（一）诚信与人交往

诚信是交友之道，自古以来就被人们视为人际交往的基本原则，也是人们用来衡量一个人是否值得深交的首要准则。《论语·学而》曰：“与朋友交，言而有信。”一旦欺骗朋友，朋友不会信任自己，便坏了大家的友谊。而诚实守信的人，会赢得朋友信赖，甚至危难时会得到朋友相助，避免劫难。

> 秦末有个叫季布的人，一向说话算数，信誉非常高，许多人都同他建立起了浓厚的友情。当时甚至流传着这样的谚语：“得黄金百斤，不如得季布一诺。”（这就是成语“一诺千金”的由来。）后来，季布得罪了汉高祖刘邦，被悬赏捉拿。结果他旧日的朋友不仅不被重金所惑，而且冒着灭九族的危险来保护他，使他免遭祸殃。

季布“一诺千金”使他免遭祸殃。一个人诚实有信，自然得道多助，能获得大家的尊重和友谊。反过来，如果贪图一时的安逸或小便宜，而失信于朋友，表面上是得到了“实惠”，但为了这点实惠，毁了自己的声誉，而声誉相比于物质是重要得多的。所以，失信于朋友，无异于丢西瓜捡芝麻，得不偿失。

诚信作为人际交往中重要的道德品质，在人的品德结构中居于核心地位，它是孕育其他道德品质（如宽容他人、理解他人、平等待人、与人为善等）的基础。因而，拥有了诚信道德品质就容易建立完善的人际关系，而拥有一个良好的人际关系，就会拥有一个融洽的工作环境，心情舒畅地工作，进而取得事业成功。

有的员工在工作能力方面根本没问题，但在职场中却总不顺，究其原因，原来是他们有一些不诚实的现象，如谎报迟到原因，虚报工作数据，在报销单上作假等。这些人常常自我辩解说：“撒个小谎而已，原本是毫无恶意的。”久而久之，撒谎便会成为一种习惯，成为理所当然。小谎言需要大谎言来掩饰，然后，谎言就会愈扯愈大。永远都别尝试说谎，也别窃占任何不属于自己的东西，只有这样你才能高枕无忧，才能养成自律的习惯，工作和生活的环境才会变得宁静平和。

（二）忠诚于你的领导

忠诚是每一个公司的领导人最看重的品质，它甚至远远超过一个人的能力。对于每一个职场人士而言，忠诚可以有效地使自己与公司相结合，把自己真正当作公司的主人，时时事事用心，以公司的兴衰为己任，贡献出自己全部的力量，激发出自己的所有潜能，为公司创造财富的同时也为自己开创出一片新天地。

忠诚是一种责任，也是一种义务，还是一种操守。任何人都有责任去信守和维护忠诚，这是对自己所爱的人和所坚持的信念最大的保护。丧失忠诚，就是对责任最大的伤害，也是对自己品行和操守最大的亵渎。为坚守忠诚所付出的代价，得到的是荣誉；为丧失忠诚所付出的代价，得到的是耻辱。第二次世界大战时美国著名的将领麦克阿瑟曾说过："士兵必须忠诚于统帅，这是义务。"

忠诚不是愚忠。对于一个企业而言，员工必须忠诚于企业的领导者，这也是确保整个企业能够正常运行、健康发展的重要因素，但前提是领导者必须是值得忠诚的，如果企业的领导者自私自利，利用企业为自己牟私利，这样的领导者不值得忠诚。

> 李明毕业于某高职院校财务会计专业，毕业后应聘到北京一家农产品生产企业做会计。李明憨厚实在，老板也很喜欢他。但有一件事情让李明很烦恼：有一天老板找到他，让他在企业财务账上做手脚以减少税额。李明性格天生倔强，当场拒绝了老板的要求。老板当时非常生气，说：如果不答应就解聘他。李明没有了主意，给学校老师打电话，诉说了自己的烦恼并征求老师意见。老师倾听完他的述说后，鼓励他说：你应该坚持自己正确的做法。在老师的鼓励下，李明没有向老板道歉，更没有做假账。一个星期后，老板找到了他，向他道了歉，而且诚恳地希望他留在企业。

我们倡导员工的忠诚，但员工的忠诚和士兵的忠诚是不一样的，士兵的忠诚是绝对的，士兵必须忠诚于统帅，因为统帅代表着国家。员工的这种自下而上的忠诚对于企业来讲是必需的，但是并不是无条件的、绝对的和盲目的，而是相互的。一般来说，员工相对公司是处在弱势的位置上，所以员工首先要用对企业忠诚来换取企业对自己的忠诚——更高的薪水、更好的机会、更高的职位等。

任何情况下，不要将自己与老板对立起来。员工忠诚的是一个对自己的生存、发展、自我实现有助益的老板，一个对企业有责任感的领导者，一个能够让企业健康运行的领导者，一个关心员工、能够为企业奉献的领导者，一个有企业家精神的领导者。对这样的领导者忠诚是有价值的，也是值得的，因为这样的领导者不会辜负员工的满腔忠诚。另外，要清楚自己同老板的利益是一致的，只有证明自己的忠诚和才能，才会取得老板的信任，才会得到你所希望的东西。任何一个老板，都只会培养忠诚的员工，如果你缺少这一条，你就不会得到重用。

忠诚就是要对老板持有感恩的心。感恩是人的美德。试想一下，工作是不是老板给的，工资是不是老板给的，经验是不是老板给的，机会是不是老板给的？难道不需要感谢吗？有三件事必须马上行动，不然就来不及，这三件事就是尽孝、行善、感恩。

忠诚就是向老板学习。向老板学习，不是因为他是老板，而是因为他优秀。找出老板的成功因素，闪光的那一面。如果你想成为老板，就更要这样做。

忠诚就是不该说的不说，不该做的不做，不该要的不要。

忠诚就是要全力以赴支持领导。假如你在一个企业工作，也就有了工作的职责，就应当没有任何借口地去支持你的领导。每个人的身上都有缺点和优点，你要懂得，别人身上的不足，也许正是你存在的价值。也许你的领导并不比你高明，但只要他是你的领导，你就应该在任何时候都全力以赴，支持他，服从他的命令。即便他的命令是错误的，你也该表现出应和，而在背后向他提出错误的地方。你要努力去发现他优越于你的地方，尊敬他，欣赏他，向他学习。所以，当你面对你的领导时，应清醒地认识到，领导首先也是一个人。领导作为公司的管理者，他当然会时常对我们在工作中发生的问题提出批评，也时常会否定我们的很多想法，这些因素会影响我们对他所做出的客观评价。但是，我们应该换一个角度想问题，领导之所以能成为我们的领导，必然有他的过人之处，在他身上有着我们所没有的特质，也就是这些特质使他超越了别人，而这个特质也就是我们常说的过人的个人魅力。支持你的领导，时时想想他的优点，这是起码的人生态度和敬业精神。只有这样，你才会得到领导更多的信任和支持，也更有利于你的职业生涯发展。

激发潜能，帮助领导成功。无论如何，你在一个失败的领导那里是得不到任何好处的，只有协助领导成功，你才能因此而成功。当然，我们所说的帮助领导成功并不是要阿谀奉承，而是要在领导决策时为他提供参考，领导疏忽时为他做出补充。因为，领导也不是万能的，他们也有失误的时候。有一点不可否认，那就是员工往往会妒忌领导的成就。他们自认为自己能力并不比领导差，为什么就非得听他指挥。可悲的是，往往就是因为他们的妒忌心阻碍了他们的发展。成功学家告诉我们，要提高自我实力，最好的办法就是帮助他人成功。他人一旦成功了，肯定不会忘了你对他的好，这样你就会获得更多的成功机会。

同样的道理，要是你能够真心真意地欣赏和支持领导，领导在工作上会取得更多的成绩，等到领导和公司发展壮大了，一定会重用你的。你在公司得到的很多机会是来自你对他人真心真意的欣赏和赞美，在别人最需要鼓励和支持的时候，你给他们带去了精神上的激励和工作上的帮助。

（三）爱护你的企业

任何一家企业的发展和壮大都是靠员工的忠诚来维持的，同样，一个员工也只有具备了忠诚的品质才能受到老板的器重，最终取得事业上的成功，恩坦因曼思的成功就说明了这一点。

> 恩坦因曼思是德国的一位工程技术人员，因为失业和国内经济不景气，不远千里来到美国，希望在北美这块热土上找到自己的梦想。但举目无亲的他根本无法立足，只得到处流浪。最后他幸运地得到一家小工厂老板的看重，被聘用为生产机器马达的技术人员。恩坦因曼思是一个对工作极其严谨而富有钻研精神的人，很快他便掌握了马达的核心技术。
>
> 1923 年，美国福特公司有一台马达坏了，公司所有的工程技术人员都未能修好。正在焦急万分的时候，有人推荐了恩坦因曼思，福特公司就派人请他来。他来了之后，什么也没有做，只是要了一张席子铺在电机旁，聚精会神地听了三天，然后又要了梯子，爬上爬下忙了多时，最后他在电机的一个部位用粉笔画了一道线，写上“这儿的线圈多绕了 16 圈”几个字。福特公司的技术人员按照恩坦因曼思的建议，拆开电机把多余的 16 圈线取走，再开机，电机正常运转了。

福特公司的总裁福特先生得知后，对这位德国技术员十分欣赏，先是给了他一万美元的酬金，然后又亲自邀请恩坦因曼思加盟福特公司。但是恩坦因曼思却对福特先生说，他不能离开那家小厂，因为那家小工厂的老板在他最困难的时候帮助了他，他要与小工厂共荣辱。福特先生先是觉得遗憾万分，继而又感慨不已。福特公司在美国是实力雄厚的大公司，人们都以进福特公司为荣，而恩坦因曼思却因为忠诚而舍弃如此好的机会。

不久，福特先生做出了一个决定，收购恩坦因曼思所在的那家小工厂。董事会的成员都觉得不可思议：这样一家小工厂怎么会进入福特先生的视野？福特先生说："人才难得，忠诚更难得，因为那里有恩坦因曼思。"

确实，有很多人一面在为公司工作，一面又在打着个人的小算盘，一旦公司遇到挫折，他们就另辟蹊径去追求自己的利益。对于这样的人，虽然看似他们在职场中有着自己的位置，但那也只能是暂时的，他们终将为自己的不忠诚吞下苦果。只要你还是单位中的一员，就应当抛开任何借口，投入自己的忠诚和责任心，将身心彻底融入公司，尽职尽责，处处为公司着想，对投资人承担风险的勇气报以钦佩，理解管理者的压力并给予体谅。

（1）爱护公司。作为一名优秀员工，忠诚于公司，首先要爱护公司。爱护公司形象和信誉，爱护公司财物，爱护公司品牌，要与公司共荣共存。要切记：忠诚于公司实际上就是忠诚于自己，爱护公司就是爱护你自己。

（2）保守企业秘密。随着信息时代的到来，信息逐渐成为经济发展的一个内在变量，甚至有人认为：现代商战就是信息大战。许多商家和企业十分重视收集把握市场行情的各种商业信息，以抓住商机，获取成功。这就使企业的商业信息变得至关重要。许多不法商家和企业为了在竞争中取胜，总是想尽办法刺探竞争对手的商业信息，有时不惜出巨资收买商业信息。因此，作为所属企业的职工，每一个人都有义务和责任保守企业秘密。

有一位才华出众的双科博士，他先在北京大学修完了法律课程，又在清华大学修完了工程管理课程。这样优秀的人才，理应工作顺利，事业蒸蒸日上。可是，他的经历却不是如此，甚至最后还上了多家企业的黑名单，成为了这些企业永不录用的对象。原来，毕业后，他去了一家研究院，凭借自己的才华，研发了一项重要技术。他觉得自己待遇太差，就跳槽到一家私企，并凭借出让那项技术做了公司的副总。不到三年，他又带着公司机密跳槽了。就这样，他先后背叛了不下五家公司，以至于北京的大公司都知道了他的品行，不再用他。直到最后他才发现，受伤害最严重的却是自己，因为他被贴上了"不忠诚"的标签，被多个行业的企业列入了黑名单，几乎每一个了解他情况的老板都明确表示决不会聘用他。

才华出众不代表你就能赢得好的事业，带着公司机密跳槽，失去忠诚，也就失去作为人的信用，这样的人很难在企业立足。一个缺乏忠诚的人，他不仅会丧失发展的机会，而且会丧失立足于社会的生存之本。

（四）诚实对待你的客户

我们常说顾客是上帝，要维护好你的上帝，首先你必须诚实守信。品德吸引力决定客户信任度。当你在与客户打交道时，首先要注重自己的人品，要记住，你首先是个人，之后才是业务员。有一条销售准则是："销售产品，更是在销售你的人品。优秀的产品只有在具备优秀人品的销售业务员手中，才能赢得长远的市场。"可见在做业务的时候，首先是要销售你自己的优良人品。你在向客户销售你的商品的时候，也在销售你的人品。

工作人员要按照社会的道德规范和价值观念行事，要表现出良好品德：热情、勤奋、自信、毅力、同情心、善意、谦虚、自尊、自信、诚意、乐于助人、尊老爱幼……向客户销售你的人品，最主要的是向客户销售你的诚实品质，获得客户的信任。

怎样诚信对待你的客户呢？

（1）态度要诚实。几乎所有的客户都会把销售人员的诚实放在第一位。诚实就是“真诚、实在”，如推销员向客户介绍产品时要实事求是，有好说好，有坏说坏，切忌夸大其词或片面宣传；在向客户介绍一种新产品的性能时，既要讲产品的优点，又要讲缺点，最后还可以就新产品的优劣对于客户的影响和解决方法提出建议和看法。诚实的态度必然赢得客户的信赖。

当你和客户联系业务时，记住你的任务是说服客户而不是欺骗客户。因此，工作的第一原则就是诚实，要做到童叟无欺。无论你的语言多么精彩，你看起来是多么有风度，都不如诚实能够赢得客户的好感。客户都希望自己的购买决策是正确的，从交易中得到好处，害怕蒙受损失。一旦你的客户觉察到你在说谎或者夸大其词、故弄玄虚时，出于对自己利益的保护，就会对交易活动产生戒心，而结果多半是他主动中止那笔生意。

（2）信守承诺。销售业务员常常需要通过向客户许诺来打消客户的顾虑，客户也会常常要求销售业务员在承担质量风险、保证商品优质、保证赔偿客户的损失、保证给客户提供优惠等方面做出承诺。但是在做出承诺前，作为一名销售业务员，你还必须维护公司的收益和公司的信誉，因此在不妨碍业务工作的前提下，不要做过多的承诺，尤其是当自己不敢肯定自己的诺言是否符合公司的方针政策，是否能够保证实现时。作为销售业务员一旦许下诺言，就要不折不扣地实现。如果只是为了赢得交易的成功而胡乱许诺，最后又不能够兑现，那么结果必定是失去客户信赖，不光是导致个人，甚至导致公司的信誉破产。

（3）尽力为客户提供更多服务。为消费者和客户提供优质的服务，可以引起消费者对企业的信赖和好感。美国波士顿的一份商业调查中说，留住一位老顾客的花费，只是吸引一个新顾客的1/5，而十个转到别的商店购物的消费者中，七个主要是因为企业服务不好所致。由此可见，企业服务质量的优劣与产品质量的优劣一样，是影响企业信誉高低和企业形象优劣的重要因素。

讲究提供优质服务的技巧。比如售后服务，凡是提供产品或服务的企业都少不了要提供售后服务。千万不可小看它。要知道，无论多好的营销技巧也无法扭转坏产品给人的恶劣印象，而一项好产品也可能因售后服务不佳而迅速改变人们对它的好印象。

美国凯特皮公司在它的广告中声称：“凡是买了我们产品的人，不管在世界哪个地方，需要更换零配件，我们保证在48小时之内送到你们手中，如果送不到，我们的产品就白送给你。”他们说到做到。有时为了把一个价值只有50美元的零件送到边远地区，不惜动用直升机，费用达上万美元。有时候无法在48小时之内送到用户手中，就真的把产品白送给用户。由于经营信誉高，企业形象好，这家公司历经50年而不衰。

复习思考

1. 你认为诚信对你有何作用？不诚信对自己会有什么危害？
2. 怎样修炼自己的诚信品格？

模块十一

从业人员的基本义务——遵纪守法

学习目标

了解纪律和法律的具体含义及其基本要求。明确遵纪守法不仅是对所有从业人员的职业要求，还是每个人事业成功的重要前提；不仅是企业处理各种关系的基本准则，还是每个人实现职业理想的必备条件。促使大学生逐步养成遵纪守法的良好品格。

名言警句

1. 心中高悬法纪明镜、手中紧握法纪戒尺，知晓为官做事尺度。

——习近平

2. 公务员要增强法治意识，自觉遵纪守法，严格依法办事、规范履职行为，身体力行推进法治政府建设，营造公平公正的发展环境。

——李克强

3. 不以规矩，不成方圆。

——孟　子

4. 家有常业，虽饥不饿；国有常法，虽危不乱。

——韩非子

5. 谁把法律当儿戏，谁就必然亡于法律。

——拜　伦

6. 执行法比制定法更重要。

——杰弗逊

7. 法律就是秩序，有良好的法律才有好的秩序。

——亚里士多德

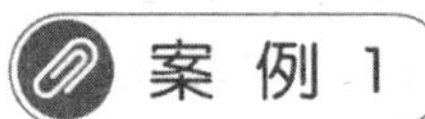

拿破仑的法国骑兵战术

纪律是衡量一支军队素质的主要标志，也是决定战争胜负的重要因素。对于一个集体组织来说，良好的纪律可以使集体组织发生质的飞跃。

恩格斯在《反杜林论》中“为量转变为质找一个证人”，于是找到了拿破仑。拿破仑描写过骑术不精但有纪律的法国骑兵和当时无疑是最善于单个格斗但没有纪律的骑兵——马木留克兵之间的战斗。拿破仑是这样描写的：“两个马木留克兵绝对能打赢三个法国兵；一百个法国兵与一百个马木留克兵势均力敌；三百个法国兵大都能战胜三百个马木留克兵；而一千个法国兵则总能打败一千五百个马木留克兵。”

这是怎么一回事呢？

原来马木留克人是埃及的少数民族，他们自小从格鲁吉亚、高加索等地被人买来。这个民族的特点就是精于骑术，当时五万马木留克人竟为埃及提供了一万二千名骑士。相反，法国人却是欧洲最不善骑的民族，拿破仑本人也是一个不高明的骑手，他的骑兵和马匹质量也很一般。

那拿破仑凭什么战胜马木留克人呢？

拿破仑的高明之处是对骑兵战术做了重大的改革。他认为骑兵的全部力量集中表现在冲锋上。在逐渐加速的冲锋中，如果保持严整的密集队形和协调一致，那么与敌军遭遇是锐不可当的。拿破仑的骑兵经过正规训练，富有纪律性，在骑战中，始终注意保持整体队形，在战场上犹如一泻千里的洪流。而非正规的马木留克骑兵，虽然在骑术和刀法上占着绝对优势，单兵作战是第一流的，小股遭遇也占着绝对优势，但是他们队形散乱，不协调，没有严整的阵列，缺乏纪律素养，两军相交，抵挡不住拿破仑军队的冲击波，整体上退居劣势。

案例分析

没有纪律，军队就无法取得胜利；没有纪律，企业同样无法获得生产力；没有纪律，组织就无法取得成功。因此，对企业中的每一个人来说，遵守纪律是最基本的要求，也是工作的底线。

遵守纪律是做好工作的基础。在日趋激烈的市场竞争中，一个团队，一个企业，要想成为攻无不克、战无不胜的集体，企业的每个成员都必须严格遵守纪律，谁也不能凌驾于纪律之上。

一个团结协作、富有战斗力和进取心的团队，必定是一个有纪律的团队。同样，一个积极主动、忠诚敬业的员工，也必定是一个具有强烈纪律观念的员工。可以说，纪律，永远是忠诚、敬业、创造力和团队精神的基础。对企业而言，没有纪律，便没有了成功。

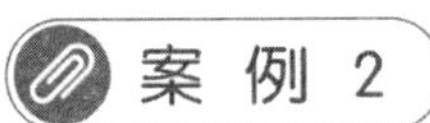

西瓜兄弟

1947 年 10 月，在李楼村，有姓李的兄弟两人，每年每人种一亩①好西瓜。因为方圆一二十里②地内，只有这兄弟俩种西瓜，大家便叫他们“西瓜兄弟”。西瓜老大的地在村东大路边上，西瓜老二的地在村西南小路边上。这一年虽然雨水多，可是他们的瓜地高，西瓜还是长得又大又甜。

① 亩为非法定计量单位，1 亩≈667 米^2。

② 里为非法定计量单位，1 里=500 米。

瓜刚熟，村里忽然来了解放军，他们从村西南老二的瓜地边走过。“我这瓜地完了!”西瓜老二想，“我就躲在瓜地里，看他们摘我的瓜吧。”西瓜老二灰心丧气地往西瓜棚底下一坐，看着解放军过来。谁知道部队有多少呢？往北看不见尾。“这西瓜长得好呀!”领头一个兵说。“还有三白瓜哇!”“这瓜一个怕有 30 斤[①]。”“吃上两个才解渴呢。”路过的兵你一句我一句地赞叹不止。

听见解放军说西瓜好，西瓜老二的心就像刀扎一样痛。但是奇怪的是，这些人说说就完了，连脚都不停，一股劲往前走。西瓜老二把头偏西边一看，看不见队伍的头，也看不见队伍的尾，他自言自语地说：“这解放军就是怪呀!”说着就站起来，提着瓜刀，跑到地里抱起一个大西瓜，往路边一放，“剌剌”地切开了。“吃西瓜，弟兄们!”西瓜老二向解放军叫，但却没有人答应他。“走路渴啦，来吃块瓜!”西瓜老二又向另外一些士兵叫着，但回答都是：“谢谢你，老乡！俺不吃。”这一下西瓜老二可急了，大声嚷起来：“西瓜切开了怎么不吃呀!”这时有个 16 岁的小司号员问他：“老乡！这西瓜多少钱一个?”“不要钱，随便吃吧!”西瓜老二边说，边拿起瓜往小司号员跟前送，小司号员连连说：“俺不吃，俺不吃!”脚不停地就朝前走了。西瓜老二捧着瓜，直愣愣地在西瓜地边站着，队伍还是肩并肩地往前走，前不见头，后不见尾。

案例分析

1947 年 10 月，党中央重新颁布三大纪律八项注意，要求全军“深入教育，严格执行”“不允许有任何破坏纪律的现象存在”，这成为加强我军纪律、统一全军行动的强大思想武器。

在吃西瓜这件小事上，群众看清了解放军的本质，并由此决定他们所采取的态度。人民群众拥护又欢迎，正是我军节节胜利的力量源泉。其次，军队对群众秋毫无犯，不是自发的偶然出现的行为，也不是一时的感情冲动、心血来潮，而是我们党领导和教育的结果。总之，“加强纪律性，革命无不胜”。遵纪守法是我党我军由弱到强、由小到大、从胜利走向新的胜利的重要保证。

酒店管理十条纪律

广州番禺悦凯酒店的黄麟先生非常有见地地提出了酒店管理的十条军规，虽然讲的是酒店管理，但是对其他企业的员工来说同样有学习和借鉴的意义。特摘录如下：

第一条，守纪律。一个企业，如果没有严明的纪律，就会松散；有了铁的纪律，才能所向披靡，战必胜、守必成。

第二条，循规章。要本着精益求精、分工详细、责任具体、操作规范之标准，制定出各部门、各专业岗位的《工作细则》。

第三条，重安全。重安全是一个企业安全生产保障的首要中心任务。公司各部门消防和

① 斤为非法定计量单位，1 斤＝0.5 千克。

安全用电常识，是各部门培训的重要课题之一，容不得半点疏忽大意。

第四条，有礼貌。在酒店为每一位客人服务的过程中，有礼貌是一项十分重要的职业要求。要讲礼貌，要用有礼貌去管理企业，尤其是服务性行业。礼貌不是可有可无的，礼貌是人与人之间良好关系的润滑剂。

第五条，讲效率。简单地讲，时间就是金钱，效率就是生命。讲效率是企业生存的根本要素之一。能够用半小时完成的工作，就不能用40分钟去完成；能够用三个人完成的工作量，就不用四个人去完成；今天的事情就今天完成，决不推迟到明天。

第六条，行节俭。节约用水，节约用电，节约用燃油，合理使用餐料，合理使用公司各类实物财产，精简录用人力资源。

第七条，用精兵。精兵是由强将带领下冲锋陷阵，经过火与血的洗礼而锤炼出来的。若一个企业，在三五名精明强干的高级管理人员严格而系统的管理下，各守一方，运筹帷幄，则战必胜，攻必取，一呼而百应，何事岂可不成？

第八条，耐烦劳。也就是多做事，少说话；做事踏实，少放空炮；克勤克俭，躬身以行。

第九条，爱整洁。爱美之心人皆有之，同样为美，但美的含义相去甚远。先塑造人的自身内在美，才能很自然地表现于外表；有了外表之美，才有对环境美的刻意追求，即美的生活空间。

第十条，创效益。“创效益”是我们管理的终极目的，是生存的根本。创效益、讲成本、讲利润是我们公司管理的核心任务，要作为管理工作中一项坚定不移的最重要的目标去贯彻并见实效方可。

案例分析

黄麟先生用“军规”的形式规范企业的经营活动，说明了遵纪守法不仅是军人的天职，还是现代企业制度下企业对员工综合素质的基本要求。没有严格纪律的军队是不可能打胜仗的，缺少遵纪守法观念的员工，也绝不可能使企业走向成功！高职院校大学生在择业、创业时，必须高度重视遵纪守法的重要作用。

作为高职院校的大学生，在认真学习专业技术的同时，应该不断强化自身的遵纪守法意识，树立“以遵纪守法为荣、以违法乱纪为耻”的职业道德，明确现代企业制度对员工职业道德方面尤其是在遵纪守法上的要求。只有这样，才能在毕业后的工作实践中更好地适应社会和企业的要求，进而促进自己成材、成功！

一、做人要遵纪守法

法律和规则是社会运行的基石，是社会有序运转、人与人和谐共处的基本元素。我们生活在这个世界上，大到国家、小到企业、再到家庭，都有法律和规章。俗话说：“国有国法，家有家规。”“没有规矩，难成方圆。”这告诉我们，做人要遵纪守法。

（一）没有规矩，不成方圆

“没有规矩，不成方圆”是人们比较熟悉的一句话，出自《孟子·离娄上》：“不以规矩，不成方圆。”原意是说如果没有规和矩这样的工具，就无法制作出方形和圆形的物品，后来引申为行为举止的标准和规则。

> 东汉末年，军阀混战，民不聊生，怨声载道。曹操非常清楚赢得民心的重要性，因此对军队的纪律非常重视，三令五申地要求军队必须遵章守纪。针对有些士兵行军作战时不注意保护群众利益的现象，曹操特意制定了严格而具体的法令，比如战马踏坏了群众的庄稼即处以斩首。这些纪律一经颁布，深受群众欢迎。
>
> 有一次，曹操自己的战马因突然受到惊吓，窜入田中踏坏了几棵青苗。监察官员一看是最高统帅的马踏坏了庄稼，又情有可原，当然不好定罪。但曹操却不肯原谅自己，一面抽打战马，一面抽出战刀就要自裁，这时身边的侍卫赶紧拦住，众僚属也赶紧进言相劝，说："丞相您是国家的顶梁柱，为了国家的利益您也不能自杀，马踏青苗是因马受惊，情有可原，就是按纪律制裁也应该宽大处理"等。而曹操却一本正经地说："纪律刚刚颁布，如果因我而不执行，今后别人也就没有办法执行了。"还是坚持要自杀。
>
> 众僚属就建议说，是不是可以变通处理呢？比如"割发代首"。于是曹操同意做变通处理，自己用战刀割下一把头发，以示警戒。

曹操割发代首的故事今天读起来有的人也许觉得可笑，认为割把头发还弄得那么严肃。其实在当时割头发也是一种很重的惩罚。古人奉行孝道，强调身体发肤受之父母，本人是不能轻易毁伤的，否则就是不孝。因此，曹操这一"割发代首"之举，起到了震慑全军、令行禁止的效果。

纪律是执行命令的保证，规章制度是纪律的具体体现，是对人的规范要求。制定了规章制度就要严格执行。上到领导，下到百姓，只有人人遵守，规章制度才能最有效地发挥作用。

各个国家几乎都有这样的规定，即重要部门都必须凭证件进大门，谁都不能例外。不过，在实际执行过程中有些门卫是打了折扣的。但真有门卫严格执行规定，认证不认人，他们严守纪律的故事至今仍然成为美谈。

> 有一次，列宁去参加一次会议，进门的时候没有带证件，被卫兵拦在门口不让进去。列宁身边的警卫员赶忙解释说这是列宁同志，是今天会议的报告人。卫兵说，我当然认识列宁同志，他是我们尊敬的领袖，但是我的职责是保证会场的安全，只有带证件的人才被允许进去，没有证件的人一律不允许。警卫员差点儿和卫兵急眼了，但卫兵还是坚守纪律，不让列宁进入。列宁不仅没有责怪卫兵，反而表扬了他。

另一个故事发生在美国IBM公司董事长沃森身上。

> 有一天，沃森带着一个国家的王储参观工厂，走到厂门口时，被两名警卫拦住："对不起，先生，您不能进去，我们IBM的厂区胸牌是浅蓝色的，行政大楼工作人员的胸牌是粉红色的，你们佩戴的粉红色胸牌是不能进入厂区的。"董事长助理彼特对警卫叫道："这是IBM的董事长沃森，难道你不认识吗？现在我们陪重要客人参观，请放行吧！"警卫说："我们当然认识沃森董事长，但公司要求我们只认胸牌不认人，所以必须按照规定办事。"
>
> 沃森看到这样尽责的警卫非常高兴，非但没有责怪，反而给予表扬，并安排助理赶快更换了胸牌。

在我们的身边，规则意识缺失的现象随处可见。小到闯红灯、轧黄线、随地吐痰、乱丢垃圾，大到随意违约、坑蒙拐骗、行贿受贿。对这些现象，有的人似乎已是习以为常、司空见惯，甚至还把这种违规违法的行为归纳为另一种规则，称为“潜规则”。在一些人眼里，按“潜规则”办事，似乎是一种机智，一种“能力”。人们常说的一句话是：规则是死的，人是活的。还有一句话叫“与政策赛跑”。个人行为遇到规则“黄线”的时候，有的人常常不是规范自己的行为，而是习惯去找关系“通融”，用金钱“摆平”，借权力“放行”。而一个执掌规则的人，如果学会网开一面、下不为例、特事特办、法外施恩，才被认为“会处事”“会做人”。而真正讲原则、守规矩的人，却被讥为死板、迂腐，没有开拓精神。于是，在有些人心里，规则可以灵活掌握，法律富有弹性，秩序可以随意调整。法制意识不强和执法力度不够都直接破坏了社会生活的正常运行，带给人们错误的信息，助长了人们不择手段实现个人目的的风气。规则形同虚设，社会必定混乱无序。

我们正在建设的和谐社会，离不开公民的守纪，如果公民的不守纪行为增加，不和谐现象也会增加。因此，纪律是和谐社会的规矩，离开了纪律就无法实现和谐社会。

（二）铁的纪律是成功的保证

中国共产党一直十分重视与贪污腐败现象作坚决斗争。

早在延安时期、新中国成立初期毛泽东就严抓腐败问题，强调纪律。甚至一些对我党、我国有着重大贡献的人违反纪律法规一样受到处罚。其中一个反贪案就是在抗战时期，曾有位军人叫肖玉璧，当时可谓英勇善战，战功赫赫，身上积攒了多年的伤，在1940年时住院治疗。毛泽东前去探望干部军人，并十分关心肖玉璧的病情。出院后组织又考虑到他的身体状况遂安排他到清涧县张家畔税务分局当局长。当时，政府对违纪贪污行为处分相当严厉，党在各边区成立的抗日民主政权，都将厉行廉政、严惩贪污腐化作为施政的核心内容之一。1938年，陕甘宁边区政府公布了《惩治贪污暂行条例（草案）》，该条例规定，克扣或截留应发给或缴纳的财物、敲诈勒索、收受贿赂等10种行为均为贪污，并规定对贪污满500元以上者，处以死刑或5年以上有期徒刑。就是这样在党纪国法面前曾经的功臣违法违规，利用自己的职权，利用自己的功劳一味揽财，最终被法院判决死刑。1941年年底，肖玉璧被执行枪决。

中共十八大以来，我国的反腐败力度更加空前，“老虎”“苍蝇”一起打，应时代特点修改了《中国共产党党章》《中国共产党纪律处分条例》等。无论是什么人，无论是曾经有多少丰功伟绩，只要违反党纪国法就必将受到制裁，这就是铁的纪律，无论是革命时期还是建设改革时期，始终要牢记党的宗旨，全心全意为人民服务。

铁的纪律是成功的保证，没有纪律的组织就像一盘散沙，没有凝聚力，失去战斗力，不能取得事业的成功。

中国跳水队被称为“梦之队”，悉尼奥运会冠军田亮曾是这支“梦之队”中的王牌队员，天生的明星脸和亲和力，再加上精湛的跳水技术，田亮深得民众的喜爱。然而，在备战北京奥运会前，田亮因为屡次违反队规被国家队开除，引起轰动。中国“梦之队”一直期盼能在家门口实现包揽跳水全部八枚金牌的夙愿。结果，天算不如人算，偏巧丢失的那枚金牌正是田亮擅长的男子十米跳台，中国跳水队最终未能“功德圆满”。当有记者问中国跳水队掌门人、对田亮“痛下杀手”的周继红开除田亮后不后悔时，周继红坚定地表示“不后悔”。周继红说：“开除田亮是一个很无奈的选择。”她说：“没有规矩不成方圆，一个集体里总是有纪律要求的。如果大家都不遵守纪律，那队伍就没法管理了。”周继红当初做出开除田亮的决定也是不得已而为之，她不能因为一个人违纪而破坏整个队伍的严明纪律，牺牲整个团队的利益和前途。开除田亮既是对不守纪律的大牌明星说“不”，也是达到“杀一儆百”的作用。事实证明这样做是正确的，虽然中国队丢失了一枚金牌，但保证了跳水队整体战斗力，并一举夺得了七枚奥运金牌，创造了历史之最。

由此我们联想到，20 世纪七八十年代的中国女排正是依靠铁的纪律，在袁伟民教练“三从一大”（从难、从严、从实战出发，大运动量训练）的魔鬼般训练下夺得了第一个世界冠军，继而开创了“五连冠”的奇迹。

> 美国西点军校的学员从迈进校园的第一天的“立正”开始，就必须接受强制性的“野兽营”训练。在刻板的列队、操练、野营、演习过程中，在艰苦的摸爬滚打中，无论是什么情况下，学生只能有四个“标准答案”——“报告长官，是”“报告长官，不是”“报告长官，我不知道”“报告长官，没有任何借口”。正是依靠铁的纪律训练，西点军校把他们的学生改造成了从身体到灵魂如同铜铸一般坚不可摧的人，使西点军校享誉全球。

思想家孟德斯鸠在《法意》一书中早就指出：“自由是做法律所许可的一切事情的权利。如果一个公民去做法律所禁止的事情，他就不再有自由了。”由此可见，自由是一个相对的概念，自由和纪律是相辅相成的，纪律是自由的前提和保证，没有纪律的自由是不存在的。

纪律是指在一定社会条件下形成的一种社会成员必须遵守的行为规则，它强制要求人们在社会生活中遵守一定的秩序、执行命令和履行职责，如有违反，行为人将受到相应的惩戒。《现代汉语词典》对纪律的解释是：“党政、机关、部队、团体、企业等为了维护集体利益并保证工作的正常进行而制定的要求每个成员遵守的规章、条文。”而《辞海》中的解释为：“纲纪法律，指要求人们遵守业已确立了的秩序、执行命令和力行自己职责的一种行为规则。”纪律具有惩戒性、确定性、统一性、强制性等特点。

纪律对一个单位、一个组织，甚至对一个国家、一个社会来说，都是非常重要的。一所学校如果有严格的纪律作保证，就会产生良好的校风，为师生创造出良好的教学环境；一个企业只有纪律严明，管理严格，才能保证生产的正常进行。

职业纪律是劳动者在从业过程中必须遵守的从业规则和程序，它是保证劳动者执行职务、履行职责、完成自己承担的工作任务的行为规则。职业纪律的调整范围是整个劳动过程以及与劳动过程有关的一切方面，包括工作时间、劳动态度、执行生产、安全、技术、卫生等规程的要求以及服从管理、考勤等方面的全部内容。职业纪律包括劳动纪律、组织纪律、财经纪律、保密纪律、宣传纪律、外事纪律等纪律要求及各行各业的特殊纪律要求。

职业纪律是企业经营和发展的基本前提。执行职业纪律可以维护正常的安全生产和工作程序，保证社会主义劳动生产顺利有序地进行，促进经济发展；促使劳动者安全规范地行使自己的劳动权利，提高劳动效率，进而提高单位的工作绩效；提升单位科学管理水平，促进企业内部管理的制度化；有利于企业文化的形成，提高其精神文明建设水平。

铁的纪律是企业之本，如果没有了纪律的约束，那么企业就毫无生命力可言。在现代企业里，一些管理者虽然为公司的健康发展而制定了员工必须遵守的纪律与制度，但在执行过程中，却又常常因为疏于监督而使纪律与制度变成了一纸空文。在这种情况下，当某些员工因忽视纪律的约束而行为松散时，就会给公司带来不可估量的损失。因此，既然制定了纪律与制度，管理者就一定要监督员工们认真遵守，并主动去执行。

北京丽都维景酒店，是中国第一家集客房、餐饮、公寓、商业楼、体育俱乐部、娱乐休闲场所和国际学校、幼儿园于一体的四星级酒店，而且这个酒店以严格管理的美名著称。20 世纪 80 年代初，当时北京丽都维景饭店还叫北京丽都假日饭店，这个饭店是中外合作的大型饭店，酒店由中方经理和外方经理共同管理，就在开业不到 3 个月的时间，有两名员工因打架事件告到外方经理处，外方经理要求必须开除，并附上开除的理由：第一，“员工手册”已有明文规定；第二，必须严格执行规定，否则将失去“守则”的意义和严肃性。当时的工会主席老韩则认为员工是初犯而且我国刚改革开放，员工还不适应企业的管理，应该给他们一次机会。最后在董事长的干预下达成第一次放宽处罚、下不为例。然而事情没过一个月，就又发生员工打架事件，外方经理这次态度坚决，说必须开除这两个员工，否则他将辞去职务。最后这两名员工被解雇。

耐人寻味的是，此后两年里饭店再没有发生过打架事件。开业第 3 年，一个外方员工打了中方员工，中方员工刚想抬起拳头，又放下了，最后公司把外方员工开除了。就这样企业的员工知道无论是谁违反公司的规章制度都是要走人的，想要继续好好干就不能越过这个红线。转眼过了 7 个年头，财务主管和员工小张发生口角，双方虽没发生剧烈的争执，但小张挥拳时戒指刮伤了财务主管的头，这两位多年来为单位付出很多的老员工，在中外双经理的研究下予以辞退。

这就是为什么北京丽都维景酒店能够走到今天的原因之一——严格的管理。

任何一个企业都不能忽视纪律的重要性。第一要“立法”，要有规章制度。这是走向“法治”的一步，也让员工日常工作有纪律可执行。第二就是要严格“执法”，没有例外地按既定管理制度行事，这是更困难，也是更重要的一步。“执法”的目的是使全体员工懂得：在制度面前，没有人可以例外。只有这样企业才能永续发展。

（三）法律是维护社会正常运行的强制手段

法律和纪律的区别是：法律是由国家制定或认可的，纪律是由党政机关、团体、部队、企业、学校等制定的；纪律只要求所属人员遵守，而法律是国家强制力保证其实施的行为规范，要求每个公民、每个从业人员都必须遵守并履行法律的义务。一旦人们的行为越过了法律设定的界限，那么就会受到强制性的惩罚。

安徽××有限公司是从事公司资产管理与投资管理类型的金融公司，2016 年 11 月 1 日，李利利与安徽××有限公司签订劳动合同，成为公司员工，同时，双方签订一份《保密和竞业禁止协议》，约定李利利在安徽××有限公司工作期间知晓并掌握的公司产品、服务、经营、客户名单和信息、培训资料等商业秘密，若违约披露、使用商业秘密，需赔偿经济损失及支付违约金。可李利利在来到安徽××有限公司工作之前，就成立了“宣城××有限公司”，此公司与安徽××有限公司的经营范围几乎一样。李利利成立此公司后没有经验及客户资源。因此李利利就到安徽××有限公司，假借工作之名收集公司商业秘密，可以说他来安徽××有限公司就是恶意窃取公司的经营信息。李利利只在安徽××有限公司工作两个月，试用期没满就离开了公司，不但挖走了安徽××有限公司大量的客户与很多经营信息，其后也同在安徽××有限公司工作，掌握大量客户信息的同事梅芳和黄小慧进行串通，一起带到了他自己成立的公司。李利利这种行为，已经涉嫌侵犯商业秘密。据此安徽××有限公司把李利利告上法庭。

最后法院依法判决：一、被告李利利于判决生效之日起7日内支付原告安徽××有限公司3万元。二、被告李利利于判决生效之日起，两年内不得从事与安徽××有限公司有竞争关系的同类业务，并不得担任宣城××有限公司的法定代表人。

触犯了法律，必然遭到法律惩处。18世纪法国启蒙思想家卢梭有一句名言："人是生而自由的，但却无所不在枷锁之中。"意思是说，人是自由的，但同时也要受到法律、纪律、道德等规范的约束。

只有遵纪守法才能获得真正的自由。法纪不仅反映人民的意愿，也是人类对社会生活的深刻总结，反映社会发展的客观规律，遵纪守法是遵从规律的表现，是聪明睿智的表现。马克思曾经讲过："法典是人民自由的圣经"。纪律和自由是有条件并存的。鸟在空中飞翔，鱼在水中嬉游，它们是自由的；如果把鸟放入水中，让鱼离开了水，那它们就得不到自由。纪律既限制自由，又保护自由。上班时办公室静悄悄的，对大家来说，这样的宁静是多么宝贵！因为人人都遵守纪律，大家可以享受这静心学习与工作而不受干扰的自由，若有人不守纪律，高声谈笑，这自由就消失了。可见逆法而动，越规而行，不是什么"勇敢"的举动，恰恰是无知和愚昧的表现，是无视实践经验、无视客观规律的行为，是对自由机制的践踏，对法纪机制的践踏，终究难逃客观规律的惩罚。这就要求从业人员自觉严格要求自己，在实践中养成遵纪守法的良好习惯。

（四）遵纪守法是从业人员的基本义务和必备的素质

《中华人民共和国宪法》明确规定，任何公民都必须履行宪法和法律规定的义务。这也是对每个从业人员的最基本要求。一个具有社会主义职业道德的劳动者，首先应该是一个奉公守法的公民。

国无法不治，民无法不立。现代社会是法治社会，遵纪守法是每个公民的基本准则。作为一个社会主义的发展中大国，只有人人守法纪，凡事依法纪，社会才能安定，经济方可发展。倘若没有纪律的规范，失去法度的控制，各项秩序就无从保证，人们生存、发展的环境就会遭到破坏，人民群众就不可能安居乐业，社会文明进步也就无从实现。遵纪守法也深刻反映了构建社会主义和谐社会的本质要求。社会主义和谐社会应具备民主法治、公平正义、安定有序、人与自然和谐相处等基本特征。遵纪守法是公民的基本道德底线，也是构建和谐社会的基本前提，它充分体现了社会主义和谐社会的本质要求和价值追求，是社会主义和谐社会中思想道德建设和法制建设的基本要求。

职业纪律是最明确的职业规范，它以行政命令的方式规定了职业活动中最基本的要求，明确规定了职业行为的内容，指示从业人员应当做什么。如司机的职业纪律要求不许酒后开车；钳工的职业纪律要求不准用公家器械加工私活；矿山工人的职业纪律要求严格遵守操作规程，保证安全生产等。每一个岗位都有相应的规章制度，它代表着整体的意志和力量，每一个从业人员都应对这些原则、规定保持敬畏和尊重，一丝不苟地认真执行，来不得半点马虎、任性和随意。遵守职业纪律是从业人员的基本要求。

2019 年 3 月 21 日 14 时 48 分许，江苏盐城市响水县陈家港镇天嘉宜化工有限公司化学储罐发生爆炸事故，并波及周边 16 家企业。截至 2019 年 3 月 25 日，事故已造成 78 人遇难。海恩法则说："每一起严重事故的背后，必然有 29 次轻微事故和 300 起未遂先兆，以及 1 000 起事故隐患。"此次悲痛的事故背后的原因又是什么？是公司的员工经常不按照安全生产的规则生产，没有遵守职业纪律，是公司没有严格监管，对员工疏于培训，最终酿成惨案。

同样令人心痛的事件还有很多，2018 年 10 月 28 日上午 10 时 8 分发生的一起重庆公交车坠江并多人死亡事件，引起全国以及全社会各界人士的广泛关注。该事件发生于重庆市万州区长江二桥上，当日该区的一辆日班线公交车因为一名女乘客与司机的争执，与正在行驶中的一辆小轿车相撞之后公交车便随即坠入了水中。这个与司机发生争执的女乘客不顾全车人的生命与司机发生争吵是导致事故的原因，但公交车司机也违反了自己的职业道德，违反了作为公交车司机应该遵守的纪律——把安全行驶放在第一位，从而酿成悲剧。

若是我们在生活中、工作中都能够严格遵守自己的从业纪律，遵守相应的法律法规，那么我们的社会将会减少很多流血事件，我们的社会将更加和谐。我们每个人都可以为此作出自己的努力，比如遵守日常行为准则，从小事做起，做个遵纪守法的人。

"日行千里"在当今已不是什么梦想。随着社会经济的发展，多种交通工具不断普及，行走在道路上的车辆越来越多，这给人们带来了方便和效率，也带来了难言的苦衷。近年来，频频发生在城市道路上的各类交通事故，让人们震惊，引起人们反思。我国每年发生交通事故 50 万起，因交通事故死亡人数超过 10 万人，居世界第一。统计数据表明，每 5 分钟就有一人丧生车轮，每 1 分钟就会有一人因为交通事故而伤残。每年因交通事故所造成的经济损失达数百亿元。可谓车祸猛于虎！交通事故的主要原因是，驾驶员或行人违章，路况、车况或气候等问题。而第一类情况又占首位。城市里常见到这样的现象，第一个行人乱穿马路随意翻越栏杆，第二个、第三个便尾随其后；第一个司机见有道可抢，第二个、第三个便如出一辙；还有酒后驾车、超载超速等各种违章行为屡禁不绝。由此险象环生，车祸不断。

要避免交通事故，主要在于人们遵守交通规则，树立高度的交通安全意识，这可以用四个字来概括，就是人人必须"遵纪守法"。

遵纪守法是社会对每个公民、每个从业者最基本的要求，这既是职业道德的要求，也是每个从业者必备的基本职业素质。我们必须依照法律及纪律的有关规定行事，只有这样个人才能安身立命，职业活动才能有秩序地进行，社会才能健康地发展。

一个企业要在市场经济条件下生存、发展，一名从业人员要实现自身的发展、取得事业的成功，遵纪守法都是其必要条件之一。企业如果不依法建立并执行严格的规章制度，从业人员如果不自觉遵守企业的规章制度和国家的法律法规，经济生活秩序就会出现严重混乱，无论是企业的发展还是个人的成功都无从谈起。

二、遵纪守法 贵在养成 重在行动

大哲学家苏格拉底说："守法精神比法律本身重要得多。"当今社会是法治的社会，将

"法"根植于我们的内心，成为一个理性的守法公民，是时代赋予我们的使命。我们必须学法、懂法、了解规章，在实践中养成遵纪守法的良好习惯，依法办事、照章办事，经常自觉、自省、自律，真正实现遵纪守法。

（一）学习、学习、再学习

明确自己应该遵守的规章制度、懂得法律的相关规定，不仅是每一个从业员工的基本任务，而且是遵纪守法的前提和基础。只有认真学习国家的法律、团体或行业的纪律、用人单位的规章制度，才能在知法、明纪的基础上，增强法律意识和法制意识，进而做到遵纪守法。知法是守法的前提，明确各项规章制度是遵守它们的前提。从业人员要了解法律的基本精神和基本要求，树立法律信仰，增强法制观念和法律意识，自觉维护宪法和法律的权威。正确地行使法定权利，不得滥用权力，不得以损害国家、集体或他人的合法权益来实现自己的权利，不得超越宪法和法律的范围去追求非法利益。要自觉地履行法定义务，积极主动地去做法律要求做的事情，而法律禁止做的事情绝对不做。

作为从业人员，为了做到遵纪守法，首先应该了解与自己所从事的岗位相关的职业规范、职业纪律和法律法规，如食品行业从业者学习《中华人民共和国食品安全法》，各生产企业都要学习《中华人民共和国安全生产法》等。其次，还应该认真学习与自己的工作密切相关的经济法律知识。它们主要有：①关于市场主体的经济法律、法规，例如《中华人民共和国合伙企业法》《中华人民共和国公司法》等。②关于市场运行管理的经济法律法规，例如《中华人民共和国产品质量法》《中华人民共和国合同法》等。③关于宏观调控的经济法律、法规，例如《中华人民共和国统计法》《中华人民共和国中国人民银行法》等。④关于劳动和社会保障的经济法律、法规，例如《中华人民共和国劳动合同法》《中华人民共和国保险法》《工伤保险条例》等。

（二）实践、实践、再实践

学习的目的是为了实践。懂得法律而不去执行它，就没有任何意义。模范地遵守法律和纪律，形成遵纪守法的良好习惯，是践行遵纪守法的核心。法律和纪律是一种具有强制性的行为规范，是使人们社会行业和社会生活协调有序的准绳，是广大人民根本利益和自由权利的保障。抗美援朝期间，在"391高地反击战"中，志愿军战士邱少云所在营奉命执行潜伏任务，潜伏点距离敌人阵地山脚只有几十米，邱少云和战友们趴在敌人眼皮底下一动不动。突然，敌人打来一排燃烧弹，邱少云顿时被烈火包围起来。这时，他只要就地打滚或者后退几步，跃进身后的小水沟里，就可以把火扑灭，保住生命。但是，这样就会暴露目标，破坏潜伏计划。为了整个战斗的胜利，他坚定地趴在地上，咬紧牙关，忍受烈火烧身的巨大痛苦，直至牺牲。他的英雄壮举成为服从命令、遵守纪律的典范。他的英雄精神，不仅感染和鼓舞了一代又一代的中国军人，对用人单位和从业员工来说，也具有现实的指导意义。

可时下许多违纪违法现象，却被人们"司空见惯"，这种"司空见惯"就是"见怪不怪"，当你将看不惯这些现象的感受一旦表达出来，就会被看作是"大惊小怪""不入流"，甚至还会遭到冷嘲热讽。

> 有这样一个故事，从前有一个小和尚出家后，开始学剃头。老和尚先让他在冬瓜上练习，小和尚每次练习完剃头后，将剃刀随手插在冬瓜上。后来他在给老和尚剃头时，也将剃刀随手插在了老和尚的头上。

这个故事告诉我们，习惯性的坏行为危害很大。很多的事故都与习惯性的坏行为有关，这种行为造成很多“习惯性违章”。而习惯性违章发生的主要原因就是行为人的安全思想认识不深，存在侥幸心理，错误地认为习惯性违章不算违章，殊不知这种细小的违章行为却埋下了安全事故发生的苗头，成为灾难发生的根源。美国学者海因星曾经对55万起工伤事故进行过分析，其中80%是由于习惯性违章所致。

翻阅报刊，可以发现，几乎所有违法违纪分子走过的轨迹，都是从最初的不习惯、内心有愧，到习以为常、毫无愧疚，最终积恶成习，荣辱不分，良心尽失的。这种坏习惯在某些人那里就变成了“习惯”了揩油，“习惯”了诸多的顺便，到后来“习惯”了受贿，“习惯”了贪污，“习惯”了损公利己，最后也把自己“习惯”进了监狱。曾经有一则笑话：一男子娶了个独眼老婆，因为喜欢她、爱她，也就习惯了她的一只眼。于是，慢慢地，他觉得，有两只眼睛的女人都是不正常的，因为多了一只眼。细细想想，习惯其实是一种后天的行为方式，当它成为一种几乎非自觉的力量时，人们的行为就会循其不变。习惯成自然，是多么可怕的力量！美国作家杰克·霍吉在名著《习惯的力量》中说：“我们每天高达90%的行为是出于习惯。”一个人的行为久而久之会成为一种习惯，一种习惯久而久之会形成一种性格，一种性格久而久之会成就一种命运。命运不是一种偶然，而是行为的必然，冰冻三尺，非一日之寒，以善小而不为，以恶小而为之，积小恶成大恶，最终必然自食恶果。设想一下，当违法乱纪成为越来越多人的习惯的时候，我们的生活将变成什么样子？

为了有效地防止违法乱纪行为的发生发展，避免各种违章事故，避免因贪污受贿被送上审判台，就必须养成遵纪守法的好习惯。个人要加强学习、自省、自律；企业单位要加强教育，完善制度。

阿尔卑斯电气公司一直把“光明正大地行动”作为基本的经营姿态。表达遵纪守法的基本理念和行动指南的《集团遵纪守法宪章》就是一种体现。该宪章制定于2003年，以日语、英语、中文为基本语言翻译成各种当地语言，成为全球阿尔卑斯电气的宪章。

总公司的遵纪守法室和分布在世界七个地区的遵纪守法负责人在全球范围内进行合作，共同推动遵纪守法活动。公司表示，今后将在中国、东盟及欧洲地区也建立最适当的举报体制。

1. 面向员工实施遵纪守法教育　行动要公正，最重要的是先要察觉其行为在遵纪守法方面是否属于“灰色区域”。该公司的遵纪守法教育在内容上注重于促进实际工作中的“察觉”。具体为，在定期实施集中培训的基础上，致力于通过公司独自编写的教材实施在线教育。近几年开展了“初级遵纪守法在线培训”；开展了面向公司骨干员工的“中级遵纪守法在线培训”；还以营销人员为主对象，实施与事业上关系最大的反垄断法相关的在线培训。

2. 发布关于遵纪守法的新闻　为了在日常业务当中提高遵纪守法的意识，阿尔卑斯电气通过在企业内部网上公布或者发送邮件的方式及时发布社会上发生的违法事例等新闻。2008年度公司一共发布了13条新闻，不仅传达事例，还一并介绍对公司而言有什么样的风险、应该怎样处理、在公司的规则中是怎样规定的，等等。

2007年12月，阿尔卑斯电气的进出口业务在日本国内首次取得了“遵纪守法通关认可”。所谓“遵纪守法通关认可”，是指为了提高货物的安全和进出口手续的效率化，认可具备了完善的遵纪守法体制的企业可通过简易的进出口通关手续办理进出口业务的制度。取得本制度的认可，不仅说明公司的遵纪守法体制得到了认可，而且还可以节省进出口业务所需的时间和经费，如不需要提供各种资料等。

今后公司将继续开展维持遵纪守法体制的活动，建设成社会所信赖的企业，推动公司业绩在全球范围更大发展。

（三）自觉、自省、自律

遵纪守法贵在自觉遵守，要做到自觉，就要加强自身的道德修养，时刻反省自己的言行，养成遵纪守法的习惯，即做到自律。要达到遵纪守法与自身自由的和谐统一。

自觉做到遵纪守法，除了需要加强学习和实践，注重自身的品德修养和综合素质的提高，还必须有健全的机制做保障。有一个好的机制，能够使人不敢、不能违法乱纪，使人自觉遵纪守法。若没有一个健全的法纪机制，将会使好人无所适从，让坏人为所欲为。所以，用人单位应该注重规章制度的建立健全，并加强执行力建设。从业人员则应该认真学习法律法规和企业的规章制度，并自觉遵纪守法。

复习思考

1. 遵纪守法对企业发展的意义何在？
2. 如何理解遵纪守法是从业的必要保证？
3. 从业人员应该如何做到遵纪守法？

模块十二

公平公正的办事原则——办事公道

学习目标

了解办事公道的具体含义及其基本要求。明确办事公道不仅是对所有从业人员的职业要求，还是每个人事业成功的重要前提；不仅是企业处理各种关系的基本准则，还是每个人实现职业理想的必备条件。促使大学生逐步养成办事公道的良好品格。

名言警句

1. 公平正义是政法工作的生命线，司法机关是维护社会公平正义的最后一道防线。

——习近平

2. 公道，一定会打倒那些说假话和作假证的人。

——赫拉克利特

3. 一次不公的裁判比多次不平的举动为祸尤烈。因为这些不平的举动不过弄脏了水流，而不公的裁判则把水源败坏了。

——弗兰西斯·培根

4. 吏不畏吾严而畏吾廉，民不服吾能而服吾公；公则民不敢慢，廉则吏不敢欺。公生明，廉生威！

——郭允礼

5. 无论到了什么地方，也无论需诊治的病人是男是女、是自由民是奴婢，对他们我一视同仁，为他们谋幸福是我唯一的目的。我要检点自己的行为举止，不做各种害人的劣行，尤其不做诱奸女病人或病人眷属的缺德事。在治病过程中，凡我所见所闻，不论与行医业务有否直接关系，凡我认为要保密的事项坚决不予泄漏。

——希波克拉底誓言

案　例

“辨法析理，胜败皆服”的好法官——宋鱼水

宋鱼水，汉族，1966年2月生，山东蓬莱人，1988年10月加入中国共产党，1989年8月参加工作，中国政法大学民商法学专业毕业，研究生学历，博士学位，现任中华全国妇女联合会副主席，北京知识产权法院党组成员、副院长兼政治部主任，曾获“全国模范法官”

"全国十大杰出青年法官""全国十大法治人物""中国法官十杰（2003）金法槌奖"。2018年12月18日，评选"改革开放40周年政法系统新闻影响力人物"，宋鱼水入选。宋鱼水作为一名中共党员在工作岗位上兢兢业业，一丝不苟，在任法官期间始终以为人民服务为宗旨，办事公道，真正成为一名让人民满意的好法官。

对于一个法官而言，能做到业务精通、公平断案已经不辱使命。但宋鱼水却能再向前推进一步，达到"辨法析理，胜败皆服"的境界。更多的人则由此坚信了一个朴素的道理：是非总有公道，公道自在人心。

好法官好在哪？

公正的作风。作为法官，公正廉洁是最基本也是最重要的品质。法官是法律的代言人，当事人敬畏威严的法律，同时也就会对公正执法的法官产生钦佩。外表柔弱的宋鱼水对待民工和大款一视同仁，对亲朋好友不给情面，对送好处托人情的人坚决拒绝。她以自己的行动体现了法律的精神，显示出法律的平等、公正和威严。"吏不畏吾严而畏吾廉，民不服吾能而服吾公。"对这样的法官，当事人敬佩的是她的高尚品质和一身正气。

热情的态度。公正使人产生威严感、敬畏感，而热情则具有亲和力，令人亲近。前来打官司的人，都希望化解矛盾，使自己的利益得到充分的保护。宋鱼水理解当事人的心情，尽量通过调解使双方当事人实现利益最大、社会财产损失最小。经她办理的案件，70%以上都是以双方当事人调解告终。即使是不得不通过司法裁决的方式解决矛盾，她也要将判决的依据和理由耐心地向当事人解释清楚，使他们赢得堂堂正正，输得明明白白。人们感谢宋鱼水，是为她的善良、真情所感动。她以一名法官的公正和真诚，赢得了所有人的敬意。一家输了官司的公司曾送给宋鱼水一面锦旗，上面写着："辨法析理，胜败皆服。"

精湛的业务。法官的工作具有很强的技术性和创造性，要实现法律的公正，光有善良的愿望是远远不够的，还必须具备熟练的业务知识和高超的综合判断能力。宋鱼水主要办理知识产权纠纷案，很多都是涉及领域最新、最复杂的情形，是社会矛盾集中的交汇点。面对一些理论上存在争议、实践中也没有先例的纠纷，宋鱼水表现出了精湛的业务水平和前瞻性的眼光，她经手处理的很多案件，在中国司法界产生了深远的影响，最终成为经典判例。

被誉为"中国硅谷"的北京市海淀区，知识产权纠纷十分繁杂。要审理难度很高的知识产权类案件，需要很高的专业水准。11年来，经宋鱼水审理的1 200余件案件，都得以顺利解决。其中300余件疑难、复杂、新类型案件，也都取得了良好的社会效果。

宋鱼水的"三不"原则。从当法官第一天起，宋鱼水给自己定下"约法三章"：不轻视小额案件，不轻视困难群体，不轻视当事人的任何权利。宋鱼水的约法三章，应该成为每一位人民法官的座右铭。

不轻视小额案件。这与只注重金钱，办金钱案形成鲜明的对照。群众利益无小事，当事人案件无小案。只要是起诉到法院的案件，对于当事人来说，都是大事。案件不能以标的额论大小，每一件案件都关系到当事人的切身利益。

不轻视困难群体。弱势群体、困难群体，更容易受到伤害，其合法权益更容易受到侵犯，更需要得到全社会的关爱和帮助。共产党人代表最广大人民群众的根本利益，不是一句空话，它体现在每一件具体的小事、实事上。

不轻视当事人的任何权利。当事人的一切合法权利都应该得到重视和保护。法律是公正的，法官是神圣法律的代表和化身，重视和保护当事人的一切权利，是人民法官义不容辞的职责。

案例分析

宋鱼水法官的“辨法析理、胜败皆服”让很多人觉得不可思议。个别案子还可以这么讲，但怎么可能所有的案子都做到“皆服”呢？即使赢了官司的人都可能不服气，何况输了官司的人，怎么可能都服气呢？

要搞清楚这个问题，首先我们要搞清楚法官要让当事人服什么，当事人服的又是什么。有人可能会说，当然是案件的裁判结果了。这只是一个方面，宋鱼水的事迹告诉我们，法官让当事人服的是德，这也是“服”的真正的意义之所在。胜败皆服不仅仅是指当事人对案件裁判结果的一种认可和服从，更本质的应该是指对办案法官的佩服和尊重，这应该是每一名法官所追求的目标，也是每一名法官所应该做到的，所以胜败皆服是可信也可以做到的。其次，服的标准是什么。我们从宋鱼水的事迹中可以看到，当事人服的是她办事公道的道德品质、专业素质、办案方式以及对她的人格的认可，是“虽然我输了，但我佩服办案的法官”这样的一种服，服的是人而不仅仅是事，即使是当事人上诉了，但对办案法官仍然是尊重和“没啥说的”。

作为高职院校的学生，学习宋鱼水，就要学习她办事公道的职业道德，提高自身综合素质。因为，现代企业需要办事公道的员工，我们要走好成材之路，就不能凡事只想到自己，而是应该出以公心，想企业之所想，急企业之所急。从社会绝大多数人的利益出发，完善自身，奉献社会。

一、办事公道是处理各种关系的准则

办事公道是高尚道德情操在职业活动中的重要体现，是千百年来为人所称道的职业道德。实现社会公正更是千百年来人们的企盼。人是有尊严的，人人都希望自己与别人一样受到同等的对待，企盼在法律面前人人平等，自古就有“王子犯法与庶民同罪”的说法。因此人们一直歌颂那些秉公办事，不徇私情的清官明主。如宋朝的包拯，家喻户晓，老少皆知。然而实现社会的公平公正除了社会制度、法律等作保障外，更需要每一个从业者恪守办事公道的职业道德，做到坚持真理、公私分明、公平公正、光明磊落，只有这样，才能让公平公正的阳光普照大地、照耀更多的人。

（一）办事公道是职业劳动者应该具有的品质

人们生活在世界上，都要与人打交道，都要处理各种关系，这就存在办事是否公道的问题。每个从业人员也都有一个办事公道的问题，如一个服务员接待顾客不以貌取人，无论是对那些衣着华贵的大老板还是对那些衣着平平的乡下人，对不同国籍、不同肤色、不同民族的宾客能一视同仁，同样热情服务，这就是办事公道。无论是对那些一次购买上万元商品的大主顾，还是对一次只买几元钱小商品的人，同样接待周到，这就是办事公道。

1. 办事公道是人们普遍崇尚的职业道德　自古至今，在广大人民群众的心目中享有崇高威望的人，有许多是能秉公办事、大公无私的人。包拯、海瑞的故事之所以至今仍为人们所传颂，就在于他们刚正不阿，清如水、明如镜的公正、公平形象。在现实的社会生活实践中，办事公道要求每个从业人员在职业活动中坚持原则，实事求是，以国家和民众的利益为重，公平合理地为人民办实事、办好事，不利用职务之便谋取私利。

办事公道不仅是对手中掌握一定权力的人的要求，也是对每个从业者的要求。一名医生，接待患者时不以地位、金钱论高低，对那些当官者、有钱者，与对那些普通百姓，都能以治病救人为天职，让患者满意，这就是办事公道。一个工人，无职无权，似乎不存在公道不公道问题，但是，人只要生活在社会上，就要处理人与人之间的关系，就存在着公道不公道的问题。比如，对班组、车间里的大小是非，都要公平对待；对应该干的活、应该办的事，不论谁布置，都能认真干好；对该赞扬的人和事敢于赞扬，对该批评的人和事敢于批评，这都是办事公道。

随着社会文明的发展，任何人无论是民族、种族、职业、性别、地位、金钱、信仰及身体状况如何，在人格上是平等的，没有高低贵贱之分。每个人都有受到公平对待的权利，这是每个社会成员应当受到公平公正对待的人文伦理和法律基础。

2. 办事公道是一个人道德品质的体现 办事公道就是指从业人员在办事情处理问题时，要站在公正的立场上，按照同一标准和同一原则办事的职业道德规范。办事公道是在爱岗敬业、诚实守信的基础上提出的更高一个层次的职业道德的基本要求。

公道一词，古已有之，意思是公正的道理。比如，《汉书·萧望之传》中说："如是，则庶事理，公道立，奸邪塞，私权废矣。"公道又引申为办事公正公平。公道与正派常常连用。正派，古时指嫡系、正宗的派别，随着时事的移易，其本义逐渐淡化，常用的是它的引申义，指人的品行和作风规矩、端正、光明等。公道与正派词意相近，但各有侧重。一般来说，公道，指待人处世要公正公平。正派，就是要具有良好的思想道德，品行端正，作风严谨。《新华词典》中对公道、正派的解释是：公道，即公平的道理；正派，即品质好，言行光明正大。通常，公道与公正、正义、公平等是同一概念，一般是指给予行为对象其应得而不给其不应得的行为和品德。

办事公道亦称职业公道，是指从业人员在职业工作中，遵守职业的规章制度，给予工作对象应该得到的而不给其不应得到的行为和品德。例如，法官对所有当事人一视同仁的行为，就是给予工作对象应该得到的行为，就是符合办事公道要求的行为和品德；反之，如果法官对自己的亲友、有一定社会地位的人给予特殊的照顾，不依法办事，就是给予工作对象不应得到的行为，就是违反办事公道规范的行为和品德。

办事公道的行为和办事公道的品德是密切联系在一起的。

首先，办事公道外在表现为职业劳动者的一种行为。公道的品德只有在公道的行为中才能逐渐养成。但是，正如偶尔的善行还不能够形成善良的品德一样，只有经常、长期、不断、持续地躬行办事公道的职业行为，才能逐渐形成办事公道的品德。常言道：习惯成自然，说的就是这个道理。古希腊先哲亚里士多德也说过类似的话："道德的德性则是习惯的结果，以我们希腊的语言来说，道德的德性这个名字，是由习惯这个名字稍加变化而成的。"

其次，办事公道这一职业道德规范的最高表现是在思想品德上。当从业人员长期遵守办事公道的职业规范，在日常工作中坚持经常地公道办事、公道地待人接物，从而逐渐形成稳定的公道正派的心理特征，这就是办事公道的思想品德上的含义或表现。

办事公道、公平公正关系到人格尊严，关系到每个人的权利和地位，办事公道体现一个人的道德品德，是每个社会人应当具有的品质。

（二）办事公道是企业活动的根本要求

办事公道是企业经营管理过程中正确处理管理者之间、管理者与被管理者之间、从业人员之间关系的重要准则。从领导者来说，谁办事公道，谁的威信就高，谁的号召力就大；哪个部门的领导办事公道，哪个部门的团结就比较好，群众的工作积极性就比较高。从从业者来说，办事公道是促进彼此信任、加强相互之间的协作、保证企业运行的各个环节紧密衔接、使企业得以高效运行的重要条件。

1. 办事公道是社会对企业经营理念的基本要求　在市场经济的激烈竞争中，企业作为市场的主体，其发展必须符合社会对其提出的公道经营的要求。这种要求集中体现在企业必须遵守政府颁布的法律法令上，如《中华人民共和国反不正当竞争法》《中华人民共和国消费者权益保护法》《中华人民共和国商标法》《中华人民共和国专利法》等。任何企业在经营过程中，如果违背社会对其公道经营的要求，不仅将受到法律的制裁，还将恶化与其他企业的关系，恶化与政府的关系，从而限制企业的生存空间。市场经济要求企业在竞争中发展，但社会要求这种竞争应该在有序的前提下进行，所以，企业的经营理念必须符合社会需求，坚持办事公道，这才是企业经营的正道、王道。

2. 办事公道是企业正常运行的重要条件　经营企业不仅必须遵守法律层面的要求，还应该遵守行业中的成文或不成文的准则。在现实的经济活动中，任何企业都不可能离开其他企业单独生存，企业之间产品上的链接、经营中的衔接都要求行业内部和外部企业间的合作。在这种合作中，企业之间的经济往来只有遵循办事公道的原则，不是尔虞我诈，才能保证企业的正常运行。可以说，任何企业要想做大、做强，都必须坚持合法经营，坚持公平竞争。靠欺诈是绝不可能使企业走向真正成功的。

3. 办事公道是处理好企业与其从业员工关系的出发点　在企业内部，员工与企业的关系至关重要。要处理好这一关系，办事公道是根本的出发点。

首先，企业在用人、定薪方面必须坚持办事公道的原则。现代企业制度下的企业，在录用新员工、定岗定薪等方面都必须坚持办事公道的原则，在规章制度面前人人平等，这是提高员工凝聚力的首要条件。

其次，员工的成功与否与办事公道直接相关。不想当将军的士兵不是好士兵，不想自身发展的企业员工也不是好员工。员工要想实现良好的发展前景，不仅要有过硬的专业技术、技能，还应该有包括办事公道在内的良好的职业道德修养。现在，越来越多的企业家在提拔员工时都十分重视考察他们的职业道德素质。管理层的员工如果不能做到办事公道，结果将是灾难性的。

最后，办事公道应该成为从业员工的职业道德。要学会如何做事，就应先学会如何做人。办事公道不仅是企业对员工的要求，也是员工自身应具有的道德品质。所以，不仅是管理人员，所有的从业员工都应该注重加强自身的职业道德修养，学会用办事公道等职业道德规范约束自身的行为。

（三）办事公道是抵制行业不正之风的重要内容

行业不正之风严重侵害着职业功能，损害着职业形象。要有效地纠正和坚决抵制行业不正之风，必须大力倡导廉洁奉公、办事公道的职业道德。如果每个职业劳动者都从我做起，从小事做起，从本职岗位做起，增强法制观念，自觉做到廉洁奉公，办事公道，那么以权谋私的行业不正之风就会失去存在的市场，就会受到坚决的抵制和有效的纠正，就会形成良好的职业道德风尚，整个社会风气就会得到进一步净化，社会精神文明建设就会得到进一步加强。因此，每个职业劳动者应在职业工作中，确立职业劳动者姓“廉”不姓“贪”的观念，努力做到按原则办事，办事公道，以自己的实际行动抵制和反对不正之风。

当前我们正处于市场经济的大潮中，市场经济中有平等互利原则，这体现了买卖双方的平等地位，因此在经济领域中要处事公平、办事公道。目前，人们的法制观念、民主意识都在增强，这要求领导干部办事必须公道，否则，不是威信扫地，就是吃官司。

二、办事公道的具体要求

办事公道是从业人员在处理个人与国家、集体、他人的关系时应遵循的职业道德规范之一。这主要表现在以下几个方面。

（一）坚持真理

坚持真理，就是要用真理的力量做支撑，学习、学习、再学习，只有这样，才能做到办事公道。真理是坚持办事公道的无穷力量，敢不敢、能不能坚持真理，是对企业或其员工能否坚持办事公道的考验和检验。因此，真理的力量不是其他力量所能替代的，只有坚持真理才能做到办事公道。

办事是否公道关系到一个以什么为衡量标准的问题。公道就是要合乎公认的道理，合乎正义，要办事公道就要以科学真理为标准，要有正确的是非观。不追求真理，不追求正义的人办事很难会合乎公道。现实生活中，许多人是非观念非常淡漠，在他们眼中无所谓对与错，只有自己喜欢与不喜欢。这种不坚持真理、不追求真理的人是不可能办事公道的。

要坚持真理就必须做到：

1. 加强学习 从业人员要做到坚持真理、追求真理，首先应该知道什么是真理，知道真理和谬误的区别，知道自己坚持的是正确的还是错误的。真正做到办事公道，一方面与品德相关，另一方面也与认识能力有关。如果一个人认识能力很差，就会搞不清分辨是非的标准，分不清原则与非原则，就很难做到办事公道。相信科学，勇于探索真理、坚持真理、追求真理，既是从业员工自身发展的需要，也是企业在竞争中赢得胜利的必要条件。

2. 坚持原则，不徇私情 从业人员只知道是非善恶的标准是不够的，还必须在处理事情时坚持标准，坚持原则。为了个人私情不坚持原则，是做不到办事公道的。做到照章办事，按原则办事，在规章制度面前人人平等，自然会达到办事公道的目的。在很多情形下，坚持真理比认识真理更困难。只有不分亲疏远近，不讲人情地坚持和追求真理，才能在企业经营中得到从业人员的认同和支持，在实践中体现办事公道。

利令智昏。私利能使人丧失原则，丧失立场，放弃真理。拿了人家的钱就要替人家办事，那是无法做到办事公道的。因此，只有不徇私情，不谋私利，才能坚持真理，才能做到光明正大，廉洁无私，才能坚持公平正义，做到办事公道。

3. 不盲目从众 从众是一种常见的社会现象，在大多数人看来是正常的、合理的，但却往往是与坚持真理相悖的，因为“真理往往掌握在少数人手里”。对从业人员来说，经过认真思考，反复调查，确认自己的认识是正确的之后，应该相信自己，在面对不同意见时，要勇于坚持自己的观点，决不轻言放弃。只有那些坚持自己正确判断的人，才能成为成功者。

4. 敢于“抗上” 坚持真理，对从业人员来说，还有一个如何对待领导的问题。尊重领导，服从管理，是每一个从业人员应该具有的职业道德，但是，这是建立在领导的决策是正确的基础上的。坚持真理，要求从业人员在认为领导的决策可能错误的时候，要敢于说“不”，敢于提出自己的意见。这既是对企业负责的表现，也是对领导的关心和帮助。绝不能为迎合领导而放弃对真理的坚持。为坚持真理而“抗上”，是对领导真正意义上的尊重，因为权力在握绝不等于真理在手。

（二）公私分明

公是指社会整体利益、集体利益和企业利益，私是指个人利益。公私分明原意是指要把社会整体利益、集体利益与个人私利明确区别开来，不以个人私利损害集体利益。如何处理公私之间的关系，是衡量一个人是否办事公道的重要标准。

职业实践中讲公私分明是指不能凭借自己手中的职权谋取个人私利，损害社会、用人单位或他人的合法权益。公私分明是办事公道对员工的一项重要要求。在传统社会，公私分明主要强调对集体财产不贪不占，廉洁奉公。现代企业的生产方式，要求员工不仅在财物上要公私分明，在工作过程中、工作条件上也必须做到公私分明。例如，随着网络在工作中的普及，工作时间利用办公电脑上网聊天、玩电脑游戏、看电影、听音乐的现象越来越普遍。一些职场新人在工作时间不断接听私人电话或是守着电脑大玩游戏，达到物我两忘之境而把工作搁在一边，这让老板非常不满。老板通常把私人事务的多少作为员工是否积极上进、安心本职工作的一个考核标准。如果你常在工作期间处理私人事务，老板必会认为你不够忠诚，工作不积极，缺乏进取心，甚至会认为这样做的人表明他并不把公司的事情当回事，只是在混日子。公司老板总是希望你在工作时间内专心致志地做工作。办公室就是办公的地方，工作时间就是工作时间。当你用办公室的电话“煲粥”时，当你沉迷于闲书的醉人情节时，也会影响到他人的注意力和工作情绪。由此可见，公私不分，在工作时间处理私人事务，既会影响你的工作质量，也会直接影响你在老板心目中的形象，一旦你给老板留下这些不良印象，你的职场道路就会越走越窄。

利用网络在工作时间处理私人事务已经给企业带来了重大损失，引起企业的关注。许多企业开始制定规章制度防范员工公私不分，在工作时间处理私人事务。有些国家已经为此立法，美国的一项法案规定，公司要对员工通过办公系统收发的所有电子邮件、即时信息和其他电子文件进行监视，了解其内容。据调查，目前大部分雇主已经通过某种方法来监视员工的电子通信了。公司监控员工电子通信有两种途径：一个是键盘输入监控，即记录员工输入的每个字；第二个是屏幕监控，即记录电脑屏幕显示的所有内容。而且，员工是没有办法知道自己正在受到监视的。另外，员工也不可以要求公司停止监视，因为员工使用的是公司电脑，它属于公司财物，公司有权利监控那台电脑，决定它的使用。所以，员工几乎不能在工作电脑上处理私事，写私人邮件、浏览其他网站等行为都会受到公司监视。

如何做到公私分明？

1. 要有大局意识，要有集体精神　这是指当公私利益发生冲突之时，员工个人要以大局为重，要富有奉献精神。公司的利益和员工的利益是密切相关的，从一定意义上说，维护集体的利益与保障个人的利益是统一的。只有企业兴旺发达了，员工自身的利益才能有所保障。

2. 要从细微处严格要求自己　公私分明，要求从业人员具有慎微意识，“勿以恶小而为之”，防微杜渐，不占企业任何小便宜。把“以见利忘义为耻”牢记在心，时时刻刻绷紧公私分明这根弦，不仅是道德上的要求，还涉及企业的具体规章制度的落实。这与员工的成长、成功直接相关。

3. 要有法律意识 公私分明要求从业人员绝不能侵占企业的财物，不能利用职务之便谋取私利，也不能为小单位、小团体谋取非法利益。这既是企业规章制度的要求，也是国家法律法令的要求。员工的损公肥私行为一旦被发觉，情节轻微者，将影响其职业前途；情节严重者，将会受到法律的制裁。众多的公司规章制度或劳动合同中都有类似的规定和约定。

（三）公平公正

公平公正指按照原则办事，处理事情合情合理，不徇私情。公平公正既是办事公道的内涵之一，也是实现办事公道的客观要求；既是企业员工对企业管理人员的期望和要求，也是企业管理人员应该具有的道德品质。公平就是公正，就是要“一碗水端平”。要做到一个标准，一个口径，一个政策，人人平等，员工才口服心服。管理人员做到公平公正，处理问题才能合情合理，才能被员工接受和拥护，如果做不到公平公正，有近有远，有亲有疏，有高有低，有多有少，说话就无力，就没有威信，就没有号召力，各项任务就难以完成，工作也无法做好。

要做到公平公正就必须：

1. 在企业内部，要按原则办事，真正做到在规章制度面前人人平等 一方面，从业员工应该树立按德才谋取职位的平等观念；另一方面，从业员工应该树立按自己对企业的贡献度，按劳取酬的平等观念。

2. 在企业外部，要树立在市场面前所有顾客一律平等的观念 要做到真正意义上的平等待人。当前我们正处于市场经济的大潮中，市场经济中有平等互利原则，这体现了买卖双方的平等地位，因此在经济领域中要求处事公平、办事公正。从业人员绝不能因为顾客在衣着、性别、年龄、民族、种族等方面的不同而给予区别性对待。这其中就体现出员工的价值观问题，而价值观在现代企业中处于极高的位置，例如阿里巴巴将员工的绩效考核分为两部分：一部分是业绩、一部分则是价值观；例如格力集团的董事长董明珠也同样看重人的品格，她认为企业中绝大多数是“善”的一类，“善”的人越多，企业就更加健康。最能体现员工这方面素质的便是对待顾客、对待工作的态度，所以要做一名优秀的员工在工作中要真正做到平等待人。

（四）光明磊落

光明磊落，形容一个人正直坦白，没有什么隐私暧昧和不可告人之处，做人做事没有私心，襟怀坦白，行为正派。光明磊落是中华民族的优良品质之一，光明磊落的人给他人一种“君子坦荡荡”的感觉。一个光明磊落的人，首先要有宽泛的胸襟，能包容万物，能正视一切；其次是能洁身自好，严格要求自己，使自己能以良好的形象呈现于外界；最后是不畏批评和不畏强势，不参与明争暗斗，只用事实说话。可见，光明磊落是办事公道的必要前提。

要做到光明磊落就必须：

1. 时刻把社会、集体利益放在首位 “心底无私天地宽”，凡事出以公心的人，处处为集体着想的人，自然而然会做到光明磊落。

2. 说老实话，办老实事，做老实人 大庆人“三老四严”的作风，不仅书写了石油界的奇迹，也告诉所有企业及其从业人员：只有踏踏实实做人，兢兢业业做事，表里如一，言行一致，才是走向成功的正道、王道。做老实人绝不会吃亏，真正的市场经济是诚信经营、合法经营的经济。光明磊落要求我们说老实话，办老实事，做老实人。办事公道要求我们必须光明磊落。

复习思考

1. 如何理解办事公道既是一种行为，又是一种品德？
2. 有人讲：办事公道是管理者的职业道德，与普通员工无关，对吗？

模块十三

团队力量是无穷的——团结合作

学习目标

把握团队、团队合作及团队精神的含义；清楚优秀团队应具备的特点和怎样打造有战斗力的团队；深刻理解合作对于从业人员和团队的重要性；在实际工作中自觉培养和增强团队精神。

名言警句

1. 天时不如地利，地利不如人和。

——孟　子

2. 单丝不成线，独木不成林。

——俗　语

3. 一致是强有力的，而纷争易于被征服。

——伊　索

4. 共同的事业，共同的斗争，可以使人们产生忍受一切的力量。

——奥斯特洛夫斯基

5. 五人团结一只虎，十人团结一条龙，百人团结像泰山。

——邓中夏

6. 单个的人是软弱无力的，就像漂流的鲁滨孙一样，只有同别人在一起，他才能完成许多事业。

——叔本华

7. 不管努力的目标是什么，不管他干什么，他单枪匹马总是没有力量的。合群永远是一切善良思想的人的最高需要。

——歌　德

8. 团结一致，同心同德，任何强大的敌人，任何困难的环境，都会向我们投降。

——毛泽东

9. 一滴水只有放进大海里才永远不会干涸，一个人只有当他把自己和集体事业融合在一起的时候才能最有力量。

——雷　锋

10. 个人如果单靠自己，如果置身于集体的关系之外，置身于任何团结民众的伟大思想的范围之外，就会变成怠惰的、保守的、与生活发展相敌对的人。

——高尔基

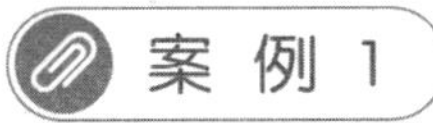

动物的团队精神

王立家住农村，他家门前有个池塘，面积约 250 米^2，1.5～2 米深，他每年在里面养鱼。有一年他听说有种青蛙，体内的油很贵重，便在刚开春时到各处抓了四五百只，放到了池塘里养。王立怕它们跑了，在池塘外用水泥砌成墙，内壁用玻璃垂直围起，让青蛙在里面活动。可是几个月后，王立发现青蛙所剩无几。他很是奇怪，围得那么严怎么就跑了呢？后来才知道这些小东西很团结，一个扒一个爬到墙顶，后边的就踏着同伴逃离了。更神奇的是，最后那些最上边的青蛙抱住物体，剩下的一个一个抱住其腰部，由最下边的逐一往上爬，逐个爬到顶部，全体逃生。

蚂蚁是自然界中非常普通又渺小的动物，一只蚂蚁的力量非常微弱。但蚂蚁是典型的群居动物，在它们的心中，集体是第一位的，没有集体就没有自己，所以蚂蚁的团队意识特别强，成千上万只蚂蚁团结起来，就能汇成庞大的力量，甚至连大象、狮子等大型动物都害怕小小的蚂蚁。“团队齐心，其利断金”，这句话真正体现了蚂蚁的团队精神。

案例分析

这就是动物的团队精神。在现实生活中人与人之间更需要这种团结协作，发扬团队精神，个人的价值也会在团队中得到更好的实现。

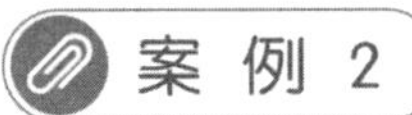

依靠团队合作的力量，成就了织田小山

织田小山刚进索尼公司时，索尼还是一个只有二十多人的小企业，但老板却充满信心地对他说：“我知道你是一个优秀的电子技术专家，就像好钢要用在刀刃上一样，我要把你安排在最重要的岗位上，由你来全权负责新产品的研发，希望你能发挥榜样的作用，充分调动其他人。如果你把这一步走好了，企业也就有希望了！”

“我？我还很不成熟，虽然我很愿意担此重任，但实在怕有负重托呀！”虽然织田小山对自己的能力充满信心，但是他清楚老板给他的担子有多重——那绝对不是靠一个人的力量能应付过来的。

“新的领域对每个人都是陌生的，关键在于你要和大家联起手来，这才是你的优势所在！众人的智慧合起来，还有什么困难不能战胜呢？”老板很自信地说道。

织田小山一下子豁然开朗：“对呀，我怎么光想自己？不是还有二十多位员工吗？为什么不虚心向他们求教，和他们一同奋斗呢？”

他找到市场部的同事一同探讨销路不畅的问题，市场部的人告诉他：“磁带录音机之所以不好卖，一是太笨重，一台大约 45 千克；二是价钱太贵，每台售价 16 万日元，一般人很难接受，半年也卖不出一台。能不能往轻便和低廉上考虑?”织田小山点头称是。

然后他又找到信息部的同事了解情况，信息部的人告诉他：“目前美国已采用晶体管生产技术，不但大大降低了成本，而且非常轻便。我们建议你在这方面下工夫。”他回答：“谢谢，我会朝着这方面努力的!”

在研制过程中，他又和生产一线的工人团结合作，终于一起攻克了一道道难关，在1954年试制成功日本最早的晶体管收音机，并成功地推向市场。索尼公司由此开始了企业发展的新纪元!

织田小山依靠团队合作的力量，终于取得了伟大的成就，而他自己也荣升为索尼公司的副总裁。

案例分析

织田小山依靠团队的力量，和大家联手，通过征求市场部、信息部等部门同事的意见和建议，又同生产一线工人团结合作，攻克了一道道难关，终于研制开发出了新技术、新产品——日本最早的晶体管收音机，并成功地推向市场，做大了企业，自己也荣升为索尼公司的副总裁。

在市场激烈竞争的今天，只有团队的力量才是不可战胜的，不管你对团队付出多少，你都会获得回报。全心全意为团队付出，百分之百地奉献，团队将会带给你一生的快乐与富有。你所追求的梦想，你所追求的生活和事业，都会因为拥有团队的力量得到实现!

一、在团队中才能成功

每个人都是一个社会组织的一分子。在家庭中，你是家庭的一分子；在单位，你是单位的一分子；在部门，你是部门的一分子；在团体，你是团体的一分子……融入团队，把整颗心放在团队中，心系团队、关心团队、照顾团队，可以使你的人生更美好。

(一) 认识团队与团队合作

一个人再完美，也只是一滴水，而团队则是大海，一个人只有融入团队中才能发挥他的潜能，才能实现他的人生价值。如果工作中我们只会自己埋头单干，不懂得依靠团队的力量，那么我们的忙碌很有可能只是低效率的蛮干。

没有完美的个人，但有完美的团队。团队由一群不完美的人构成，一个个不完美的个体只要总体和谐搭配起来，就能够发挥出团队的力量；各种不同人才的合理搭配，就可以创建出一个完美的团队。所以每一个团队的成员都必须记住：唯有为一个健全的团队工作才能带给个体最大的发展机会，使个体始终立于不败之地。

要实现你的目标就要着手去行动，去做一个能够帮助团队起步的人，让团队的每一分子都认为你是一个勇敢前进、敢于承担的人，从行动上领导他们，进而鼓励他们接受你的领导，支持你的行动。你不必孤军作战，可以依靠团队的力量一起完成自己的和团队的目标。在市场激烈竞争的今天，只有团队的力量是不可战胜的。

什么是团队呢?

1994年，组织行为学权威、美国圣迭戈大学的管理学教授斯蒂芬·罗宾斯首次提出了“团队”的概念：为了实现某一目标而由相互协作的个体所组成的正式群体。团队的重点在于协调和合作，在于默契的配合，在于发挥每个人的全部潜能，在于创造高绩效。在随后的十年里，“团队合作”的理念风靡全球。

团队不是指任何在一起工作的集团，团队工作代表了一系列鼓励倾听、积极回应他人观点、对他人提供支持并尊重他人兴趣和成就的价值观念。

韦尔奇在提到团队时，曾经把运动团队作为团队的典型。他认为，第一，团队的成员必须经过精心选拔和组合；第二，每一个团队成员的职责都与其他人不一样；第三，领导者在管理团队成员时要区别对待，有针对性地培养。从这个意义上来说，团队的业绩首先来自团队的每一个成员的业绩，只有每一个团队成员充分发挥自己的能力，协调好与别人的分工和关系，团队的业绩才有可能达到最大化。

团队不能像一盘散沙，团队意味着合作。俗话说：“一个和尚挑水喝，两个和尚抬水喝，三个和尚没水喝。一只蚂蚁来搬米，搬来搬去搬不起，两只蚂蚁来搬米，身体晃来又晃去，三只蚂蚁来搬米，轻轻抬着进洞里。”上面这两种说法有截然不同的结果。“三个和尚”是一个团体，可是他们没水喝是因为互相推诿、不讲协作；“三只蚂蚁来搬米”之所以能“轻轻抬着进洞里”，正是团队合作的结果。

什么是团队合作？

团队合作指的是一群有能力、有信念的人在特定的团队中，为了一个共同的目标相互支持、合作奋斗的过程。它可以调动团队成员的所有资源和才智，并且会自动地驱除所有不和谐和不公正现象，同时会给予那些诚心、大公无私的奉献者适当的回报。如果团队合作是出于自觉自愿，它必将产生一股强大而且持久的力量。

> 有这样一个故事：一个盲人和一个跛子，被大火围在一座楼房里，眼看只有坐以待毙，但四肢健全的盲人和眼睛明亮的跛子，聪明地组合成一个完整的“身体”，盲人背着跛子，跛子指路，终于从大火中死里逃生。

人无完人，我们每个人难免在某些时候或是“盲人”，或是“跛子”，都需要与他人合作以弥补我们自身的缺陷，一项事业的成功往往是众人精诚合作的结果。《易经》有言云：二人同心，其利断金。俗话说，单丝不成线，独木不成林。也就是说，一个人再有天大的本事，如果没有合作精神，仍旧难成大事。

优秀的团队有以下特点：

1. 团队的精髓是共同承诺　共同承诺就是共同承担集体责任。没有这一承诺，团队如同一盘散沙；做出这一承诺，团队就会齐心协力，成为一个强有力的集体。拔河游戏常常被用来说明齐心协力的效力，有这样一个不一样的拔河真相，或许你会有所感悟。有一个德国人叫瑞格尔曼，做了一个合力拉绳的实验：参与测试的人每一个人单独全力拉绳的力量被记录下来作为参考值，然后组成四个小组，每组分别为一人、二人、三人和八人。要求各组用尽全力拉绳，拉力测量的结果为：二人组的拉力为个人单独拉绳时二人拉力总和的95%；三人组的拉力为单独拉绳时三人拉力总和的85%；而八人组的拉力则降至单独拉绳时八人拉力总和的49%。合力的内耗就是如此，作为领导人，确实需要更深地思考团队精神的精髓。

很多人经常把团队和工作团体混为一谈，其实两者之间存在本质上的区别。优秀的工作团体与团队一样，具有能够一起分享信息、观点和创意，共同决策以帮助每个成员更好地工作，同时强化个人工作标准的特点。但工作团体主要是把工作目标分解到个人，其本质上是注重个人的目标和责任。工作团体目标只是个人目标的简单总和，工作团体的成员不会为超出自己义务范围的结果负责，也不会尝试那种因为多名成员共同工作而带来的增值效应。此外，工作团体常常是与组织结构相联系的，而团队则可突破企业层级结构的限制。

2. 成员对团队强烈的归属感 团队的向心力表现为团队成员对团队强烈的归属感，即每个成员都强烈地感受到自己是团队中的一分子，真正把个人目标和团队目标联系在一起，对团队表现出忠诚、荣誉和骄傲。员工对企业的归属感，是每个员工在对自身工作满意的基础上，与同事、上司之间关系相处融洽、互相认可。这种感觉激励着员工在职业合作中充分发挥整体效能，与同事团结一道、共同发展，实现人生价值。

3. 团队具有强大的凝聚力 团队合作的意识，是一个企业不断向上的原动力，它会让从业人员产生使命感和责任感。一个企业的合作意识越强，它的凝聚力就越强，它的生命力就越旺盛、越长久。士气高昂、活力充沛的团队，可以更大程度地发挥员工的创造性，更好地发挥整体的能力。

> 华为非常崇尚“狼”，一贯坚持“狼性文化”。狼是最具有团队精神的动物之一，正是这种“狼性”合作意识，使华为人在相互配合方面表现出令客户惊叹的高效率。“以客户为中心，以奋斗者为本”是华为的主流企业文化，在华为客户服务是一个系统，几乎所有的部门都会参与进来，假如没有团队的合作精神，一个完整的客户服务流程是不可能完成的。

团队所依赖的不仅是集体讨论和决策以及信息共享和标准强化，它强调通过成员的共同贡献，能够得到实实在在的集体成果，这个集体成果超过成员个人业绩的总和，即团队大于各部分之和。团队的核心是共同奉献。这种共同奉献需要一个成员能够为之信服的目标。只有切实可行而又具有挑战意义的目标，才能激发团队的工作动力和奉献精神，为工作注入无穷无尽的能量。

（二）与人合作是一种重要的能力

> 法国斯伦贝谢公司曾在北京大学召开过一场别开生面的招聘会。面试官先将10名应聘者分成两个小组，假设他们要乘船去南极，然后要求这两个小组的成员在限定的时间内提出各自的造船方案并且做成船的模型。在这个过程中，面试官则根据应聘者对于造船方案的商讨、陈述和每个人在与本小组其他成员合作制作模型过程中的表现进行打分，以选择合适的人才。
>
> 斯伦贝谢公司是一家从事石油勘探以及原油开采、加工设备销售等方面业务的大型跨国公司。在谈及这次面试时，斯伦贝谢公司人力资源部负责人说，运用这种方式的最大目的是了解应聘者是否具备团队精神。
>
> 斯伦贝谢公司面试官说：“在当今社会里，企业分工越来越细，任何人都不可能独立完成所有的工作，他所能实现的仅仅是企业整体目标的一小部分。因此，团队精神日益成为企业的一个重要文化因素，它要求企业分工合理，将每个员工放在正确的位置上，使他能够最大限度地发挥自己的才能，同时又辅以相应的机制，使所有员工形成一个有机的整体，为实现企业的目标而奋斗。对员工而言，它要求员工除了具备扎实的专业知识、敏锐的创新意识和较强的工作技能之外，还要善于与他人沟通，尊重别人，懂得以恰当的方式同他人合作，学会领导别人与被别人领导。”

事实正是如此，那些善于合作、具有团队精神的员工往往更容易获得成功的机会。而一个人如果没有合作精神，就可能进不了一些自己梦寐以求的优秀公司，即使侥幸进了公司，光凭自己单打独斗，也不会取得什么成绩。

现代的公司都非常注重员工的团队精神。很多公司认为，员工的团队合作精神是所有技能中最为重要的一种，如果每一位员工都具备团队合作精神，企业不仅可以在短期内取得较大的效益，而且从长远来说也十分有利于企业的发展。团队合作精神对于企业的推动作用已经在许多公司中得到了充分的证实。沃尔玛、通用磨坊是最早推崇团队精神的企业，对团队精神的关注使它们得以在很短的时间内迅速壮大，实现了企业整体绩效的提升，而且使企业具备了永续发展的能力。此后，惠普、苹果等企业也纷纷将团队精神置于重要地位，并取得了显著的效果。当年，微软 Windows 2000 的推出就是一个典型的例子。这一操作系统有3 000多名软件工程师参与编程开发和测试，如果没有高度统一的团队精神，没有全部参与者的分工合作，这项工程是根本不可能完成的。现在，团队精神已成为企业最为重要的价值观和理念之一，也成为员工晋升的重要指标。

英国作家萧伯纳有一个关于交换苹果和交流思想的比喻。他说，倘若你手上有一个苹果，我手上也有一个苹果，两个苹果交换后每人还是一个苹果。但是倘若你有一种思想，我也有一种思想，相互交流这些思想，那么，我们就将各有两种思想。

可见，合作才能双赢。个人只有融入团队之中，才会发挥更大的功效。公司的良性运转需要每一位成员的主动投入和出色配合，无论你在企业中充当什么角色，你的每一项工作与同事的工作都有一个接口，这就意味着只有通过团队协作才能共同把工作做好。如果你在工作中善于合作，取人之长，补己之短，你的能力将会得到不断提高。那么，你也将会做出应有的业绩，脱颖而出，获得上司的赏识。

（三）团队合作，才能成功

团队意味着力量、智慧、精神、速度……团队所带来的好处、所创造的价值不言而喻。一个优秀的团队将大大缩短你与成功的距离，使你事半功倍。

1. 善于协作才能得到重用，也才能做好领导

一个大型公司招聘高层次人才，为了将更优秀的人才招进公司，人事部门策划了一场特殊的招聘会：将 6 名应聘者集中起来，共发给他们 15 元钱让他们到街上吃饭，同时要求必须每个人都吃上饭，不能有一个人挨饿。

6 个人走出公司后找到当地一家最便宜的餐厅准备吃饭，他们询问服务员饭菜的价格得知，最便宜的米饭、面条也得 3 元。他们一想，6 个人都吃饭的话需要 18 元，而他们手中只有 15 元，最后 6 个人谁也没吃，饿着肚子回到了公司。负责人问明情况后告诉他们：对不起，你们虽然都是高学历，但不能聘用。这 6 人非常不服气，区区的 15 元钱怎么能都吃上饭？而公司给他们的解释是：这家餐厅有项优惠政策，就是 5 人或者 5 人以上集体就餐的话会免费赠送一份，你们本来可以得到一份免费的午餐让 6 个人都吃上饭的；但你们每个人只想到自己，根本没想到团结起来组成一个团队，没有一点团队精神，你们都不适合公司的要求，所以不能聘用你们。

一只水桶装水的容量取决于最短的那块木板的长度。同样，在一个团队里，决定这个团队战斗力强弱的不是那个能力最强、表现最好的人，而恰恰是团队最需要、最没有人注意到

的人。在一个企业中，争做“英雄”的人很多，但具有“补位”意识的人却很缺少，这将决定整个团队的战斗力，影响整个团队的综合实力。

在企业中，许多员工有着浓厚的“英雄主义”情结，都喜欢当英雄，而工作更需要的是“幕后英雄”，他们善于补团队的短板，善于出现在团队最需要的地方，他们是团队默默无闻的支持者。这种员工最容易被人忽视，然而他们却是真正具有团队精神的人。

2. 团队可以刺激个人更有创意、有更好表现，实现个人的职业理想 华为集团在《致新员工书》中这样写道：“华为的企业文化是建立在国家优良传统文化基础上的企业文化，这个企业文化黏合全体员工团结合作，走群体奋斗的道路。有了这个平台，你的聪明才智方能很好地发挥，并有所成就。没有责任心，不善于合作，不能群体奋斗的人，等于丧失了在华为进步的机会。”华为提倡团结合作、并肩作战的精神。

在职业活动中，与他人密切合作，有着非常的作用：一是可以优势互补。“一个篱笆三个桩，一个好汉三个帮。”一个人的知识结构能力毕竟是有限的，每一个员工自觉为企业整体利益无私奉献时，就能得到其他成员的信任和支持，在生产、销售、管理等环节中实现优势互补。二是有助于取得成绩。每个员工首先要立足自己的岗位，义无反顾地做好本职工作，才能依靠团队的力量，在激烈的竞争中做出成绩。三是有助于成就事业。对从业人员来说，企业就是实现个人价值的平台。现代企业强调的是统一标准、流程和规范，将个人能力和他人能力结合起来，这对取得事业成功起着不可缺少的作用。

3. 团队合作可以为成员提供足够的学习、发展和不断尝试的机会

> 有这样一则意义深刻的寓言：从前有一个人，别离妻儿去寻找传说中能淘出金子的大河，一去多年，终无所获。有一天，有位高僧化缘到他家中，问其家境为何如此清贫，其妻如实相告。高僧从他家的炉边随手捡起一块石头问：“这石头是从哪里来的?”其妻说：“我们家后院，有很多这样的石头。”高僧摇头叹息到：“这就是含有金子的矿石啊!”

在职业活动中，许多员工都像寓言中的“寻金人”一样，认为自己的工作太普通，工作中的伙伴能力太一般，在这样的团队中自己不可能创造出什么价值来。然而，当把自己所在的企业和每位员工当作自己身边的“金矿石”来看待时，就会成为“在自家后院发现并挖掘金矿”的智者了。“三人行，必有我师”，每一个员工身上都有闪光点，都有值得去挖掘和学习的长处。作为从业人员，尊重和学习每一个成员的优点，就是在为企业增加助力。尊重和欣赏他人，主动学习每个成员的积极品质，才能博采众长。你有一种本事，我有一种本事，彼此学习，每个人就会有两种本事。一根筷子容易被折断，十根筷子在一起很难被折断，这就是合作的力量。

4. 团队的力量可以完成个人无法独立完成的大事 团队合作使员工相互信任，实现互利双赢。无论何时何地，信任度都具有非常重要的实用价值。美国管理学家波特指出：“人的感觉是非常重要的，信任在任何时候都是最重要的东西。当一个团队和组织的规模超过一个人时，信任就变得尤其重要。”对从业人员来说，彼此信任，相互认同，团结合作，才能调动工作热情，做好本职工作。很难想象，一个没有合作能力的人，能够在工作中如鱼得水、与他人协调共事。曾有一个调查机构对两千多家公司做过这样一个问卷调查：“请问公司最近被解雇的三名员工是出于何种原因?”有2/3的公司的答复结果是：“他们是因为不会与别人进行有效沟通合作而被解雇的。”有位叫大卫的员工，是一家软件公司的高级工程师，他能干、忠诚，也很敬业，但他和公司基础技术设施组的成员之间无法沟通，使得同事对他很反感。于是一些员工投诉他不合作，无法跟他共事。公司老总认为，大卫不能与他人建立信任关系，缺乏合作意识。尽管他勤奋能干，最终还是被解雇了。在职业生涯中，需要协调不同类型、不同性格的人员，就必须有信任、合作的能力。如果缺乏这种能力，就难以被团队所接受，也就无法干好工作。波尔克公司总经理索尔·波尔克说，衡量一个人工作表现的优劣，有时并不仅仅只看个人的成绩，若与同事冲突过多，也会成为你通往成功之路的暗礁，不可小觑。当然，注重工作中的人际关系，并不意味着你必须费尽心机和全公司的人打成一片。但总的来说，良好的人际关系毫无疑问能使工作开展得更为顺利，帮助自己事业成功，生活如意。信任是职业合作的基础，相互信任，密切协作，有助于每个从业人员在职业活动中，使企业与个人的利益实现双赢的目标。

李嘉诚成功的因素有很多，其中一个主要的原因就是他善于合作。在他的麾下，聚集着这样的一群人：霍建宁，毕业于我国香港大学，后去美国留学。1979 年学成归来被李嘉诚邀请加入长江实业集团，出任会计主任，1985 年被委任为长江实业董事。他有着非凡的金融头脑和杰出的数字处理能力。周千和，20 世纪 50 年代初期就追随李嘉诚，是与李嘉诚先生南征北战多年的创业者，他勤劳肯干，真诚待人，为人处世严谨精明。周年茂，曾在英国攻读法学，对各项法律条文了如指掌，是经营房地产的老手，被李嘉诚指定为长江实业发言人。洪小莲，20 世纪 60 年代末期起就是李嘉诚的秘书，为李嘉诚立下了汗马功劳。她精明强干、雷厉风行，颇有“女强人”之风。

上述四人均属商业奇才，成为李嘉诚团队的核心。李嘉诚明白成功离不开团结协作，发挥他们的聪明才智，就能在竞争中取胜。在 20 世纪 60 年代，他任用 Erwin Leissner 做总经理，负责日常行政事务。接着，又聘请了美国人 Paul Lyons 做经理，由他配合原来的 200 位基层管理人员实行企业的国际化管理。80 年代，又任用英国人马世民，任和记黄浦董事兼总经理。

李嘉诚财团之所以成为跨国财团，与他团结协作中外人才是分不开的。尤其是那些外国人，在帮助他冲出亚洲、走向世界方面，既充当了“大使”，又充当了冲锋陷阵的“士卒”。正如一家评论杂志所称：“李嘉诚这个内阁，既结合了老、中、青的优点，又兼备了中西方色彩，是一个行之有效的合作模式。”如今，李氏王国的业务包括房地产、通信、能源、货柜码头、零售、财务投资及电力等，十分广泛。试想，如果李嘉诚先生不与他人合作，仅靠一个人的力量，纵使他有三头六臂，也不能创造如此宏大的事业。

二、加强团队合作

每个人的能力都是有限的。精力再充沛，个人的能力还是有一个限度的，超过这个限度，就是人力所不能及的，也就是个人的短处了。每个人都有自己的长处，同时也有自己的短处，这就要与人合作，用他人之长补自己之短。养成良好的合作习惯，才会更好地完善自己，发展自己。

（一）现代作业系统需要精诚协作

现代社会中，伴随着生产分工的细致化、操作规程的具体化、制作工艺的精密化，任何一个产品——哪怕是一颗小小的螺丝钉，无论是它的研发、生产还是销售都不可能由一个人独立完成。一辆小汽车上有上万个零件，需要上百家企业协作生产；一架飞机有几百万个零部件，涉及的企业、公司会更多。如果其中某个员工在某个环节上不能很好地予以合作，就可能影响到整体的结果。这种状况表明，每一个从业人员在生产流程中，只有将自己融入集体内，合作履行自己的职责，才能更好地完成工作任务。

1. 企业的发展离不开员工的合作 俗话说："三个臭皮匠，赛过诸葛亮。"为什么"臭皮匠"们能赛过足智多谋的"诸葛亮"呢？就在于他们相互协作，有了更多的智慧，具备了胜过"诸葛亮"的资本。企业作为经济组织，需要依靠组织的合力，发挥每个成员的力量。著名管理学家德鲁克说过："所谓组织，是一种工具，用以发挥人的长处，并中和人的短处，使其成为无害。"每个员工都是企业的财富，都各有所长、各有所短，合作的目的是为了扬长避短，发挥个人的聪明才智。具有合作精神的员工所组成的企业，将是一个团结的、有力量的组织，它为每个成员提供了施展才华的舞台，从而保证企业拥有发展的活力。如泰兴啤酒厂从一家小型粮油加工厂成长为现代化的较大规模的企业，其原因就在于强调合作精神。在这里，领导班子讲合作，遇事一起商讨，在决策形成前，深入调研，把握员工的思想动态，鼓励和启发大家提意见和建议。员工们从企业大局出发，积极献计献策。当决策实施后，企业领导及时走访科室、车间，与员工们共同解决工作中的问题。可见，对一个企业来说，人的合作能产生巨大的力量。与其他因素相比，合作占有更加突出的地位。美国钢铁大王安德鲁·卡内基曾说："假如将我所有的工厂、设备、市场、资金全部夺走，只要保留我的组织人员，四年以后，我仍是一个钢铁大王。"企业就像一个人的身体，员工犹如身体上的各个器官，各个器官各负其责，共同作用，才能保证整个身体的健康。

2. 企业的生存与发展需要企业间的密切合作 随着市场经济的迅猛发展，在经济全球化越来越迅速、联系越来越密切的今天，一个企业如果没有与其他企业的密切配合，就无法在激烈的市场竞争中存活下去。1992 年，我国棉纶市场饱和，全国八大棉纶生产厂家的年生产能力达 19 万吨，超过市场需求的 70%。这八家棉纶生产企业为争夺市场，打起了价格战，直到把价格压到保本的临界点以下。为了挤垮别的厂家，每家工厂都在亏本的情况下惨淡经营，损失惨重，面临着倒闭的危险。后来，它们为了共同发展，探讨合作方案。经过协商，八家棉纶厂联合成立棉纶工业用布协会，制定相应的销售价格策略，各方均从中获得了好处。这个例子说明，竞争并不排斥合作，竞争需要相互间的合作。在激烈市场竞争中，企业与企业之间的发展是不平衡的，它们各有所短。通过企业合作，可以集众家之长、补自家之短，发挥各方的优势，实现企业的优化发展。

3. 经济一体化的进程需要广泛的跨国、跨地区密切合作 在现代社会中，企业间的封闭状态已经被打破。市场经济的全球化，促使各企业千方百计地把产品不断输送到世界各地，以寻找自己的市场和原料，这已经成为冲破世界各民族界限和封闭状态的强劲力量。例如，一架飞机需要上百万个零件、上千道工序，它需要众多企业的合作，才能完成全部的制作。越来越多的商品生产被赋予新的合作内涵，它的原料可能来自非洲，零部件生产可能在亚洲，装配可能在美洲，销售可能在欧洲。全球化时代的经济合作，已经突破了国界、地区界限，呈现出一体化的特点，演变为全球范围的合作。

（二）团队合作的四大基础

1. 建立信任 要建设一个具有凝聚力并且高效的团队，第一个且最为重要的一个步骤，就是建立信任。这种信任以人性脆弱为基础，这意味着一个有凝聚力的、高效的团队成员必须学会自如地、迅速地、心平气和地承认自己的错误、弱点、失败、求助。他们还要乐于认可别人的长处，即使这些长处超过了自己。

在理论上，或在幼儿园里，这并不很困难，但当一个领导面对着一群有成就的、骄傲的、有才干的员工时，让他们解除戒备、甘冒丧失职务权力的风险，是一个极其困难的挑战。唯一能够发动他们的办法，就是领导本人率先做出榜样。

对于很多领导来说，表现自己的脆弱是很难的事情，因为他们养成了在困难面前展现力量和信心的习惯。在很多情况下这当然是一种高尚的行为，但当犹疑的团队成员需要他们的领导率先展示以人性脆弱为基础的信任时，这些高尚行为就必须弱化。其实这反而需要领导具有足够的自信来承认自己的弱点，以便让别人仿效。有一位 CEO，由于没能在团队中建立信任，结果目睹着自己的企业衰落。其中一个重要原因就是他没能带头塑造以人性脆弱为基础的信任。就像他曾经的一位直接下属后来说的："团队中没有人被允许在任何方面超过他，因为他是 CEO。"其后果是，团队成员彼此之间也不会敞开心扉，坦率承认自己的弱点或错误。

以人性脆弱为基础的信任在实际行为中到底是什么样的？像团队成员之间彼此说出"我办砸了""我错了""我需要帮助""我很抱歉""你在这方面比我强"这样的话，就是明显的特征。以人性脆弱为基础的信任是不可或缺的，离开它，一个团队不能、或许也不应该产生直率的建设性冲突。

2. 良性的冲突 团队合作一个最大的阻碍，就是对于冲突的畏惧。这来自于两种不同的担忧：一方面，很多管理者采取各种措施避免团队中的冲突，因为他们担心丧失对团队的控制，以及有些人的自尊会在冲突过程中受到伤害；另外一些人则是把冲突当作浪费时间，他们更愿意缩短会议和讨论时间，果断做出自己看来早晚会被采纳的决定，留出更多时间来实施决策以及其他他们认为是"真正的"工作。

无论上述哪一种情况，CEO 们都相信：他们在通过避免破坏性的意见分歧来巩固自己的团队。这很可笑，因为他们的做法其实是扼杀建设性的冲突，将需要解决的重大问题掩盖起来。久而久之，这些未解决的问题会变得更加棘手，而管理者也会因为这些不断重复发生的问题而越来越恼火。

CEO 和他的团队需要做的，是学会识别虚假的和谐，引导和鼓励适当的、建设性的冲突。这是一个杂乱的、费时的过程，但这是不能避免的。否则，一个团队建立真正的承诺就是不可能完成的任务。

3. 坚定不移地行动 要成为一个具有凝聚力的团队，领导必须学会在没有完善的信息、没有统一的意见时做出决策。正因为完善的信息和绝对的一致非常罕见，决策能力就成为一个团队最为关键的行为之一。

但如果一个团队没有鼓励建设性的、没有戒备的冲突，就不可能学会决策。这是因为只有当团队成员彼此之间热烈地、不设防地争论，直率地说出自己的想法，领导才可能有信心做出充分集中集体智慧的决策。不能就不同意见而争论、交换未经过滤的坦率意见的团队，往往会发现自己总是在一遍遍地面对同样的问题。实际上，在外人看来机制不良、总是争论不休的团队，往往是能够做出和坚守艰难决策的团队。

需要再次强调的是：如果没有信任，行动和冲突都不可能存在。如果团队成员总是想要在同伴面前保护自己，他们就不可能彼此争论。这又会造成其他问题，如不愿意对彼此负责。

4. 无怨无悔才有彼此负责 卓越的团队不需要领导提醒团队成员竭尽全力工作，因为他们很清楚需要做什么，他们会彼此提醒注意那些无助于成功的行为和活动。而不够优秀的团队一般对于不可接受的行为采取向领导汇报的方式，甚至更恶劣——在背后说闲话。这些行为不仅破坏团队的士气，而且让那些本来容易解决的问题迟迟得不到处理。

（三）团队合作的六个原则

1. 平等友善 在团队中与同事相处的第一原则便是平等。不管你是资深的老员工，还是新进的员工，都需要丢掉不平等的关系，无论是心存自大或心存自卑都是同事相处的大忌。同事之间相处具有相近性、长期性、固定性，彼此都有较全面深刻的了解。要特别注意的是真诚相待，才可以赢得同事的信任。信任是连接同事间友谊的纽带，真诚是同事间相处共事的基础。即使你各方面都很优秀，即使你认为自己以一个人的力量就能解决眼前的工作，也不要显得太张狂。要知道还有以后，以后你并不一定能独自完成一切工作，还是平等友善地对待对方吧。

2. 善于交流 与人合作，必须善于交流。同在一个公司、办公室里工作，你与同事之间会存在某些差异，知识、能力、经历造成你们在对待和处理工作时，会产生不同的想法。交流是协调的开始，把自己的想法说出来，听对方的想法，你要经常说这样一句话："你看这事该怎么办，我想听听你的看法。"

当你被迫与自己不喜欢的人合作时，要注意以下几点：一要忍让。宁可自己受些委屈或吃点亏，也不要为小事与对方争个脸红脖子粗，甚至头破血流。二要主动接受对方。你可以伸出友好的手，主动和对方打招呼。对方原来怀有的对你的戒备心或敌意就可能化解。你很客气地提出的一些问题，他们就可能会加以注意和改进。三要把你想象成对方。站在对方的角度考虑问题，就可能体会他们的想法，从而修正自己的一些不正确的做法。这样有助于双方关系的改善。四要接受他人的独特个性。不要妄图改变人人都有其个性这个事实，接受对方的本来面目，对方也会尊重你的本来面目。切忌不要强迫别人接受你的观念。五要去想对方做对了的事。对方也有好的一面，试着去发现这一点。六要以自己的言行去感化对方，影响对方。要注意自己的态度和方式，切不可弄巧成拙。

3. 谦虚谨慎 法国哲学家罗西法古曾说过："如果你要得到仇人，就表现得比你的朋友优越；如果你要得到朋友，就要让你的朋友表现得比你优越。"当我们让朋友表现得比我们还优越时，他们就会有一种被肯定的感觉；但是当我们表现得比他们还优越时，他们就会产生一种自卑感，甚至对我们产生敌视情绪。因为谁都在自觉不自觉地强烈维护着自己的形象和尊严。

所以，对自己要轻描淡写，要学会谦虚谨慎，只有这样，我们才会受到别人的欢迎。为此，卡耐基曾有过一番妙论："你有什么可以值得炫耀的吗？你知道是什么原因使你成为白痴？其实不是什么了不起的东西，只不过是你甲状腺中的碘而已，价值并不高，才五分钱。如果别人割开你颈部的甲状腺，取出一点点的碘，你就变成一个白痴了。在药房中五分钱就可以买到这些碘，这就是使你没有住在疯人院的东西——价值五分钱的东西，有什么好谈的呢？"

4. 化解矛盾 一般而言，与同事有点小想法、小摩擦、小隔阂，是很正常的事。但千万不要把这种"小不快"演变成"大对立"，甚至成为敌对关系。对别人的行动和成就表示真正的关心，是一种表达尊重与欣赏的方式，也是化敌为友的纽带。

5. 接受批评　从批评中寻找积极成分。如果同事对你的错误大加抨击，即使带有强烈的感情色彩，也不要与之争论不休，而要从积极的方面来理解他的抨击。这样，不但对你改正错误有帮助，也避免了语言敌对场面的出现。

6. 创造能力　一加一大于二，但你应该让这一值变得更大。培养自己的创造能力，不要安于现状，试着发掘自己的潜力。一个有不凡表现的人，除了能保持与人合作以外，还需要所有人乐意与其合作。

总之，作为团队中的一员，应该以你的思想感情、学识修养、道德品质、处世态度、举止风度，做到坦诚而不轻率，谨慎而不拘泥，活泼而不轻浮，豪爽而不粗俗，这样才能和其他同事融洽相处，提高自己团队作战的能力。

（四）打造有战斗力的团队

1. 人才——团队的根本　人是最重要、最根本，起着决定性作用的因素。对于大部分行业而言，最需要两种类型的人才：一是专业技术人才，这是把科技转化为生产力的重要因素，是提高企业科技创新能力，增强发展后劲的关键；二是优秀的经营人才，他们能够帮助企业高效实现各种经营管理目标。某些企业家常常抱怨没有可用的人才，其实，人人都是人才，人才的智力不是一成不变的，而是可以挖掘的，主要是要让他们找对自己的位置。

问题的关键是如何调动他们的工作积极性，发挥他们的主观能动性。有专家指出，留住和吸引优秀人才的秘诀在于对人才重视。在现代商业环境中，重视人才的方式不仅是提高员工的物质待遇。有调查显示，成长机会、关系融洽、有成就感和给员工以公正评价等因素对员工的激励因素正在增强。因此，企业家们要务必消除对人才使用上的重重顾虑，放手使用人才，并改变对人才的领导方式，放弃长官命令，采取目标管理、组织协调、建立共同价值观与共同愿景、适当授权自治、平等交流、支持服务等办法，通过有效的激励机制等手段，最大限度调动人才的主观能动性。

2. 制度——团队的关键　人是团队之本，制度是团队管理之法。有战斗力的团队离不开健全和合理的制度来保障。对于国有企业而言，深入实施用工分配制度改革，实现同工同酬、合理分配、有效激励是当务之急。古人云：不患寡而患不均。同工不同酬一定会产生矛盾，破坏和谐。这个问题在民营企业相对不明显，所以民营企业在没有行政资源的情况下更具活力。建立规范有序的岗位分类管理体系和以岗位价值决定薪酬的分配机制，有助于引导优秀人才向关键岗位流动，提高人力资源管理水平，健全完善科学的用工分配机制，为可持续发展提供人才保障。

有战斗力的团队还必须建立健全的内部监管制度，使内部权力得到有效监督，避免管理者决策失误，或者由于管理者素质低等其他因素给企业带来不可弥补的损失。在中国经济发展的进程中，个人英雄主义是一个曾被社会无限放大的话题，也是一种现实的诱惑与梦想的“陷阱”。个人英雄主义是孤独和孤立的，必然导致企业超现实的思维方式和决策行为，反过来又会给个人带来悲剧，这样的例证也不算少。有了健全的内部监管制度就能有效地避免个人英雄主义的弊端，而科学合理的用工分配制度则可以发挥个人英雄情结的优势，让英雄辈出。

3. 文化——团队的基础　美国学者弗兰西斯说：“你能用钱买到一个人的时间，你能用钱买到劳动，但你不能用钱买到热情，你不能用钱买到主动，你不能用钱买到一个人对事业的追求。而这一切，都可以通过企业文化而争取到。”企业文化不仅强化了传统管理的一些功能，而且还具有很多传统管理不能替代的功能，如导向、凝聚、激励、规范、纽带和辐射等功能，通过这些功能的发挥，可以直接或间接地提升团队核心竞争力，只有这样才能使企业永续健康发展。

有人说，人才就像种子或是树苗，种子是由企业自己播种、培养的，树苗则是由外购买的，这些种子或树苗是否能够在土地上扎根生长，关键因素就是土壤，而土壤就是公司的企业文化。没有企业文化的公司，就像是贫瘠的土地，不但种子无法发芽，挖来的树苗也会很快地枯萎。这就是文化的力量，号称“看不见的手”，却左右着团队。团队里的每一位成员都必须明白自己的角色、责任和团队的共同远景，并与其他成员“心往一处想，劲往一处使”，注重整体搭配、协调一致。如果成员之间彼此不信任、不支持，那么团队就无法士气高昂并有战斗力，也就更谈不上“高效”。

4. 管理——团队的保证 制度是团队的“硬性法规”，文化是团队的“软性法规”，管理则是“执行法规”。管理是团队运作的基础性工作，必须使制度与文化在团队管理全过程中发挥作用，而其核心问题是使人的素质符合团队发展的要求，以提升团队的战斗力。管理的最高境界是激励团队成员，主动积极地完成任务，这就需要企业的管理者必须具备用人的能力。参与式管理是一种非常好的管理形式，它又称为集体领导。集体领导并不是“大家领导”，而是指团队领导人应该鼓励每一位团队成员积极参与管理。企业是大家的，团队也是大家的，只有每一位成员都有“主人翁意识”，才能把团队经营得更好。

加强管理是企业永恒的主题，扎实的基础管理是企业提高水平的重要保证。中国企业要想在愈来愈激烈的国内国际市场竞争中占有一席之地，就必须实行人性化管理，这就要求企业增强亲和力，建设和谐团队，达到“五个满意”：即让分销商满意、消费者满意、员工满意、企业满意和国家满意的良好效果，只有这样才能使企业得以生存和发展，形成品牌。

（五）向雁阵学团队管理

团队力量远大于一群人的简单相加。对于领导来讲，应该多创造机会给部下，让他们有机会承担更多的职责；对于员工来讲，应该多替领导分担责任，锻炼自己的能力；对于团队成员来讲，团结协作，通力合作，才能无往不胜。雁阵完美的团队合作可以给我们启示。

1. 完美的团队 迁徙中雁群除了有非常明确的分工外，还非常富有互助甚至牺牲精神。在雁群进食的时候，巡视放哨的大雁一旦发现有敌人靠近，便会长鸣一声给出警示信号，群雁便整齐地冲向蓝天，列队远去。而那只放哨的大雁，在别人都进食的时候自己不吃不喝，是一种为团队牺牲的精神。据科学研究表明，组队飞要比单独飞提高22%的速度，在飞行中的雁两翼可形成一个相对的真空状态，飞翔的头雁是没有谁给它真空的，漫长的迁徙过程中总有雁带头搏击，这同样是一种牺牲精神。在飞行过程中，雁群大声鸣叫以相互激励，通过共同扇动翅膀来形成气流，为后面的队友提供“向上之风”，而且“V”字队形可以增加雁群70%的飞行范围。如果在雁群中，有任何一只大雁受伤或生病而不能继续飞行，雁群中会有两只自发的大雁留下来守护照看受伤或生病的大雁，直至其恢复或死亡，然后它们再加入到新的雁阵，继续南飞直至目的地。

一群迁徙的候鸟，能够通过分工合作达到省力、提速的目的，知道如何为群体共同的目标而做出个体的自我牺牲，翱翔的雁阵把“人”字写在天空上，这足以让作为思想群体的管理者们深思。

2. 关键在领头雁 雁阵中的领头雁有坚决的追随者，它是令人信服的管理者。企业人心涣散的原因很大程度上是由于没有清晰、吸引人的企业愿景，无法做出凝聚众人的决策，以及缺乏激励追随者的机制。大雁尚知道为了飞向他们的乐园——温暖的南方，需要分工协作、关心需要帮助的同伴，并互相鸣叫激励全员。企业要在变化莫测的环境中生存、发展，最重要的是企业的管理者，而这个管理者就像飞行过程中的领头雁一样需要有胆识、有魄力，敢于带领企业的全体员工勇往直前，并且确保企业的方向是正确的，只有这样才能实现企业的发展目标。同时，企业管理者必须带领全体员工营造良好的工作氛围，减少工作中的阻力，使全体员工轻装上阵，从而增强企业整体绩效水平。当企业管理者由于身体、知识、能力等方面的因素无法带领企业快速发展时，应该选择具有相应能力的人员作为企业新的管理者，以新的知识、理念、管理方法和手段去推动企业新的进步。

团队在发展过程中可能会出现跟不上团队发展要求的人员，作为企业来说，不能首先想到的是淘汰，而是应该给予更多的关怀与支持，提供更多的培训机会，就像在大雁飞行过程中强壮的大雁照顾弱小的大雁一样，从而提高员工的工作能力，最终满足企业的发展要求。

总之，团队要提高自身的核心竞争力，除了拥有自身的技术、产品、核心人才以外，良好的企业文化是一个重要因素，团队的管理者认同企业文化并带领全体员工努力拼搏，才能使企业“飞”得更远，“飞”得更高！

3. “聚沙成塔”的精神 谈到企业经营，许多企业家都大呼辛苦，实际上应该是“心苦”。一方面权利不知道可以下放给谁；另一方面内部矛盾不断涌现，企业无法真正地拧成一股绳去达成战略目标，如同一盘散沙。强风一吹带来“新沙子”的同时，也吹走了原来的“沙子”，缺乏“聚沙成塔”的内在精神。而雁群分工明确、通力合作，实现迁徙目标，这正是雁群的价值所在。

4. 目标一致、前后呼应、强势超越 企业经营也应如此。企业组织是一个有机体，必须和雁群一样有着清晰的战略目标，打造不同的团队去实现目标，分工明确、通力合作。众所周知，企业组织靠创造价值存在于社会之中，小企业注重的是创造股东价值，因为迫于生存压力，老板必须有钱赚。中型企业必须注重于创造员工价值和品牌价值，只有这样才可以实现持续增长，变成大企业，大企业则开始创造真正的客户价值，乃至更深远的社会价值，承担起社会责任。我们都知道，立体三角形（即四个点形成的四面体，如金字塔形状）是最牢固几何构造，企业若想实现基业永续，四点缺一不可。而V形雁阵正是最完美的诠释，立体三角形可以看作是由四个“V”组成，每个“V”代表着一个完美的团队，在塑造股东、员工和品牌价值的同时即形成企业文化，强有力地支撑起三个机制立面，从而实现最终的企业愿景。

三、培养团队精神

一个具有良好团队精神的组织能够使其成员潜在的才能与主动性、创造性不断地被释放。团队成员之间具有良好沟通、交流和合作的能力，为了实现一个统一的目标，大家能够自觉地认同与承担责任，并愿意为此协同合作、共同奉献。

有关调查显示：团队精神、忠诚度、创新能力和沟通表达能力是跨国公司在选才时最看重的四项特质。法国斯伦贝谢公司是一家从事石油勘探及原油开采、加工及设备销售等方面业务的大型跨国公司，它在考察员工时注重的是：创新意识、语言表达能力、动手操作能力、团队精神。中关村是高新技术产业密集区，用人单位挂在嘴边最多的一个词就是综合素质，并且认为一个高素质人才至少应具备敬业精神、创新能力、团队精神。

（一）什么是团队精神

微软公司让数以百计的雇员成了百万富翁，可是，鲜为人知的是，他们中许多人在取得了经济独立之后，却仍继续留在微软“卖命”工作。微软公司的工作条件并非舒适安逸，在公司，一周工作60个小时是常事。在主要产品推出的前几周，每周的工作时数还会过百。微软公司也并非以其高额津贴出名。相反，它却以吝啬著称。据该公司的一位前任副总裁透露，多年以来，比尔·盖茨因公出差时，总是自己开车去机场，而且坐的是二等舱。很多人不理解，甚至认为他们这些人不正常，不过人们不得不承认，这种献身精神的确难能可贵。

那么，是什么神奇的吸引力，竟使这帮百万富翁在取得经济独立后仍然如此卖命地工作呢？答案只有一个，那就是完全超越了自我的团体意识。这种团体意识，已在微软公司落地生根。微软人认为，他们不属于自己，而是从属于某种特别的东西——“微软”这个团体。比尔·盖茨在谈到这种团队意识时说了一段耐人寻味的话：“这种共创卓越的团队意识营造了一种刻苦向上的创造氛围，在这种氛围中，人们的开拓性思维不断涌现，员工的潜能得以充分发挥。”在微软，你不但享有公司的全部资源，同时还拥有一个能使自己大显身手、发挥重要作用的小而精的班级或部门。每一个人都有自己的主见，而能使这些主见变成现实的则是微软这个团队。

那么究竟什么是团队精神？

所谓团队精神，就是一个团队的协同合作精神，它是信任开放、积极主动、大局意识、协作精神、沟通技巧和服务精神的集中体现。团队精神的基础是尊重个人的兴趣和成就，最好地体现个性与共性的和谐统一，最好地保证组织的长期和高效。我们这个时代需要个人英雄，但更需要优秀的团队，也只有优秀的团队，才能支撑领导人的伟大实践。

团队精神所具有的力量无处不在，一个家庭、一个企业、一个组织、一个国家……每件事情，无论大小，都需要大家齐心协力，发挥出自己的特长，把自己的那份工作做好。一个企业，如果能让所有员工上下一心，那么，这个企业一定能够在某一领域独占鳌头，并且不断做大做强。可见，团队精神之于个人、之于集体是多么重要。团队合作往往能激发出团队不可思议的潜力，集体协作干出的成果往往能超过成员个人业绩的总和。正所谓：“同心山成玉，协力土变金。”但如果团队成员不团结的话，最终只能失败。

2004年6月，拥有NBA历史上最豪华阵容的湖人队在总决赛中的对手是14年来第一次闯入总决赛的东部球队活塞。赛前，很少有人会相信活塞队能够坚持到第七场。从球队的人员结构来看，湖人队是一个由巨星组成的“超级团队”，科比、奥尼尔、马龙、佩顿，每一个位置上的成员几乎都是当时全联盟最优秀的，再加上由传奇教练菲尔·杰克逊对其进行整合，在许多人眼中，这是20年来NBA历史上实力最强大的一支球队，要在总决赛中将其战胜只存在理论上的可能性，更何况对手是一支缺乏大牌明星的平民球队。

然而，最终的结果却出乎所有人的意料，湖人几乎没有做多少抵抗便败下阵来。湖人的失败有其理由：队员在比赛中单打独斗，全然没有配合，无法完全发挥每个人的作用，缺乏凝聚力的团队如同一盘散沙，其战斗力自然也就大打折扣。

近年来在国内十分盛行的拓展训练，主要是通过体验式训练和模拟场景训练来提升团队合作精神，其中有一个项目十分经典，称为盲阵。在一块空地上，将一队人蒙上眼睛，交给他们一根长绳子，要他们在规定时间内把绳子拉成一个正方形。起初大家往往会乱成一团，各有自己的主张，自由走动，你推我撞，你叫我喊。经过一段纷乱无谓的争吵，大家渐渐明白：必须确立一名优秀者为团队领袖，以智者为助手，统一意志、统一目标、统一行动，大家都能自觉地做到令行禁止，各负其责，才能完成这个简单的游戏。

与群体相比，团队更强调共同的责任、效益和业绩。在具有团队精神的团队里，团队成员潜在的才能和技巧能够不断地被释放；团队成员能够深感被尊重和重视；为了一个统一的目标，大家能够自觉地认同必须担负的责任并愿意为此而共同奉献；它强调个人利益服从整体利益，但并非不承认个人利益，更不是要抹杀个人利益；它特别强调团队成员要具有与人沟通、交流和合作的能力。

美国视算电脑科技有限公司（SGI）人力资源部经理曾说过："SGI 公司生产世界上最先进的计算机，但世界上有一种仪器比计算机更精密，也更具有创造力，那就是人的身体。团队成员就好比人体的每个部位，一起合作去完成一个动作。对公司来讲，团队精神就是让每个人各就各位，通力合作。公司的每一项奖励活动或者业绩评估，都要把个人能力和团队精神作为最主要的评估标准。如果一个人的能力非常好，而他却不具备团队精神，那么我们宁可选择具备团队精神，而个人能力稍逊的人。"

事实上，那些基业长青的企业都拥有共创卓越的团体意识，甚至可以说，是否拥有这种团队精神乃是企业能否永续光辉的根本。因此，世界 500 强公司都在着力追求和培养把个人的创造力融于集体协作中的团队精神。

（二）主动培养和增强团队精神

面对社会分工的日益细化、技术及管理的日益复杂，个人的力量和智慧显得苍白无力，即使是天才个人，也需要他人的帮衬，唯其如此才能造就事业的辉煌。很多日本企业之所以具有强大的竞争力，其根源不在于员工个人能力的卓越，而在于其员工整体"团队合力"的强大，其中起关键作用的是那种弥漫于企业的无处不在的"团队精神"。不论对于企业还是个人来说，团队精神都是创造卓越业绩的基础，都是成长和发展的基石，都是获得机会的重要保证。那么怎样培养和增强团队精神呢？

1. 善于看到他人之长　美国著名的心理学家荣格有个公式：I＋We＝Fully I。这个公式的意思就是：一个人只有把自己融入集体中，才能最大限度地实现个人价值，完善自己的人生。任何成绩的取得都是与他人协作的结果，不管你所处的是一个软件开发团队，还是销售团队，都是如此。在这种情况下，我们只有融入团队才会实现自我业绩的突破。而融入团队的前提就是看到他人的长处，欣赏他人的优点。

表面上看起来这并不难做到，但实际上要从内心深处欣赏他人并不容易。很多时候，我们更关注别人的错误和缺点，而对他人的优点却视而不见。显然，这种行为是很难让我们融入团队的。因此，要想融入团队，我们就必须抛弃这种行为和思想，了解他人的长处并加以赞美，而非揪住缺点不放。在团队中，每个人都会有长处和短处，只关注缺点很容易导致团队成员间的矛盾，从而破坏团队成员间的和谐关系，影响团队合作。只有采用欣赏的态度，对他人的长处大声赞美，对他人的缺点以诚恳帮助的态度私下交谈，才能很好地体现出团队精神。

2. 要看清自己的位置

有一天，一个男孩问迪斯尼公司的创办人华特·迪斯尼："是你画的米老鼠吗？""不，不是我。"华特·迪斯尼说。"那么你负责想所有的笑话和点子吗？""没有。我不做这些。"最后，男孩追问："迪斯尼先生，你到底都做些什么啊？"华特·迪斯尼笑了笑回答："有时我把自己当作一只小蜜蜂，从片厂一角飞到另一角，搜集花粉，给每个人打打气，我猜，这就是我的工作。"

华特·迪斯尼先生对自己在团队中的位置非常清楚——自己在团队中处于核心地位，自己最重要的工作就是激励团队成员不断努力。

一个好的团队就像一部设计精密的机器，每个成员都有自己独特的定位，都有自己最主要的工作。只有每一位团队成员都认清了自己的位置，明白了自己的主要任务，团队这部机器才能正常运转。若对自己的位置认识不清，看不清工作的重点，团队就会一团糟。因此，在加入一个团队之后，应该做的第一件事不是翻阅文件、承接任务，而是寻找自己的定位，找准自己的位置。

3. 对团队使命的认同 团队精神是一种心灵的力量，它来自团队成员对使命的认同。不管任何事情，人们只有认同其使命才会产生奋斗的激情，才会有工作的动力。因此，具有团队精神的前提就是对团队使命的认同。如果无法认同团队使命，不管有怎样丰厚的薪水激励或有怎样严厉的惩罚，也不会激发起人们的工作激情，更不会对团队产生向心力和凝聚力，无法创造出卓越的业绩。

（三）形成团队合力

对于一个团队来说，团队精神的形成并非一日之功，而是日积月累之沉淀。唯团队成员都具备团队合作的能力，团队精神才能得以形成。而团队中任何一名成员如不具备团队合作能力，团队就可能面临分崩离析的危险，更何谈团队精神？对于集团企业来说，团队精神的形成更非易事，也许某些员工在一个小集体里如一个部门或下属单位里能团结该集体所有成员，但如果将其放在集团这个大集体里，可能就出问题了，他可能没办法放弃狭隘的部门观念或小单位观念。严格来说，这些员工并不具备团队合作的能力。一个具备团队合作能力的员工，不管是处于小团队还是大团队中，都能为了共同的团队目标而与团队成员通力合作。同时，他也能以大局为重，在个人利益与团队利益发生碰撞时，能顾全团队利益；在小团队利益与大团队利益发生不可调和的冲突时，能以大团队利益为重，需知"皮之不存，毛将焉附"。

企业的竞争力在很大程度上取决于员工，企业欲在激烈的竞争中谋一席之地，必然要求全体员工具备团队合作能力，从而发挥团队精神，以形成强大的团队合力。对于企业来说，应不断完善沟通机制和应变机制，从而形成高情商团队，引导员工形成优秀的团队合作能力。而作为员工，应想企业之所想，急企业之所急，不断学习思考，不断完善自我，以形成优秀的团队合作能力。

复习思考

1. 什么是团队和团队精神？
2. 怎样打造有战斗力的团队？
3. 合作对于从业人员和团队有哪些重要意义？
4. 结合实际谈一谈怎样培养和增强团队精神。

模块十四

职业道德的根本体现——服务群众

学习目标

增强服务群众的意识；正确认识和把握服务群众的内涵；在服务群众中不断提升职业道德；明确服务对象，了解服务意义，懂得服务方法，掌握服务礼仪；为今后的工作培养良好的服务意识。

名言警句

1. 人类生存于各种社会关系之中，正是通过为他人的服务，才真正体现自身的价值。

——马克思

2. 三心二意不行，半心半意也不行，一定要全心全意为人民服务。

——毛泽东

3. 人的生命是有限的，为人民服务是无限的。我要把有限的生命投入到无限的为人民服务之中。

——雷　锋

4. 爱人民，爱祖国，用心和灵魂为他们服务。

——涅克拉索夫

5. 捧着一颗心来，不带半根草去。

——陶行知

6. 我好像一只牛，吃的是草，挤出的是奶。

——鲁　迅

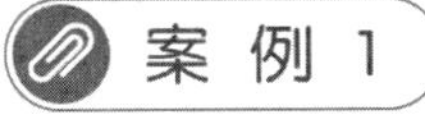

案例 1

雷锋为人民服务的点点滴滴

镜头一：人民的勤务兵

一次，雷锋从安东出差回来，在沈阳转车。他拿起行李，过地下道时，看见一位白发苍苍的老大娘，拄着棍，背了个大包袱，很吃力地一步步走着。雷锋走上前去问道：“大娘，你到哪去?”老人上气不接下气地说：“俺从关内来，到抚顺去看儿子呀!”雷锋一听跟自己同路，立刻把大包袱接过来，手扶着老人说：“走，大娘，我送你到抚顺。”老人高兴地一口一个好孩子地夸他。进了车厢，他给大娘找了座位，自己就站在旁边，掏出刚买来的面包，塞了一个在大娘手里，老大娘往外推着说："孩子，俺不饿，你吃吧！""别客气，大娘，吃吧！先垫垫饥。""孩子，孩子"这亲热的称呼，给了雷锋很大的感触，他觉得就像母亲叫着自己小名似的那样亲切。他在老人身边，和老人唠开了家常。老人说，她儿子是工人，出来好几年了。她是第一次来，还不知道住在什么地方哩。说着，掏出一封信，雷锋接过一看，上面的地址他也不知道，但他知道老人找儿子的急切心情，就说："大娘，您放心，我一定帮助您找到他。"雷锋说到做到，到了抚顺，背起老人的大包袱，搀扶着老人，东打听，西打听，找了两个多小时，才找到老人的儿子。

有一天，雷锋正在部队驻地附近擦洗汽车。突然乌云密布，下起了雨。他连忙拉开帆布盖车，一抬头，发现公路上有位妇女带着两个孩子，怀里抱着个小的，手里拉着个大的，肩上还背着个包袱，在大雨中吃力地走着。雷锋跳下车来，迎上前去一打听，原来她姓纪，从哈尔滨来，要到樟子沟去。她发愁地说："兄弟呀，叫雨浇得，我都迷糊了，往哪走是正路呢？"雷锋听了，看看她背这么大的包，还带着两个孩子，天又快黑了，下着这么大的雨，怎么走呀！就说："大嫂，你在这里等等！"他连忙跑回宿舍，拿来了自己的雨衣给纪大嫂披上，接过孩子来替她抱着，冒着风雨送她们回家。一路上，那孩子冷得直打哆嗦，雷锋又脱下了自己的衣服给孩子穿上，一直走了将近两个小时，才把她们送到家。纪大嫂感激地说："兄弟，我一辈子也忘不了你的情意啊！"

镜头二：一次义务劳动

1960 年初夏的一个星期天，雷锋肚子疼得很厉害，他来到团部卫生连开了些药，回来途中看见一个建筑工地上正热火朝天地进行施工，原来是给本溪路小学盖大楼。雷锋情不自禁地推起一辆小车，加入到运砖的行列中去。直到中午休息，雷锋被一群工人围住了，面对大家，他说："我们都是为社会主义建设添砖加瓦，我和大家一样，只要尽了自己的一点义务，也算是有一分光发一分光吧！"这天下午，打听到雷锋名字及部队驻地的市二建公司组织工人敲锣打鼓送来感谢信，大家才知道病中的雷锋做了一件好事。

镜头三：好事做了一火车

雷锋出差去安东，去参加沈阳部队工程兵军事体育训练队。他出差一千里，好事做了一火车，从抚顺一上火车，他看到列车员很忙，就动手干了起来。擦地板，擦玻璃，收拾小桌子，给旅客倒水，帮助妇女抱孩子，给老年人找座位，接送背大行李包的旅客。这些事情做完了，他又拿出随身带的报纸，给不认识字的旅客念报，宣传党的政策，一直忙到沈阳。

有位中年妇女没有车票，硬要上车。人越围越多，把路都堵住了。雷锋上前拉过那位大嫂说："你没有票，怎么硬要上车呢？"那大嫂急得满头汗地解释说："同志，我不是没车票，我是从山东老家到吉林看我丈夫，不知啥时候，把车票和钱都丢了。"雷锋听她说的是真情实话，就说："别着急，跟我来。"他领着大嫂到售票处，用自己的津贴买了一张车票，塞到她手里说："快上车吧，车快开了。"那大嫂说："同志，你叫什么名字，哪个单位的，我好给你把钱寄去。"雷锋笑道："我叫解放军，就住在中国。"说完转身走了。那位大嫂感动地走上车厢，眼泪汪汪地向他挥手道别。这些事后来被战友们知道了。有人评论说："嘿，雷锋出差一千里，好事做了一火车！"

案例分析

雷锋，一个时代的象征；雷锋，一座不朽的丰碑。他将有限的生命投入到无限的为人民服务中去，用实际行动诠释服务群众的真正含义，在平凡的岗位上做出不平凡的业绩，通过小事彰显人格魅力。他用自己的行动照亮他人的前程，用自己的言语温暖他人的心灵。人虽逝去，精神永驻。为人民服务的点滴还历历在目，服务群众的精神代代相传。雷锋精神的实质是什么？雷锋精神对当代的中国人有什么重要意义？

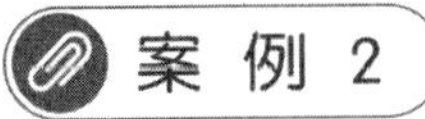

海尔年逾千亿背后的真相

说到海尔集团，可谓家喻户晓，三十几年的时间从一家资不抵债、濒临倒闭的集体小厂发展成为年逾千亿的全球大型家电品牌。海尔年逾千亿背后的真相是什么？有人认为是海尔的品质保证，也有人觉得是海尔的品牌价值，但最重要的原因是海尔坚持以用户需求为中心的创新体系驱动企业持续健康发展。购买过海尔产品的消费者，想必对海尔的服务和售后感触深刻！

在海尔创立初期就有背着洗衣机送到用户家服务的故事：那时，潮州还没有海尔的专卖店。海尔广州工贸公司与潮州用户陈志义约好上门送去他选购好的一款滚筒洗衣机。第二天上午，驻广州服务人员毛宗良租了一辆车，拉着洗衣机上路了，到下午 14 时，车出了问题，而离最近的海丰城还有 2 千米的路程。烈日下，毛宗良守着洗衣机拼命地拦着过往的车，但司机都不愿拉。就这样，毛宗良拦了十几辆车没有结果，此时已是下午 15 时了。“不能再等了!”毛宗良开始在路边找绳子，他决定将洗衣机背到用户家。当用户得知毛宗良为了与自己的约定背着洗衣机而来时，他被毛宗良这种对用户负责的精神深深感动了!

在早些年，海尔的维修人员上门服务执行三不原则：不抽烟，不喝水，不弄脏地板（自带鞋套)。海尔的售后服务为海尔抢占了市场。

海尔：服务前移

在“一切以用户为中心”理念的指导下，海尔先后推出“无搬动服务”“五个一服务”“星级服务一条龙”“一站式通检服务”“海尔全程管家 365”等，随着产品不断的升级，海尔的服务也在不断优化和升级。海尔的迅速崛起不仅取决于优质的产品质量，更重要的是完善、创新的服务软实力。通常而言，服务分为售前服务、售中服务及售后服务。但这早已不能适应当今的市场要求，海尔“一切以客户为中心”，服务前移，不断进行营销服务创新。前些年消费者网购“大件”商品时常要面对“买到送不到、送到不上楼、上楼不安装”等难题，这已经成为消费者网购的“痛点”。海尔率先和阿里巴巴达成战略合作，联手打造全新的大件商品购买、物流配送、上门安装服务等整套体系及标准，解决了“大件”家电网购难题。随着大数据时代的到来，海尔开启了海尔 SCRM（社交化用户关系管理系统）大数据平台，海尔 SCRM 大数据平台不仅利用精准营销为产品找到用户，同时也帮用户找到产品。为满足消费者个性化需求，给消费者带来最佳体验，海尔 SCRM 支持海尔智能化互联工厂为用户提供定制化产品，取代之前厂家为用户选择的形式，让原本在市场中处于被动的消费者占据主动。

案例分析

从1984年到现在，海尔从无到有，从小到大，发生了巨大的变化。海尔的服务理念——“用户永远是对的”也随之得到巩固和发展，并不断增添新的内容。海尔在服务中诞生，在服务中发展，在服务中长大。正是秉承这一理念，无论经历多少挫折，多少困难，海尔都一路走来，成为国内家电产业的龙头企业，成功进军国际市场。正是运用这一理念，海尔取得一个又一个辉煌。

一、我们该为谁服务

一切依靠人民群众，一切服务于人民群众，是我们党的群众路线的重要内容。服务群众是党的群众路线在社会主义职业道德的具体表现，是公民道德建设的核心，是社会主义道德区别和优越于其他社会形态道德的显著标志。服务群众不仅是对共产党员和领导干部的要求，也是对广大群众的要求。每个公民不论社会分工如何、能力大小，都能够在本职岗位上，通过不同形式做到为人民服务。

（一）服务群众是我们的人生目标

只有将服务群众作为人生目标，实现个人利益、集体利益同整个人民利益的根本一致，对人民群众极端热忱，才能更好地服务群众。我们的各项职业都是为人民服务的，在这个职业场所中，你是从业人员，你为大家服务，在另一个职业场所中，你又是享受服务的对象，大家为你服务。因此，服务群众应当成为每个从业人员的座右铭和追求的目标。

李素丽曾是北京市公交总公司公共汽车一公司第一运营分公司21路公共汽车售票员。她1981年开始参加工作，多年如一日，在平凡的岗位上，把“全心全意为人民服务”作为自己的座右铭，真诚热情地为乘客服务，被誉为“老人的拐杖，盲人的眼睛，外地人的向导，病人的护士，群众的贴心人”。直到1996年成为全国劳模，她的形象已经定格在人们心中：不停地在人群中穿梭卖票，跑前跑后搀扶老人，而且永远带着微笑。

她为自己定的服务原则是：“礼貌待客要热心，照顾乘客要细心，帮助乘客要诚心，热情服务要恒心。”她要求自己的服务标准是：“多说一句，多看一眼，多帮一把，多走一步；话到、眼到、手到、腿到、情到、神到。”

当年21路公共汽车北起北京北站，南到北京西站，沿线10千米分布14个车站。为弄清沿线14个车站周边换乘情况，她下班后用数周时间走访50多条街巷、80个机关单位，一步步量出每个车站到附近主要单位的距离，然后记在小本子上，编成几千字的服务指南。李素丽根据乘客的不同需求，给他们最需要的服务：老幼病残孕，怕摔怕磕怕碰，李素丽搀上扶下；“上班族”急着按时上班，李素丽尽量让他们上车；外地乘客容易上错车或坐过站，李素丽及时提醒他们；中小学生天性活泼，李素丽提醒他们车上维护公共秩序，车下注意交通安全。李素丽习惯在车厢里穿行售票，车里人多，一挤一身汗，可她说：“辛苦我一个，方便众乘客。”李素丽售票台的抽屉里总是放着一个小棉垫，那是她为抱小孩的乘客准备的，有时车上人多，一时找不到座位，李素丽就拿出小棉垫垫在售票台上，让孩子坐在上面……

李素丽目前担任北京公交集团服务协作处副处长，工作依然很繁忙，但为群众服务的热情不减。李素丽常说：服务无止境，再高的荣誉抵不过乘客的满意。

服务没有终点站，只要能工作，我们就不应停步。工作着就是服务着——服务他人、服务社会，为人民服务应该是人生最高境界和最大追求。

（二）服务群众，赢得人民的爱戴和尊重

服务群众是指听取群众意见，了解群众需要，为群众着想，端正服务态度，改进服务措施，提高服务质量。做好本职工作是服务人民最直接的体现。要有效地履职尽责，必须坚持工作的高标准。工作的高标准是强烈的事业心、责任感的具体体现，也是履行岗位责任的必然要求。

正是按照高标准的要求，本着对人民群众高度负责的责任感，把群众的利益放在首位，想群众之所想，急群众之所急，在我们党的队伍中涌现出了一大批像焦裕禄、孔繁森、杨善洲、廖俊波、李保国、毛丰美、郭明义等许许多多服务群众的典型，他们在各自的岗位上，践行着为人民服务的职责，也深受人民群众的爱戴。

廖俊波，生前任福建南平市委常委、副市长、武夷新区党工委书记，曾任政和县委书记，2015 年 6 月被中央组织部授予“全国优秀县委书记”称号。他曾说：“能够当一个领头人，让 23 万政和百姓过上更好的生活，这是一件美妙的事情。”短短 4 年的时间，政和由贫困县、经济发展长期全省倒数第一发展成全省县域经济发展“十佳”，他没有惊天动地之举，但在平凡工作中细致入微、关爱民情。他把群众当亲人，用心用情为群众办实事、解难事，用自己的“辛勤指数”换来群众的“幸福指数”。

2017 年 3 月 18 日晚，廖俊波在出差途中遭遇车祸，经抢救无效，因公殉职。谁把人民扛在肩上，人民就把谁装进心里。他去世后，40 万人自发在网上掀起悼念的热潮，很多受访者提起他，仍旧会忍不住落泪。

服务群众是个人实现自身价值，自我完善的重要途径。对于个人自身价值来说，一个人的价值是否能够得到实现，主要取决于他对社会所做的贡献，而个人对社会所做贡献的具体表现之一就是服务群众，将服务群众作为自己的价值观的重要组成部分，并为之不懈努力，在服务群众的过程中实现自身价值。对于个人的职业生涯来说，无论是通过就业还是创业的方式开始自身的职业生涯，自身的职业生涯成功与否，都要在服务群众的过程得到评判，只有个人的劳动和付出得到群众的认可和满意，个人的职业生涯才会圆满。

将人民群众的利益得失作为判断是非的标准。社会主义各种职业都是服务群众的岗位，人们无论从事哪种职业，都要把自己的职业活动同满足人民群众的要求联系起来，通过自身的职业活动来满足社会上各个行业人民群众的要求，同时也从各行各业的职业活动中满足个人自己的需要。

2016 年 5 月 18 日凌晨 1 时许，河南省南阳市西华村一栋三层民宅失火，睡梦中的王锋第一个发现了火情，他顾不上穿衣服，迅速打开楼房的大门大声呼救。由于其居住房间离门口最近，王锋把家人转移到安全地带后跟妻子简单交代一句“赶紧报警!”便转身第二次冲入火海。为了更快叫醒熟睡的人，王锋一路用脸盆疯狂地扣邻居的门。他救出了困在一楼的两名学生和一名托管教师。此时，停放在一楼的电动车、摩托车不时传来“咚咚”的爆炸声。想到居住在二楼和三楼的居民还在熟睡，王锋第三次冲入火海。当他第三次出现在人们的面前时已经被烧成了一个“炭人”，或许救人心切让他忘记了疼痛，他一边跑一边大声呼喊“楼上有人，快救人啊!”这栋三层小楼里的20多名居民除了王锋无一人受伤，而王锋因全身98%烧伤面积在治疗过程中全身多器官衰竭不幸去世。有一些人认为这是不值得的，但是作为一名普通托管教师把人民的利益放在首位，将他人的生命看得比自己还重，从人民群众利益得失的角度说，王锋的行为应该得到赞扬。

(三) 服务群众是企业存在的稳定器，企业发展的助推器

一个公司或企业要想在市场经济的大潮中立足，无论是生产性或是服务性公司或企业，必须受到消费者的认可，在消费中实现企业的赢利。如果企业生产的商品没有市场，那么这家企业将会面临倒闭。所以消费者是企业的衣食父母，企业必须以全心全意为人民服务的态度接待顾客，才会使企业生存下去，而企业要想发展壮大，也必须贯彻执行这种思想。企业服务群众的具体体现就是每位员工的所作所为，无论是企业自身，还是企业职工，都必须重视服务群众的理念，并将这种理念体现到具体行动上。

海尔服务是什么？如果我们用一种更轻松的角度来解读这种“闭环式服务体系”的话，不妨引用以下四个比喻。

服务是海尔的产品质量检测器。海尔每台产品的重要零部件上都标有记录各自信息的喷码，服务中一旦发现质量上的问题可以立刻“一追到底”，详细的售后征求意见能及时把用户对质量的投诉传递到设计、生产环节……

服务是海尔的市场需求感应器。在海尔科研部门墙上始终贴着这样一句话：“用户的难题就是海尔的课题。”这实际上是海尔研发一直在贯彻“从群众中来，到群众中去”的写照。而“从群众中来”靠的正是海尔庞大的市场服务体系，是其服务介入产前环节的秘籍。在海尔服务人员眼里，抱怨的背后是需求，通过信息化筛选出的数据足可以物化出最受欢迎的产品。因此，海尔人当然会理所当然地给最终催生出产品的抱怨人“发奖金”。

服务是海尔的人际情感交换器。只要创造了感动，今天的求助者就会变成明天的潜在用户。海尔服务最基层创新的小智慧其实也藏着朴素的大道理。因此，诟病海尔最终会被庞大的服务成本拖垮的人不会明白，服务其实也在赚，它赚取的是企业的未来。

服务是海尔的品牌传播助推器。通过优秀的服务，买一件产品可以感动一家人甚至足可以形成邻里间的民间舆论场。持续提升服务水平其实正是努力做大做强舆论引导力，品牌会因此而名声远扬，并逐渐富有传奇色彩。客户口中的传奇故事为公司设立了新的服务标准，用不断创新的服务创造顾客忠诚度，最终将获得令人望尘莫及的竞争优势。

这就是海尔20多年服务之精髓。通过服务能让海尔成为更多人的亲情寄托，也赢得企业的长久发展。

二、关心群众，热爱群众，服务群众

人民群众中蕴含着无穷的力量，人民群众是物质财富和精神财富的创造者，是推动历史前进的根本动力。要正确对待人民群众，做到关心群众，热爱群众，服务群众。

(一) 心里装着群众

服务群众，最重要的是把群众装在心中，感情上贴近群众，行动上深入群众，切实解决群众最关心、最需要解决的问题。

陈家顺，1968年出生，现任云南省曲靖市人力资源和社会保障局副局长，曲靖市农村劳动力转移输出就业扶贫办公室主任。他倾情服务农民工，维护农民工的合法权益，被誉为“农民工的贴心人”，曾获“全国创先争优优秀共产党员”“全国人民满意公务员”“感动中国2012年度人物”等荣誉称号。

陈家顺无论身份怎样变化，不忘初心，始终保持与群众的血肉联系，真心真意帮助群众脱贫致富，十几年里，他发动带领农村劳动力转移就业近万人，使很多农村贫困户脱掉了穷帽子，走上了富裕路，截至2016年年底，曲靖市规模性转移输出农村劳动力116.9万人，年劳务经济收入达到224.149 8亿元，占农村人均可支配收入的46.75%，极大地增加农民收入。

几年前，陈家顺被派往浙江义乌，担任义乌劳务工作站站长。麻烦事接踵而来：此前劳务输出由乡镇、村负责宣传动员，但是乡亲出去后常说外面的情况和听到的宣传不一样。陈家顺成了乡亲们的“出气筒”，有打工者甚至想揍他一顿。

陈家顺辗转反侧，问题出在哪儿了？为把真实的用工信息传达给乡亲，也为了更好地给乡亲们维权，他下了决心：以一个普通农民工的身份去求职，实地体验农民工的生活工作。

不曾想，一“卧底”就是好几年。他几次进出工厂和农民工子弟学校，当过组装工、装卸工，看过仓库，当过“猪倌”。“你是农民工吗?”他说刚开始“卧底”时，别人常直截了当地问他，因为他的书生气与干活手势，看着十有八九是个“假民工”。去一家养殖场面试时，陈家顺特意摘掉了400多度的近视眼镜，厂方说他不像养猪人，他立马回应：“别看我像不像，要看我是不是能干得下来!”

“最受不了难闻的气味，开始两天连饭都吃不下去，直到一周后才基本适应。每天早上起来最辛苦的就是清洗猪舍，刚开始时要花3小时才清洗完，后来熟能生巧，只花1小时就能干完了。”一个月后，陈家顺在重点收集了工作环境、生活条件、工资待遇、子女上学等“情报”后辞职，推荐了几位乡亲来这里务工。

为了尽可能多地了解各行业信息，陈家顺逼着自己快速学习、上手。比如，刚学会养猪，又得适应工厂流水线上的作业。“卧底”打工时，但凡找到用工条件相对优越的，总会眼前一亮。他曾应聘到一家中等规模的饰品厂，待遇和条件很不错：保底工资不低，因工作需要加班，厂里会补发加班费，还有免费的工作餐。一个月后，他介绍了20多名老乡过来，事先郑重其事和老板谈好条件：报销工人过来的车费，每月的工资按时发，尽量给工人安排技术性岗位……

有人说他这样做太辛苦了，他却认个死理：“别总觉得老百姓抱怨多，其实他们讲究的就是实在和信任。你提供的用工信息与实际情况相差十万八千里，怎么指望大伙儿相信你？我们当官的，如果今天的事情都做不好，又怎么指望让老百姓相信你描绘的蓝图?”“我们再辛苦，终究背后是有组织依靠的，而农民工呢？他们漂泊异乡，无依无靠，那是真的辛苦!”随着在媒体上的曝光率不断增多，现在陈家顺做“卧底”越来越难了，但他说，只要心里装着农民工朋友，即便换个方式，也可以为他们做事。

（摘自：中国文明网．）

（二）相信群众，尊重群众

在工作岗位上，我们只有相信群众，尊重群众，才能了解群众所思、所想、所需，才能针对群众生活中的实际困难和问题，真正做到服务群众。列宁说："要成就一件大事业，必须从小事做起。""少说漂亮话，多做些日常平凡的事情。"脚踏实地，从群众根本利益出发，多为群众做实事，做好事。

（三）方便群众，造福群众

虽然我们所从事的职业不同，职业分工不同，但没有高低贵贱之分，在平凡的岗位上，同样可以做出不平凡的业绩。只要始终将群众的利益放在首位，做一行，爱一行，想群众之所想，急群众之所急，就能在自己的岗位上，做出造福群众的壮举。

> 支月英，江西省宜春市奉新县澡下镇白洋教学点教师，全国教书育人楷模、"感动中国2016年度人物"、全国优秀共产党员、全国模范教师、全国岗位学雷锋标兵、第十三届全国人大代表。38年来为偏远山区教育事业执着坚守。
>
> 三十多年前，19岁的支月英不顾家人的反对只身来到海拔近千米且道路不通的江西省宜春市奉新县澡下镇泥洋村小学，成为一名大山深处的女教师。走进大山她发现这里的条件远比自己想象艰苦：距离县城近百千米，离最近的村镇汽车站也要步行几个小时，山间小路坎坷崎岖，孩子们上学要在崇山峻岭间跋涉10余千米，四处漏风的教室，一张破旧的黑板，几张拼凑的课桌。面对艰苦的生活条件和简陋的教学环境，在乡亲们的质疑声中，支月英选择了坚守。在泥洋山村，支月英与一双双渴望知识的眼睛相伴。为了孩子们的希望，支月英将自己全部的身心投入到教学上，她不仅多次走10多千米山路自费购买教具挑到学校，还为贫困失学的孩子垫付学杂费。村里的孩子大多是留守儿童，每天清晨对于他们来说支月英老师的声音是他们最响亮的起床号。支月英说："我要尽自己最大的努力，给他们像母爱一样的爱。"就这样，支月英从支姐姐变成了支妈妈、支奶奶，38年来她先后培养1 000多名学生走出大山，接受更好的教育，而她依然继续在大山深处坚守，为偏远山区的教育事业撑起一片希望的蓝天。

（四）以客户为中心，服务群众

服务群众不仅是从业人员必须遵守的职业道德规范，也是市场经济条件下企业、经营者自身发展的客观需要。许多商场居于相同的地段、经营同类的商品，但效益却有好坏，其主要原因之一就在于服务水平、服务质量的高低。"服务能产生效益"这一观念已被愈来愈多的人所接受。

随着市场经济的不断发展，市场已从卖方市场变为买方市场，生产同类或同种产品的企业日益增多，竞争日益激烈。要想在竞争中获胜，除了提高产品的技术含量、降低产品的价格外，更重要的是提高产品的服务质量。消费者购买的不仅仅是一件商品，更是购买一种服务。因此不断提高服务质量，是提高产品竞争力的有效手段。

要服务好群众，使群众称心满意，不仅要有服务群众的主观愿望和良好的服务态度，还要有高超的服务技能。因此，每个从业人员都必须刻苦钻研业务知识，对技术精益求精，熟练掌握职业技能。有关部门、单位要积极组织开展"岗位练兵"等竞赛活动，不断提高员工的业务技术水平，努力为广大群众提供优质服务。

三、学好礼仪，服务群众

随着科技的发展、信息的发达，企业的技术、产品、营销策略等很容易被竞争对手模仿，而代表公司形象和服务意识，由每一位服务人员所表现出来的思想、意识和行为是不可模仿的。也就是说，在市场经济条件下，商品的竞争就是服务的竞争。怎样把客户服务放在首位，最大限度为客户提供范化、人性化的服务，以满足客户需求，是现代企业面临的最大挑战。所以，现代企业必须在服务上下工夫，才能在同行业中获得持续的、较强的竞争力。

（一）良好的服务礼仪是提升竞争力的需要

对于服务人员来说，如何做好服务工作，不仅需要职业技能，更需要懂得服务礼仪规范：热情周到的态度、敏锐的观察能力、良好的口语表达能力以及灵活、规范的事件处理能力。

什么是服务礼仪？就是服务人员在工作岗位上，通过言谈、举止、行为等，对客户表示尊重和友好的行为规范和惯例。简单地说，就是服务人员在工作场合适用的礼仪规范和工作艺术。

服务礼仪是体现服务的具体过程的手段，使无形的服务有形化、规范化、系统化。有形、规范、系统的服务礼仪，不仅可以树立服务人员和企业良好的形象，更可以塑造受客户欢迎的服务规范和服务技巧，能让服务人员在和客户交往中赢得理解、好感和信任。

有一位总在各个城市中做生意的人，他经常要住酒店。但他也有个习惯，就是睡觉的时候喜欢要高枕头。因为酒店里的枕头都不高，所以他总是要用另一张床上的枕头垫在自己的枕头下面才能睡得着。有一次他住进了一家酒店，第一天晚上他动手按往常方式垫高，而当第二天晚上他回到酒店的时候，却发现了一个小小的变化：枕头变高了，下层是一个普通枕头，上层是一个散发淡淡药香的保健枕头，而且比普通的两个枕头还要舒服。从此以后，他只要到了这个城市，必会住那家酒店，而且还介绍朋友住。

可见，服务工作中，洞悉并满足客户的需求，带给客户的又何止是这一次的满足和惊喜？另一方面，一个“不经意”的服务不周，带来的不一定就是那么一点遗憾。

一对夫妇进入一家餐厅，当他们用完餐买完单后，桌上的空盘子居然没有服务人员来收。桌上的空盘子把整个桌面都给占满了，烟灰缸里面的烟头也不下十个了。像这样的服务，真让人有点担心以后会有多少客人到那里去消费。

所以，作为服务人员，学习和运用服务礼仪，已不仅仅是自身形象的需要，更是提高效益、提升竞争的需要。

现代社会对礼仪要求非常广泛，涉及方方面面，包括服饰礼仪、仪容神态礼仪、举止礼仪、交谈礼仪、电话接待礼仪、服务过程中的基本礼仪、投诉接待礼仪等，这里介绍服饰、仪容神态、举止、交谈四个方面的基本礼仪。

（二）服饰礼仪

曹某是一家大型国有企业的总经理。有一次，他获悉有一家著名的德国企业的董事长正在本市进行访问，并有寻求合作伙伴的意向。于是他想尽办法，请有关部门为双方牵线搭桥。

让曹总经理欣喜若狂的是，对方也有兴趣同他的企业进行合作，而且希望尽快与他见面。到了双方会面的那一天，曹总经理对自己的形象刻意地进行了一番修饰，他根据自己对时尚的理解，上穿夹克衫，下穿牛仔裤，头戴棒球帽，足蹬旅游鞋。无疑，他希望自己能给对方留下精明强干、时尚新潮的印象。

然而事与愿违，曹总经理自我感觉良好的这一身时髦的“行头”，却偏偏坏了他的大事。曹总经理的错误在哪里？服饰礼仪在我们的工作中该如何体现？

1. 基本要求 第一，符合服务人员的身份。服饰在社会生活中能够体现个人身份角色，服务人员的服饰应稳重大方，尽可能整齐划一，简洁朴实，方便工作。第二，符合服饰的性质和场所。服务人员的服饰既要能体现本行业特色，又要反映出本服务组织的特色，所以，服务人员的服饰要注重清洁整齐和赏心悦目。第三，服务人员的服饰应整洁美观，穿着得体，做到合身、合时、合适。第四，服务人员的服饰穿着要扬长避短，根据自己的身材选择合适的衣服，穿着要美观大方，例如脖子短的人就不要穿高领衣服。

2. 职场着装禁忌 不要穿过分杂乱、过分鲜艳、过分暴露、过分透视、过分短小、过分紧身的服装。

3. 正装的选择与穿着 首先，如果企业或公司为员工提供统一制服，服务人员应穿着制服。其次，如未提供制服，服务人员可选择套装或比较休闲的不成套职业装作为正装。男士套装通常指西服，女士套装通常指套裙。即使是在不太正式的场合，服务人员也不应选择运动装和牛仔裤作为职业服装。最后，穿着正装要保持清洁与整齐。

4. 男士西服的选择与穿着 第一，西服的选择必须合体。第二，选择好相应的配件，包括衬衫、领带、领带夹、腰带、皮鞋等。第三，上衣扣子最好全扣，如果不全扣，扣上不扣下。第四，西装外口袋不放东西。第五，注意衬衫和领带的穿着。衬衫的袖子扣扣好，下摆扎到裤子里；领带的长度正好盖住裤带扣。

5. 女士套裙的选择与穿着 第一，套裙的布料以素色、无光泽为好。第二，女士穿套裙时，应穿有跟的女式皮鞋。第三，袜子的长度足够长，裙子下摆和袜子口之间不能露出一截皮肤。第四，内衣穿着不得太过臃肿，更不能露出内衣。第五，衬衣以白色为主，下摆扎入裤中；领带长度不得超过腰部。

（三）仪容神态礼仪

小张刚到一家跨国公司做文秘工作，由于一时无法适应快节奏的工作，有时她来不及化妆就急忙向公司赶去。这一天小张又没化妆就来到工作岗位，刚坐下，看看没人，便拿出化妆盒化起妆来。正在涂口红的时候正好经理走出办公室，准备交代小张任务，看到小张在化妆就又回到办公室。小张看到后很不好意思，随后向经理道歉。女士的化妆应遵循避人原则，不应在公共场合化妆。在工作中我们应注意哪些仪容神态礼仪呢？

1. 仪容礼仪的总体要求 仪容礼仪总体上的要求是清洁、整齐、简朴。

2. 仪容礼仪的具体要求

（1）头发。第一，服务人员头发长度应适中，不应光头，不留过长头发。第二，服务人员的头发应向下向后梳理整齐，并保持固定的发型。第三，服务人员的发型不能过于复杂和夸张。第四，服务人员的头发一定要保持清洁。

（2）脸部。男性服务人员一般进行洗脸、刮胡子、擦营养霜等简单的洁肤、护肤工作。女性服务人员除了做好洁肤、护肤工作外，还要适当化妆，而化妆以淡妆为主，给人自然、洁雅的感觉。

（3）口腔和鼻孔、耳朵、眼睛。口腔的修饰主要是清除口腔食物残渣，清除口腔异味。鼻孔的修饰主要是鼻孔内的污垢清除及修饰过长的鼻毛。耳朵、眼睛的修饰主要是及时清除耳朵里和眼边的污垢。

（4）手与脚。手部的修饰主要是清洁，手上没有污垢，指甲内干净，不留长指甲；其次是健康美观。脚部的修饰首先是清洁，无异味；再次要注重鞋与袜子的干净整洁。

（5）个人卫生习惯。第一，不做不雅观的小动作，如抠鼻孔、剔牙齿、掏耳朵、剪指甲等。第二，勤洗手、洗脚、刷牙。不留污垢，不留异味。第三，尽量不在客人面前打喷嚏、咳嗽，当打喷嚏、咳嗽时脸应转向无人一侧，用手巾捂住鼻嘴，声音尽量小，事后向顾客说“对不起”。第四，尽量避免在顾客面前吐痰、擦鼻涕。如需吐痰或擦鼻涕应到卫生间或休息室，并用纸巾包好，扔入垃圾桶，声音尽量要小。第五，生病时尽量不与客人接触，以避免将疾病传染给顾客。而且在生病时的状态、服务态度也容易给客人留下不好的印象。

3. 神态礼仪总体要求

（1）面对顾客时恰当的神态应是真诚的、友善的、谦恭的、自信的。

（2）具体要求。第一，微笑。微笑是最受欢迎的表情。第二，恰当运用眼神。合适的眼神应是自然稳重，温和亲切，既要让顾客觉得真诚可信，又要让顾客感觉友好尊重。服务人员在接待顾客时合适的注视部位是对方脸部的下三角部位和脖子部位，即眼部以下、颌部以上的部位。服务人员在没注视顾客时应采用正视、平视或仰视，以表示对顾客的重视和敬重。服务人员与顾客交谈时，视线接触对方面部的时间应占全部谈话时间的30%～60%。在为多位客人服务时，应注意眼光注视的兼顾。

（四）举止礼仪

> 某日，小王精神饱满地奔赴酒店，准备当天的旅游接待工作。小王笑容可掬地站在车门旁边迎候游客们上车，并按惯例开始清点人数，“1、2、3、4……”小王轻轻地念着，同时用手指点数游客。游客很准时，没有迟到的。在旅游过程中，小王的旅游知识尽管很丰富，服务也很周到，但是他发现游客们还是有点不对劲。小王百思不得其解。随后，小王向经验老到的导游员进行请教，才茅塞顿开。数人的时候不应该用手指指点点。我们最简单的举止动作应该注意哪些规范呢？

1. 坐姿　坐是举止的主要内容之一，坐姿要求“坐如钟”，指人的坐姿应像座钟般端直，当然这里的端直指上体的端直。优美的坐姿让人觉得安详、舒适、端正、舒展大方；不正确的坐姿则给人留下不好的印象，让人厌烦。

正确的坐姿应该是：

（1）入座时要轻、稳、缓。走到座位前，转身后轻稳地坐下。女子入座时，若是裙装，应用手将裙子稍稍拢一下，不要坐下后再拉拽衣裙，那样不优雅。正式场合一般从椅子的左边入座，离座时也要从椅子左边离开，这是一种礼貌。女士入座尤要娴雅、文静、柔美。如果椅子位置不合适，需要挪动椅子的位置应当先把椅子移至欲就座处，然后入座。而坐在椅子上移动位置，是有违社交礼仪的。在入座没有靠背的圆凳或方凳时，尤其注意不能两腿分开从两侧入座。

（2）神态从容自如。嘴唇微闭，下颌微收，面容平和自然。

（3）双肩平正放松，两臂自然弯曲放在腿上，亦可放在椅子或是沙发扶手上，以自然得体为宜，掌心向下。

（4）坐在椅子上，要立腰，挺胸，上体自然挺直。

（5）双膝自然并拢，双腿正放或侧放，双脚并拢或交叠或成小 V 形。男士两膝间可分开一拳左右的距离，脚态可取小八字步或稍分开以显自然洒脱之美，但不可尽情打开腿脚，那样会显得粗俗和傲慢。

（6）坐在椅子上，应至少坐满椅子的 2/3，宽座沙发则至少坐 1/2。落座后至少 10 分钟左右时间不要靠椅背。时间久了，可轻靠椅背。

（7）谈话时应根据交谈者方位，将上体双膝侧转向交谈者，上身仍保持挺直，不要出现自卑、恭维、讨好的姿态。讲究礼仪要尊重别人但不能失去自尊。

（8）离座时，要自然稳当，右脚向后收半步，而后站起。

2. 站姿 站立是人们生活交往中的一种最基本的举止，是生活静力造型的动作。优美而典雅的造型，是优雅举止的基础。男士要求“站如松”，刚毅洒脱；女士则应秀雅优美，亭亭玉立。

正确的站姿是：

（1）头正，双目平视，嘴角微闭，下颌微收，面容平和自然。

（2）双肩放松，稍向下沉，人有向上的感觉。

（3）躯干挺直，挺胸，收腹，立腰。

（4）双臂自然下垂于身体两侧，中指贴拢裤缝，两手自然放松。

（5）双腿立直、并拢，脚跟相靠，两脚尖张开约 60°，身体重心落于两脚正中。

3. 走姿 走姿又称步态。走姿要求“行如风”，是指人行走时，如风行水上，有一种轻快自然的美。

正确的走姿应是：从容、平稳，走出直线。

（1）双目向前平视，微收下颌，面容平和自然。

（2）双肩平稳、肩峰稍后张，大臂带动小臂自然前后摆动，肘关节微屈约 30°，掌心向内。

（3）上身自然挺拔，头正、挺胸、收腹、立腰，重心稍向前倾。

（4）注意步位。行走时，假设下方有条直线，男士两脚跟交替踩在直线上，脚跟先着地，然后迅速过渡到前脚掌，脚尖略向外，距离直线约 5 厘米。女式则应走一字步，即两腿交替迈步，两脚交替踏在直线上（一字步走姿）。

（5）步幅适当。男性步幅（前后脚之间的距离）约 25 厘米，女性步幅约 20 厘米。或者说前脚的脚跟与后脚尖相距约为一脚长。步幅与服饰也有关，如女士穿裙装（特别是穿旗袍、西服裙、礼服和穿高跟鞋）时步幅应小些，穿长裤时步幅可大些。

（6）注意步态。步态，即行走的基本态势。性别不同，行走的态势应有所区别。男性步伐矫健、稳重、刚毅、洒脱、豪迈，好似雄壮的“进行曲”，气势磅礴，具有阳刚之美，步伐频率每分钟约 100 步；女性步伐轻盈、玲珑，具有阴柔秀雅之美，步伐频率每分钟约 90 步。

（7）注意步韵。跨出的步子应是全部脚掌着地，膝和脚腕不可过于僵直，应该富有弹性，膝盖要尽量绷直，双臂应自然轻松摆动，使步伐因有韵律节奏感而显优美柔韧。

（五）交谈礼仪

小李是某星级酒店餐饮部的服务员。一次，有三个客人在酒店餐厅就餐，他们点了很多菜，其中的一道菜叫“海参扒肘子”。当最后一道菜上来时，小李发现餐桌上已经没有足够的空间可以放下新的菜品了，于是她不假思索就把新上的菜放在了客人吃的还剩一个肘子的海参扒肘子的餐盘上。其中一个客人发现后，半开玩笑地跟小李说：“小姐，我们这道菜还没有吃完，你怎么就把菜放到上面了？”小李当天正巧心情不好，听到客人说的话，更是不舒服，于是就顶了一句：“到这儿来吃饭，还在乎这么一个肘子吗？又不是没有钱。”本来开玩笑的一句话，经小李这么一说，客人笑意全无。于是，两个人就争吵了起来。客人觉得面子上很过不去，于是向餐厅经理投诉，小李受到经理的批评，向客人道歉。同时，酒店只得又重新做了一盘海参扒肘子给客人。小李的话无意间惹恼了顾客。在我们的服务过程中应该讲究哪些交谈礼仪呢？

1. 总体要求

（1）亲切。亲切是指服务人员的言谈要有人情味，要体现出服务人员对顾客的关怀。服务人员不能用平淡的、机械的语言与顾客交谈，而要用生动的、富有感情色彩的语言与顾客交谈。

（2）谦恭。首先，服务人员应以平稳的语气、柔和的语调、适中的语音和语速与顾客说话，显示对顾客的尊重。其次，服务人员在与顾客交谈时要多用敬语，除非想用比较随意的语言来表示双方之间的亲切和随意。再次，交谈以对方为取向。在交谈内容的选择上，以对方感兴趣的话题或是对方的思想、经历和感受为主要谈话内容，尽量少谈自己的思想、经历和感受；在语言使用上，尽量避免讲“我”，多讲“您”；在交谈过程中适当称呼对方的名字，也会让对方感到受尊重和重视。最后，在交谈时应尽量多倾听顾客的谈话。

（3）有效。首先，服务人员的言谈应规范准确，包括使用规范的服务语言，措辞得当，发音准确。其次，服务人员的言谈应简明扼要，在最短的时间内获得最为有效的信息。最后，服务人员的言谈还须因人而异。在接待顾客时，一定要充分注意顾客在年龄、性别、职业、身份等方面的差异以及在性格、心理、文化素养、风俗习惯上的不同特点，从而选择恰当的方式与顾客进行沟通。

2. 具体要求

（1）以顾客习惯的交谈方式谈话。以顾客习惯的交谈方式谈话主要包括以下三个方面的内容：一是谈话措辞日常化，与不太懂行的顾客交谈尽量不用专业语言；二是谈话语气日常化，不用平板的、机械的语调与顾客交谈；三是谈话的节奏日常化，即谈话可以停顿、可以重复。

（2）用委婉、商量的语气与顾客交谈。在与顾客交谈时，应尽量避免快人快语、直言直语，还应避免以专家、权威的口吻与顾客谈话。

（3）认同与赞美。要善于发现顾客的优点，要注意用恰当的方式去赞美。

（4）善于提问。服务人员在与顾客交谈时，要善于用提问的方式打开顾客的话匣子，从而自觉地把自己放在倾听者的位置，既让顾客感到受尊重，又为自己了解顾客创造了机会。但在提问时，应注意不应涉及顾客的隐私，以免让顾客产生被审问的感觉。

（5）避免使用否定性的消极语言。根据顾客至上的原则，服务人员在与顾客交谈时应避免任何可能使顾客感觉不愉快的语言表述，也就是应避免使用那些很容易在顾客心中激起一种负向情绪反应的否定性的消极语言。

（6）*不对顾客说“不”*。一般来说，用肯定的方式表达否定的意思比直接用否定的方式表达自己的意思在情感上更容易让人接受。另外，以曲折、隐晦的语言来表达自己的否定性意思，是通过暗示让顾客自觉意识到自己行为或要求的不合适，从而自己主动纠正自己的不合适行为或自动放弃不合理要求。

3. 倾听礼仪

（1）*认真倾听*。当顾客对你说话时，服务人员应认真倾听，表现出热情和谦恭。倾听应集中精神，在倾听时还不应随意打断对方谈话。

（2）*适当反应*。一个好的听众还需要对对方的谈话做一些适当的反应，以表示你在认真听。最为积极的反应是对对方的谈话表示认同或赞同。但如果你确实不赞同对方的观点，不应随意附和。如果无法做出上述积极的反应，至少应做一些基本的反应表示你在听。

（3）*多理解少评论*。对顾客所说的话，不仅要认真倾听，而且要努力理解。要从对方的角度、用对方的观点去思考问题，理解他为什么这样说，为什么采取这种态度，体会他的思想感情，懂得对方谈问题时的观点和看法。

（4）*不与顾客争辩*。在服务工作中，服务人员应始终以顾客为中心，一切都应由顾客说了算。要求服务人员在任何时候都应虚心，诚恳地接受顾客的批评、指责，从顾客的意见中认识服务工作的不足和存在的问题，并以此作为改善服务的动力，从而不断提高服务水平和服务质量。

复习思考

1. 为什么要服务群众？怎样为群众服务？
2. 仪容礼仪的总体要求是什么？
3. 交谈礼仪的具体要求是什么？
4. 怎样正确看待投诉？

模块十五

人生事业发展的动力——开拓创新

学习目标

理解从业人员为什么要具备创新精神和创新能力；培养和强化创新意识，开发创新潜能，具备不断创新的能力，为今后走上工作岗位、提高就业和创业能力打下坚实的基础。

名言警句

1. 抓创新就是抓发展，谋创新就是谋未来。

——习近平

2. 推陈出新是我的无上诀窍。

——莎士比亚

3. 不管记忆如何被风吹散，总会有些闪亮的东西留在心头。生活缺失了创新，记忆就会把你抛弃。

——莎士比亚

4. 处处是创新之地，天天是创新之时，人人是创造之人。

——陶行知

5. 创新就是在生活中发现了古人没有发现的东西。

——李可染

6. 敏于观察，勤于思考，善于综合，勇于创新。

——宋叔和

7. 掌握新技术，要善于领悟，更要善于创新。

——邓小平

8. 要成长，你必须要独创才行。

——歌　德

9. 苟日新，日日新，又日新。

——《礼记》

案例 1

“希望的田野”成就最美的青春

2019 年 3 月 3 日，在江苏省吴中区东山电商产业园，一场创业培训课正在火热进行。

前来参加培训的48名学员中，近80%为返乡创业的80后、90后大学毕业生，不少还是老同学。这次培训课的组织者徐纯就是一名在外打拼然后返回家乡创业的80后大学毕业生。

据了解，从东山镇走出去的80后、90后大学毕业生中，目前已有一半多的大学生选择了返乡创业。他们依托东山镇的农副产品优势，有的做电商，有的做农产品深加工，有的经营乡村民宿等。返乡创业大学毕业生群体，不仅给乡村经济注入了活力，也带来了新的市场意识、营销理念和生活理念。这一切正悄然改变着乡村，成为乡村振兴的新动能。

郑裕丰2012年大学毕业，大学学的工商管理专业。大学毕业后，他先后在连云港、深圳等地做珠宝电商，一度创下了年销售额过亿元的辉煌业绩。但是，郑裕丰不满足现状，2017年，郑裕丰回家乡东山镇发展。回到家乡后，郑裕丰发现，自己的小学同学、中学同学，大学毕业后返回家乡创业的人很多。

和郑裕丰一样，朱华也是一名返乡创业的大学毕业生。朱华2010年毕业于苏州大学，毕业后在一家软件企业工作。工作期间，朱华把自己工作的公司发展成客户，如公司采购的礼品，基本上都是父母或者亲友养殖的大闸蟹、种植的琵琶等。朱华觉得销售农产品前景很好，于是辞掉工作，回乡做起了农产品电商。2013年，朱华怀孕，咳嗽不止，又不敢吃药，于是她照着奶奶教给她的方法熬制枇杷膏，口感、疗效都不错。朱华灵机一动，就把琵琶做成商品，结果销量不错。不少同学、亲友尝过朱华的枇杷膏后，做起了她的分销商，一年卖出了数千瓶。东山镇的百姓发现，原本不稀罕的土方子竟然能赚钱。一时间，不少农户都开始熬制枇杷膏，以至于枇杷膏一度成了东山镇特产。然而，这种家庭作坊生产的枇杷膏，很快就被职业打假人盯上了，网上销售随即也被叫停。为了名正言顺地卖枇杷膏，2016年，朱华开始给枇杷膏申请生产许可证。朱华经过不懈努力，在各级质监部门、医学机构、行业专家的帮助下，制订出了一套标准。2018年，在经历3次修改、无数次奔波南京后，这套标准获得了质监部门认可。当年2月，朱华就拿到了生产资质。有了“准生证”，朱华的琵琶土方法生产开动起来。朱华这一创新举动，给乡亲们带来了一种土特产的“新玩法”。

像郑裕丰、朱华这样的大学生还有很多很多。对于这些返乡大学毕业生创业者，东山镇政府的评价是：“视野广、有文化、懂市场，是完全不同的一代新农民。他们大量返乡，并逐渐成为农村新兴产业的主力军。他们让农业成为有奔头的产业，让农民成为有吸引力的职业，让农村成为安居乐业的美丽家园”。

案例分析

李克强总理提出“大众创业、万众创新”，2018年9月18日，国务院下发《关于推动创新创业高质量发展 打造“双创”升级版的意见》。2018年12月20日，“双创”当选为2018年度经济类十大流行语。近年来大学毕业生越来越多，就业压力很大，选择创新创业，是不错的选择。大学毕业生返乡创业不仅解决自身的就业问题，还能激活乡村资源潜力。郑裕丰、朱华等大学毕业生让我们看到，人人都是创新之人，处处都是创新之地。不要轻易掐灭心中创新的火种，或许一个好的创意会成就一生的幸福，命运永远掌握在自己的手里。

案例 2

大学生创业月入5万　打通校园快递“最后一千米”

成都理工大学四位创业大学生瞄准“校园最后一千米”的配送空间，建起校园生活物流平台，用“服务到门”的贴心物流赚取每月5万元的收入，积攒校园内的人生第一桶金。

学校每天的快件收取量有几千单，但快递配送到学校都只在大门口等人自提，因为“最后一千米”的距离，收件人常常错过取包裹的第一时间。

四位创业大学生抓住商机，建立代收和代发快递的校园物流平台，由平台统一代收快递公司送来的校园内的快件，最后将这些快递送件上门。

李鑫宇是成都理工大学大三的学生。许久以前，快递公司忽视的“校园最后一千米”就吸引了李鑫宇和师兄胡金磊、黄长春、王露四人的目光。在校团委的支持下，2013年10月，代收和代发快递的物流平台进入学校市场，“统一代收校园内的快件，最后负责送到收件人手上，”黄长春说，“第一天只有一家快递公司把包裹给我们，就20多单。”但完成第一批包裹配送后，物流平台的客源就打开了。某快递公司的派件员余平说：“以前为了二三十个包裹，要在学校门口等几个小时，现在几分钟就交托了。”快递公司盘算过，向物流平台支付一定的费用，省下派件员的时间占领更多市场，划得来。一周后，物流平台每天处理的快件量就涨到了100多单。

物流平台的“顾客”送了胡金磊等人一个暖暖的名字——物流贴心男，“我们免费上门派送包裹代收快件，大家觉得贴心。”讨巧的服务把快递代收和代发做上路后，平台业务扩充到了校园餐饮和生活物资配送。“跟周边的商家合作，”胡金磊说，“一笔配送订单向商家收取1元的配送费，买家不多给钱。”

“一些商店还主动来找我们。”一家卤肉店老板透露，物流平台每天要帮他送200份餐：“他们比我们的员工方便，能进出宿舍。”宿舍管理员对“物流贴心男”的诚信可靠很放心，胡金磊他们还有专门服务女生宿舍的“物流贴心女”。

“快递每天有四五百单，收件是一单5角钱，发件4元到5元不等，行李发件每天有500元左右收入，送餐每家能送一百多单。”简单算一算账，胡金磊他们的月营业额能有5万元。“收入都来自我们与快递公司、电商企业和周围商家的合作，对学生来说，他们的购买成本没有任何增加。”自己当上老板后，李鑫宇都没问家里要生活费：“前两天我妈给我打电话，很担心地问我为什么不要钱买衣服，呵呵。”

服务最不能缺的是创意，在物流平台，有各种各样的活动吸引同学。如“签到”可享受赠品或打折卡，选择某家快递可以享受相应折扣等。“QLY”是物流平台的铁杆粉丝，每天都来刷个脸卡签到。

“现在每天和我们往来业务的有1 000多人次，一些电商和互联网企业已经把触角伸到了物流平台，他们提供一些技术产品或小礼物，我们掌握大量客源，为他们做活动推广等。”

全球最大的某电商企业已经和胡金磊谈妥，未来物流平台走到哪所校园，他们的合作就跟到哪里。原本在校园内有自提点的电商也在考虑和胡金磊他们合作。

2014年，胡金磊带着物流平台创业项目拿到了“中国创业榜样”全国训练营的“入学通知书”，并且获得第七届成都市青年创业大赛的桂冠和最佳商业模式奖。

（摘自：李媛莉 .2014. 华西都市报，01－14.）

案例分析

校园快递服务在很多大学都有，甚至有些大学比成都理工大学早了很多年，但是能把规模做得这么大、服务这么周全、得到如此高的信任度的恐怕不多。这四位大学生成功的原因除了贴心的服务，更重要的是创意。“服务最不能缺的是创意”，靠创意吸引学生，掌握大量客源，赢得更多更大的商家加入。同时他们有更大的追求和梦想，希望 2014 年内，能在成都高校建起 10～15 个校园生活物流平台，而且正在构建标准化，这个平台的发展空间会越来越大。是创新成就了他们的创业之路。胡金磊和他的团队的成功让我们看到，人人都是创新之人，处处都是创新之地。不要轻易掐灭心中创新的火种，或许一个好的创意会成就一生的幸福，命运永远掌握在自己的手里。

一、不走寻常路——创新

创新是一个国家兴旺发达的不竭动力。在知识经济时代、信息化时代，科技进步日新月异，创新已成为一种重要的战略资源。社会的发展根源于创新，我们要打破常规，不断突破，在生活中体验创新，享受创新成果。

（一）创新的本质在于打破常规

所谓创新，是指人们为了发展的需要，运用已知的信息，不断突破常规，发现或产生某种新颖独特的、有价值的新事物和新思想的活动。创新的本质强调突破，即突破旧的思维定式、旧的常规戒律，它追求的是新异、独特、最佳、强势。创新活动的核心在于“新”，它可以是产品结构、性能、外部特征的变革，可以是造型设计、内容表现形式和手段的创造，也可以是内容的丰富和完善。在实践活动中，创新表现为开拓性。

某公司招聘业务经理，初试过后剩下三人。主考官出了一个营销梳子给和尚的题目，要求他们到附近的一座庙里去推销梳子。

第一个人垂头丧气地告诉主考官：“和尚没有头发，他们不要梳子。”

第二个人高兴地告诉主考官：“我营销了 10 把梳子给和尚，用来给香客敬神时梳理头发。”

第三个人平静地告诉主考官：“我营销了 3 000 把梳子给和尚。”主考官非常惊讶忙问他是怎么推销的。这个人说：“我动员和尚为了增加收入，把梳子作为功德梳，用来做在香客捐款后赠送的礼品。”

故事中的三个推销员，不同的市场观念，得到不同的市场效果。对大多数人而言，把梳子卖给和尚，是一件不可能完成的任务，然而打破常规，另辟蹊径，就有可能创造奇迹，变不可能为可能。后两个推销员尤其是第三个推销员正是突破了原有的思维定式，他们抓住营销的关键——发现需求、创造需求，结果成功地把梳子卖给了和尚。

我们的生活和工作规律其实也和这三个推销员的故事一样。有的人安于现状，墨守成规，按常规办事，结果是这也不可能、那也不可能，到头来一辈子一事无成；有的人大胆地去尝试，不怕失败，在别人看似不可能的情况下，照样取得了成功。

创新实践不是重复过去的实践活动，而是不断发现和拓宽人类新的活动领域，它最突出的特点是打破旧的传统、旧的习惯、旧的观念、旧的做法。创新的过程在于建立某种新东西，而非原有事物的再现，也就是说，创造性而非重复性。与创新相当的概念一般有创造、发现、发明、革新、创意、革命等。创新不一定要发明新东西，一个绝妙的想法、一个新颖的主意都是创新。

创新意味着突破、飞跃和前进。创新需要不断突破常规，创造一件前所未有的东西，因此，提出新理论、新构想或发明新技术、新产品并非易事。对于创新者来说，创新能力除了受教育程度、知识水平、积累的经验和社会经历等基本因素影响外，还应具有克服逆境的决心、勇气、毅力、信心和意志，应具有综合运用各方面知识、经验、资源的能力，丰富的想象力和准确的判断力，创造性地解决问题的能力，综合运用科学理论和方法的能力，把设想变为现实的能力等。在此基础上，我们才能清楚地认识创新、准确地把握它、熟练地运用它，才能在瞬息万变的大千世界中抓住机遇，从容应对挑战，获得无限的发展空间，使梦想变为现实。

生活中，每个人看起来都是忙碌不堪，但是当被问到为何而忙时，大多数人除了一问三摇头之外，唯一可能的回答就是："瞎忙。"

> 法国科学家约翰·法伯曾做过一个著名的"毛毛虫实验"。这种毛毛虫有一种跟随者的习性，总是盲目地跟着前面的毛毛虫走，法伯把若干只毛毛虫放在一个花盆的边缘上，首尾相接，围成一圈，花盆周围不到20厘米的地方，撒了一些毛毛虫喜欢吃的松叶，毛毛虫开始一个跟一个，绕着花盆，一圈又一圈地走，一个小时过去了，一天过去了，毛毛虫们还在不停地坚韧地团团转，一连走了七天七夜，终因饥饿和筋疲力尽而死去。这其中，只要任何一只毛毛虫稍稍与众不同，打破常规，便立即会吃到松叶，过上更好的生活。

人又何尝不是如此，随大流，绕圈子，瞎忙空耗，终其一生。一幕幕悲剧的根源，皆因因循守旧、故步自封。缺乏主动参与热情的人生是空洞的、乏味的，失去目标的生活更是盲从而无意义的。古希腊彼得斯说："须有人生的目标，否则精力全属浪费。"古罗马小塞涅卡说："有些人活着没有任何目标，他们在世间行走，就像河中的一棵小草，他们不是行走，而是随波逐流。"这反映了生活的真谛，更反映了创新的实质，不在于盲从，而在于主动参与、打破常规、有所创造。

（二）创新是一种不断突破的精神

创新精神的本质是在现有的基础上寻求突破的一种精神，这种精神集中体现在意识、思维和个性上。一个人要培养创新精神首先要有创新意识，它反映的是一个人对于创新的认识水平和自觉、主动水平。正如施正荣所说："企业的率先发展，首先应该是理念的率先，否则不可能有创新行为。"创新意识主要包括对创新的性质、意义等的认知，对创新的渴望与需求，对创新的喜欢与享受创新的过程。创新思维是一种高级的思维形态，它既是一种能动的思维过程，又是一种积极的自我积累过程。创新思维是指能够提供新颖的、独特的、有价值的产品的思维，它包括发现新事物、揭示新规律、创立新理论、创造新方法、创作新产品、发明新技术、研制新产品、解决新问题等的思维活动过程，具有流畅性、变通性、独创性、精密性等特点。创新个性就是充满好奇心、想象力、挑战性、冒险性、勤奋敬业、团结协作的个性，就是骨子里不盲从的性格。

要培养创新精神，必须摆脱“自我设限”。

> 科学家做过这样一个实验：他们把跳蚤放在桌上，一拍桌子，跳蚤迅即跳起，跳起高度均在其身高的100倍以上，堪称世界上跳得最高的动物。然后科学家在跳蚤头上罩一个玻璃罩，再让它跳，这一次跳蚤碰到了玻璃罩，连续多次后，跳蚤改变了起跳高度，以适应环境，每次跳跃总保持在罩顶以下的高度。接下来，逐渐改变玻璃罩的高度，跳蚤都在碰壁后主动改变自己的高度，最后，玻璃罩接近桌面，这时跳蚤已无法再跳了。科学家于是把玻璃罩打开，再拍桌子，跳蚤居然不会跳了，由跳蚤变成爬蚤了。跳蚤变成爬蚤并非它已丧失了跳跃的能力，而是由于一次次受挫后学乖了、习惯了、麻木了。最可悲之处就在于实际上的玻璃罩已经不存在，它却连再试一次的勇气都没有，玻璃罩已经罩在了潜意识里，罩在心灵上。

创新的欲望和潜能被一次次习惯和适应扼杀了，这种现象称为“自我设限”。人生最可怕的也是“自我设限”。创新的欲望和激情不要被一次次困难、挫折、障碍和失败所湮灭。

人要想有所创造、有所提升，必须挣脱“自我设限”。正如著名跳水冠军高敏在接受记者采访时说：“我成功的秘诀就是能战胜我自己。”不断突破的顽强意志、坚韧不拔的进取品质使她摆脱逆境，走向成功。人生不是一帆风顺的，要正确面对人生的挫折。摆脱“自我设限”，首先要认识到“过去不等于未来”。过去的成功，并不代表未来会成功；过去的失败，也不代表未来注定失败。成功和失败都不是最终的结果，它只是人生旅途的一种经历。其次必须克服自卑心理。自卑是一种轻视自己的消极情绪，它对于人的思维活动、创造活动和其他活动都有明显的抑制作用。一个人如果做了自卑情绪的俘虏，就很难有所作为，更谈不上有所创新。自卑者胸无大志，安分守己，随波逐流，人云亦云，缺乏创造力、想象力，生活毫无激情而言。自卑，严重压抑人们的聪明才智的发挥，是压抑自我的一种沉重的精神负担。它以自我怀疑和自我压抑开始，以自我消沉和自我埋没而告终。过于自卑就无异于自毁，只有打破自卑感这层坚冰，树立坚强的自信心，创新的火花才能放射出耀眼的光芒。

（三）创新是一种生活体验

创新不是闭门造车、冷眼旁观，而是一种全新的生活体验。其实每个人天生都有一部创造机器，它使我们在生活面前不再束手无策。但是，只有当我们放松心情，给机器松绑，让它能够自由运转，才会在无意中获得更多的收获。创新不是我们大脑想出来的，而是一种源于对生活毫无功利性的细心观察、真实体验，是一种生活习惯。有人说在生活中观察，在观察中体验，在体验中创新。观察是综合利用我们的视觉、听觉、味觉、触觉等所有感官进行主动、深入的感知，从而产生强烈的感受和真实的体验。只要我们细心观察、用心体验，一个普通的暖水瓶、公文包，甚至是一个杯子、一片树叶，都会有打动我们的地方。观察可以唤醒人们心中蕴藏已久的思想、情感，在生活中产生创造行为。

> 鲁班小时候跟随师傅上山砍柴，不小心被芭茅草划破了手。经过仔细观察，他发现这种草叶口有许多排列整齐的小齿，深受启发，于是发明了木工用的锯齿。德国音乐家布什曼，在随意把玩木梳的过程中受到启发，突发灵感，发明了口风琴。我们在细心观察生活、娱乐生活的过程中，也会受到某种生活原型的启发，从而迸发创造灵感，获得意想不到的收获。

创新是一项轻松的活动、一种真实的体验，也是一种轻松愉悦的心态。创新可以改变生活，让中规中矩的生活迸发灵性，变得更加丰富多彩。这种充满无限创意的生活带给我们无限乐趣。其实创新并不是严肃的学术课题，不需要眉头紧锁，时刻做思考状，而是一种轻松、愉悦的美好心态。陶行知说："要解放头脑、双手、脚、空间、时间，充分得到自由的生活，从自由的生活中捕捉思维的火花。"心理的安全和自由，是迸发无限创造灵感的土壤。

河北省石家庄市有一位大学生，凭借自己的慧眼和独特创意，发明了一种三只装的连体式手套，取名为"情侣手套"。他的灵感来源于观察到很多年轻情侣依偎着携手并行的细节。这种将两双手套"合二为一"的联体式手套，很受年轻情侣们的青睐，让他一个冬天赚了近10万元，被人称为"会用脑子赚钱的小伙子"。创新无处不在，一个好的创意来源于对生活的细心体察。在轻松愉快的心态下，体验生活、享受生活，或许会迸发出创意灵感，你会发现创新原来如此简单。

轻松使人创新。文学巨人高尔基曾经写了一篇小说，但总觉得其中有一个词用得不够准确，于是他日夜字斟句酌、冥思苦想、反复推敲，却还是没有找到特别合适的词。他决定索性放下来，暂时不去想。一天，他在看马戏的过程中，顿感心情愉悦、豁然开朗，一个词突然在脑海里闪现，用在他的那篇新作里再合适不过了。他如获至宝，在原稿上迅速做了修改，完成了又一部创新巨作。元素周期律是门捷列夫一个灵感闪现发现的，但如果没有20年来的长期积累、艰苦探索，他也不会产生顿悟、出现灵感，更不会有伟大的发现。

创新不是一件遥不可及的难事，更不是某些人的专利，每个人随时随地都可以参与其中。创新能力是每个正常人所具有的自然属性与内在潜能，是普通人和天才所共同具有的才能。创新已经不再是科学家、发明家的专利，它已经深入到普通百姓的生活中。无论是一个小小的创意，还是一项伟大的发明，都是创新，都有价值。所以说，"人人都是创造之人"，每个人都能利用自己的聪明才智，不断创新；"处处是创造之地"，创新无处不在，在我们的观察中、在我们的思考中、在我们的游戏中、在我们的生活细节中；"天天是创造之时"，生活中的每一天、每一时、每一刻，只要我们保持生命的活力，就会在无意中创造一个又一个奇迹。

生活是最好的老师，只要拥有一双慧眼、保持一颗慧心，多多思考生活中的不便，仔细分析考虑，就能找到许多创新的主题。观察到每次翻书费时费力，有人发明了"精确书签"，既节省了时间，又方便了读者；观察到生活垃圾分类难，有人发明了"家用分类垃圾桶"，解决了家用垃圾二次污染的问题；观察到文具店的顾客在选购商品时，往往不只选购一样商品，有位玩具商发明了文具组合，内装有笔、胶带、剪刀等办公用品，迎合了消费者的需要，也给自己带来了无限商机。

二、唯有创新才能不断前进

生命不息，创造不止，敢于打破常规才能有所创造。人不能满足现状，满足就意味着停止。只有创新才能不断发展，只有创新才能自我实现，也只有创新才能获得成功。

（一）永不满足，不断创新

不断创新的动力是需要，人的需要是推动人进行创新活动的内部动力和源泉，是激励人们去行动以达到一定目标的内在原因，它引发着人的活动能量，规定着人的行动方向，直接导致人的各项活动。从最根本上说，人的需要有生存的需要和发展的需要两种，它们推动着人们从事改造自然界和改造人类社会的实践活动。人靠劳动生存，靠创新发展。当一个需求满足以后，又会有更新、更高的目标产生，人的需要从来不会满足。人需要通过永不停息的劳动、探索和创造，来满足一个又一个新的需要，推动着人类社会的发展进步。

人的需要是多种多样、丰富多彩的。美国现代主义心理学家亚伯拉罕·马斯洛提出了“层级需要”理论，他认为人们是由低级层次到高级层次依次满足他们的需要，当较低层次的需要满足以后，下一个更高层级的需要即开始活动。人们越是满足高级的需要，就越有深刻的满足感，达到精神的安宁，使自己的生活得到更大的充实，自我实现的人自然也就是最幸福的人。

需要无止境，创新无绝期。据马斯洛估计，就我们社会中普通的成年人而言，约85%的人满足了生理上的需要，70%满足了安全与保障的需要，50%满足了爱及归属的需要，40%满足了受尊重的需要，只有1%～10%的人满足了自我实现的需要。自我实现是人的最高层次的需要。他认为，人都有发展或成长的愿望和趋势，成为探索真理、有创造力、有美好愿望的人。对于自我实现的需要来说，人的其他一切需要都可以看作是达到一个终极目的的手段。因此，创新的动力来源于对发展的依赖，来源于自我实现的需要，来源于对成功的渴求。

（二）具有危机意识

创新是一个民族进步的灵魂，是国家兴旺发达的不竭动力。如果自主创新能力上不去，一味靠技术引进，就永远难以摆脱技术落后的局面。一个没有创新能力的民族，难以屹立于世界先进民族之林。从某种意义上讲，创新已经成为当今这个时代的标志和潮流。要想领先，就必须不断有新发明、新创造、新创意。创新增加社会财富，提供发展动力；创新推动社会发展、国家繁荣、民族振兴。没有创新就没有发展，我们应该永不停歇地追求创新，追求发展，追求竞争力的飞跃。要么创新，要么灭亡。

当今世界，竞争激烈，危机无时不在、无处不有。有竞争，可以推动社会进步，有危机意识，可以激发创新灵感。

> 有个关于狮子和瞪羚的非洲谚语：在非洲，瞪羚每天早上醒来时，它知道自己必须跑得比最快的狮子还快，否则就会被吃掉；狮子每天早上醒来时，它知道自己必须超过跑得最慢的瞪羚，否则就会被饿死。不管你是狮子还是瞪羚，当太阳升起时，你最好开始奔跑。

只有居安思危，才能保持清醒的头脑；做到未雨绸缪，才能防患于未然。

追求成功没有彼岸、没有终点，我们必须做到精神上不放松，思想上不懈怠，多做为明天竞争打基础的事，着力提升竞争能力，才能做到“先人一步、快人一拍、高人一筹”。我们要清醒、理性地认识到我们与高素质竞争对手的差距。“逆水行舟，不进则退”，我们没有任何理由骄傲自满。我们必须时时刻刻找差距，通过这些差距来证实自己面临的压力，并勇于承担起这些压力，借助压力自我鞭策，看到自己的短处，追求细节的完美，不断地改进和完善工作，以强烈的紧迫感、危机感、使命感和敬业精神来迎接挑战，争取为社会多做贡献。

（三）勇于创新使人出类拔萃

民族的创新、国家的创新、社会的创新、企业的创新，归根到底是人的创新。人是创新活动的主体，创造性是人的主观能动性的最高表现。英国哲学大师罗素说：“是我们创造了价值，是我们的欲望授予了价值。”人作为创造主体不仅对自然界和人类社会进行能动性的创新性改造，而且对人自身进行能动性的创新性改造。创造改变了人本身，使我们和其他动物区别开来，使人与人区别开来。那些享有社会威望的科学家、艺术家、文学家、企业家之所以受到人们的尊敬和爱戴，无不是因为他们为人类社会的发展进步做出了创造性贡献。

创新是提升个人素质的重要手段。在当今社会，创新精神和创新能力是大学生素质教育的核心。创新是人的综合能力的外在表现，它以深厚的文化底蕴、高度综合化的知识、个性化的思想和崇高的精神境界为基础，是一种认识、人格、社会层面的综合体，涉及人的心理、生理、智力、思想、人格等诸多方面，并和这些方面相辅相成。创新能巩固和提升人的综合素质。

创新是提高个人竞争力的最佳方式。在当今社会市场经济的条件下，竞争能力的高低至关重要，它直接关系着劳动者的前途和命运。创新能力将成为个人生存、竞争、发展和完善的必要条件，创新精神和创新能力是我们终身学习的保证。在知识无限膨胀、陈旧周期迅速缩短的情况下，我们的社会职业将变得更加不稳定。具备创新意识和创新能力的人，善于利用各种有利条件和资源，根据所从事的工作不断完善自己的知识和能力结构，更好地完善自我和适应社会。

创新是个人事业发展的巨大动力。事业是创新的基础，岗位是创新的平台，创新是推动事业发展的巨大动力。我们的事业是否能立于不败之地，是否能推向新的境界，取决于我们是否能持续不断地推进创新。事业的根基在于创新。事实证明，谁能紧跟时代步伐，审时度势、抓住机遇、锐意进取、大胆创新，谁就会成为事业的弄潮儿。任何人的事业发展必然依靠不断突破，不断提出新的见解、解决新的问题、开拓新的领域、创造新的事物。

宫世荣，1991年7月出生，2013年毕业于辽宁农业职业技术学院农学园艺系园艺专业。2013年春节回家，宫世荣发现，河南省栾川县当地的特色农业刚刚起步，规模不大、核心技术不强，他萌生了回乡创业的想法。3月，宫世荣在顶岗实习期间放弃了企业的优厚待遇，义无反顾地辞掉工作，回到家乡，开始了自己的自主创新创业之路。

“我想回来种植高端品种葡萄。”当时，宫世荣向家人朋友讲述自己的创业梦，所有人都不理解，年薪丰厚，为什么回家种葡萄？“你只管往前冲，爸帮你。”关键时候，父亲坚定地站在儿子身后。没有钱，宫世荣拿出全部积蓄，父亲帮他四处借钱，用拼凑出的17万元注册了栾川豫鸾特色葡萄庄园；没有地，父亲带着他一家家、一户户，讲规划、描理想、绘蓝图、谈未来、表决心。最终，他赢得大家的支持，农户们放心地把自己的土地交给他打理。宫世荣一家人共同挖沟、施肥、修畦……没日没夜地投入到园区建设中。每天近万次的弯腰，高达十多个小时的田间劳作，全场配方农家肥的投入，精细化管理。一次次辛勤劳作，换来一个立体种植的葡萄庄园初步建成。宫世荣凭借他的技术、经验、胆量、干劲以及精心的管理，在2013年年底赚取了创业以来的第一桶金——7万元，这让他信心大增。

2014年，栾川县开展农民教育培训，宫世荣参加了培训。通过培训，宫世荣学到了更多的种植技术、营销技巧，还认识了很多业内人士。由于葡萄品种好、管理好，宫世荣的葡萄庄园硕果累累，2014年年收入23万余元。合峪镇评选先进个人，宫世荣被评为“技术标兵”；栾川豫鸾特色葡萄庄园被评为“全国农技推广科技示范户”。

2015年，整个农产品销售形势都不是很好，然而经过前两年的不懈努力，豫鸾特色葡萄庄园的葡萄大卖热卖，供不应求，利润不但没减少，反而翻了近3倍。经过3年的努力，宫世荣由一个穷小子，变成拥有百万资产的知识分子。2015年1月，宫世荣受聘于农业部农民科技教育培训中心栾川分校兼任教师，3月，被洛阳市科学技术协会评为“洛阳市优秀科普带头人”，6月，被合峪镇委员会评为“优秀党员”。

2016年年初，宫世荣向栾川县相关单位申请科技扶贫资金80万元，在合峪镇至白云山国道311沿线发展复合式观光采摘果园130亩，累计带动砚台村、黄土岭村、钓鱼台村的村民及贫困户120余户400余人创业致富。

2017年年末，宫世荣投资建设7.6亩连栋日光温室，致力于栾川县鲜食葡萄“一年多熟”栽培项目研究。

2018年日光温室“一年多熟”葡萄栽培项目获得成功，第一茬葡萄在6月末7月初上市，完成立体栽培模式实验。2018年，宫世荣被授予“洛阳市青年脱贫致富带头人”荣誉称号。

宫世荣计划，到2019年年末，成功建设4个葡萄产业示范园，预计总栽培面积150亩，到2021年实现年收益700万元，纯利润400万元，实现带动脱贫群众400户，年增收1.9万元。

“咬定青山不放松，心无旁骛创品牌”，作为新时代的高素质农民，把栾川豫鸾特色葡萄庄园做得更大、更强、更响，是宫世荣的梦想，如今的他正一步一步脚踏实地地向着自己的梦想迈进。

唯创新才能脱颖而出，才能战胜自己，在竞争中获胜。微软的成功就在于依靠紧紧抓住最具潜力的新兴产业，紧紧抓住新兴产业中最具控制力的项目，然后通过创新不断淘汰自己的产品。在我国香港经济迅猛发展且又变化莫测的几十年中，李嘉诚凭借自己审时度势的眼光、准确的判断力和先发制人的执行能力，赢得一个又一个先机，在商界竞争中独领风骚。

著名经济学家熊彼得先生认为，企业家成功的原动力就是创新。他同时列举了企业家应当具备的能力：①发现投资机会；②获得所需的资源；③展示新事业美丽的远景，说服有资本的人参与投资；④组织这个企业；⑤担当风险的胆识。所有成功的企业家，无不经历这个过程，无不具备这些能力。从这些能力里可以看出，创新能力可体现为洞察力、预见力、想象力、判断力、决断力、行动力等。

船王包玉刚凭借企业家的个人魅力创造奇迹。他在当时急需大量资金的紧迫形势下，获得了多家银行的无抵押贷款。不止一家银行肯为包玉刚无抵押贷款是看重了他的“个人无形资产”，即在几十年商海沉浮中建立起来的影响力、经营能力、预见能力和高业信誉。这本身就是一件史无前例的“创新”。包玉刚的身上充分体现了一个成功企业家勇于创新、敢想敢为的气魄和超然智慧。

洛克菲勒说：“如果你想成功，你应辟出新路，而不要沿着过去成功的老路走，即使你们把我身上的衣服剥得精光，一个子儿也不剩，然后把我扔在撒哈拉沙漠的中心地带，但只要有两个条件：给我一点时间，并且让一支商队从我身边经过，那要不了多久，我就会成为一个新的亿万富翁。”这样的豪情壮志，令人无不动容，这才是一个受人敬仰的大企业家的根本素质：绝地求发展，白手打天下。比尔·盖茨等人的成功，无不是凭借大胆的创新精神和非凡的创新能力取得的。

三、迈出创新步伐

如今的竞争异常激烈，如何在竞争中立于不败之地，最关键的是创新。如何迈出创新步伐，找到创新思路呢？

（一）敢于打破常规

突破常规是创新的本质要求。每一次创新无不是一次新的突破，敢于打破常规才能有所创造。生活中我们会随着经验的积累和习惯的养成，慢慢地形成一套相对固定的思维模式，即思维定式。“思维定式”是一把双刃剑，让我们对日常事务的处理相对轻松，少走弯路，但当新情况、新问题出现时就表现出很大的局限性，有时候甚至会成为创新的绊脚石，束缚人们的思想，阻碍人们向更新、更高、更宽广的未知领域开拓进取。勇于突破思维定式，不从众、不盲信权威、不固守经验、不迷信书本、不以自我为中心、不迷信标准答案，是创新者必备的素质。北宋政治家、文学家王安石说：“天命不足畏，祖宗不足法，人言不足恤”，表达了他破除守旧心理，推行变法的决心。马其顿·亚历山大大帝最终会成为亚细亚王，和他不墨守成规，敢于打破常规、敢为人先的勇气和信心有直接关系。既然人们无法提炼出高纯度的晶体，干脆反其道而行之，在实验过程中故意掺些杂质进去，反倒研制成功了第一部“半导体”。

当越来越多的农民涌进城里务工寻找致富门路的时候，一些大学生刚好相反，他们自愿放弃优越的城市生活，回到农村种菜、养猪……

在江西安远县三百山镇，六名“80后”的大学生创办起“众诚瓜果栽培基地”。他们从借款30万元起家，现在已经建成近百亩的现代农业瓜果栽培基地，五彩斑斓的田园承载着他们的“绿色梦想”。

创业需要冲破观念壁垒。刚刚建基地时，许多亲友不理解：一个大学生带着女友到外地的农村干农活，简直太没出息了。当时他们精神压力很大。

建设初期，搭建大棚、购种、化肥农药及试验每样都需要大量资金，他们六人分成三伙入股，每股10万元。起初，父母们不太支持。六名大学生之一郭帅以前在河南省郑州市一家公司做种子销售员，每月有3 000多元收入，放弃稳定的工作到农村种地，家里人不理解。郭帅一方面给父母做工作，另一方面四处向亲戚朋友借钱。李华和杜宗涛的父母思想都比较传统，不喜欢自己的孩子念了大学还去种田。但这些年轻人没有动摇，因为这一创业极具挑战性。

六个年轻人抱着初生牛犊不畏虎的精神，引进了“日本小青瓜”“红春早玉”“一口茄”“娃娃菜”等十几个瓜果品种，一年种3～4茬，错开上市高峰，并把销售点定位在广州、深圳等沿海大中城市。他们把大学里学到的知识全都搬了出来，开始了艰辛而漫长的创业路。六人的梦想随第一批种子一起植根入土。育苗锄草、施肥灌溉、测温挂牌、修剪打药……吃的是粗茶淡饭，干的都是农家活。但说起专业，说起基地的前途，大家信心十足。

功夫不负有心人，通过一年多的努力，长长的“小青瓜”、红红的“圣女果”、拇指般大小的“一口茄”脱颖而出，荒地里长满了绿油油的蔬菜、大棚里结满了五彩斑斓的果实。而六名大学生齐心协力、吃苦耐劳、经得起失败、敢于挑战现实的创业故事和精神也受到当地百姓的称赞。

由于基地里生产的全是当地没有的蔬菜、瓜果，而且他们在广州、深圳等地建立了固定的销售市场，这些“绿色食品”以高出当地市场3～6倍的价格销往各地，亩均收入近4万元。目前，产品在广东、上海市场供不应求。

他们打破传统的种植模式，让现代农业植根新农村。他们通过基地示范让农民了解到，大棚蔬菜能打破季节和市场的限制；新品种可以拓宽市场需求；“订单农业”能给农民增产增收带来保护；未来农业发展应该走一条生态、循环、高效节约的道路。目前，他们已经拿出了详细的方案，准备带领当地百姓通过“订单农业”的形式进行推广种植，据预算，每亩比过去至少可以增加两三千元的收入；再接下来就是结合当地的旅游资源，将基地建设成为集生态农业、田园观光、农事体验、农家餐饮于一体的生态家园。

六名年轻的天之骄子，顺着时代发展的巨轮，载着田园创业的梦想，正朝着更高更远的目标前行。

（二）敢于犯错误

要想有所创新，必须敢于冒险，敢于犯错误。有的人害怕冒风险、害怕失败、害怕犯错误，所以迟迟不敢迈出创新的步伐，压抑了潜能的发挥，失去了很多创新机会。怕犯错误的心理使很多创新性活动难以展开，所以很多人满足于日复一日地重复自己很熟悉、很擅长的事情，而不敢尝试不熟悉的事情。这种人慢慢地埋没了创新潜质，失去了很多机会。心理学上的“瓦伦达心态”就是告诫人们行动之前不必患得患失，先行动起来，在行动中纠正、调整、完善、提高。每位成功人士无不具备敢冒风险、敢于尝试不熟悉的事情、敢于接受失败、敢于创新的品质。美国康奈尔大学的威克教授说：“横冲直撞比坐以待毙高明得多。”英国海军统帅纳尔逊说：“没有尝试的地方，就绝对没有成功。”凡·高说：“如果我们做任何事情都没有勇气尝试，那人生还有什么意义。”马克思说：“伟大的阶级，正如伟大的民族一样，无论从哪方面学习都不如从自己所犯错误的后果中学习来得快。”我们鼓励创新，接受错误和失败，就是因为成功的基石是反复的实验和失败。

任何一次创新无不伴随着风险和机遇。遭受失败和挫折并不可怕，因为失败与成功如影随形，只要从挫折中汲取教训，就会获得新的生机。没有人会被失败击倒，能击倒你的只有你自己。汉明帝时，班超出使西域，为了和西域建立友好邦交关系，班超深入虎穴、出奇制胜，连夜带领36名随从一举歼灭阻挠建交的匈奴使团，使西域和汉朝和好。班超凭借“不入虎穴，焉得虎子”的胆略与忠勇，以及不怕犯错误、不怕担责任的大无畏精神成为民族英雄而流传千古。

索尼公司衡量人才标准的第一条是：有好奇心，对新生事物有很强烈的猎奇能力，有很强的创造欲望。企业应该充分尊重每一位员工，并允许员工有不同意见，包括一些难免的错误。只要能知错就改，引以为戒，就有可取的地方。索尼公司总裁盛田昭夫对下属说：“放手去做好你认为对的事，即使你犯了错误，也可以从中得到教训，不再犯同样的错误。”索尼公司的开拓创新精神和管理者的宽容和明智，使员工敢放心大胆地探索、实验、发挥创意、追求更新，从而使索尼不断有大批人才涌现、新产品脱颖而出，在激烈的市场竞争中立于不败之地。

英特尔、飞利浦、西门子等公司在员工中极力提倡敢于失败的创新精神，他们对员工充分授权。一些企业在对应聘者进行面试时，甚至把“犯过多少次错误”作为考题，用以选拔真正用心工作的员工。现在越来越多的企业认识到“不犯错”并不是衡量优秀员工的标准，那些在未知领域积极开拓的员工自然要比“明哲保身”“不做不错”的员工犯错概率大。在企业中，员工犯错有时候在所难免，要鼓励员工大胆创新，允许员工犯一些错误，重要的不是追究责任而是找到更好的解决问题的方法。

（三）激发你的创新欲

一个人能否创新，首先取决于自己的欲望是否强烈。创新欲是激发创新行为的原动力。创新欲直指创新动机，它是与一定的创新目标和创新行为相联系的，能够为创新行为提供原动力。创新欲望越强烈、目标越明确、行为越果断，创新成功的机会就越大。有人说世界上没有“创新的天才”，只有“天天想创新的人才”。

创新的潜质与生俱来，但必须有强烈的动机来激发。南非黑人领袖曼德拉，为争取民族的独立和人民的自由，决心与种族主义斗争到底，纵然坐牢27年，斗争一刻也没有停止过，最后打破了封建枷锁，成为南非历史上第一位黑人总统。“国父”孙中山先生和文学大师鲁迅，都是为了实现挽救民族危亡的共同理想和强烈愿望，才放弃了从医的初衷，一个投身于革命救国，一个投身于文学救国，最终彻底改变了自己的人生轨迹，为中华民族的进步事业建立了不可磨灭的功勋。

> 某公司要招聘一位总经理助理，由于薪水丰厚，前来应聘的人很多，刚刚毕业的小张也前来应聘，被安排在47号面试。由于太想得到这个职位了，怕错失机会，他急中生智，递了一张纸条给主考官，上面写着：“尊敬的考官先生，请不要在47号出现之前做出用人的决定。”结果他如愿被录用。正是他的创新举动，给他赢得了宝贵的机会。请不要错失良机，社会需要敢想敢为的青年。

任何创新活动都是在一定的创新动机驱使下完成的，其中兴趣和爱好是激发创新行为的内在动力。“兴趣是最好的老师”，浓厚的兴趣必然产生强烈的创新欲望。什么动力都比不上“热爱”的力量来得强烈，很多人正是做了自己喜欢做的事情，才激发出创意，获得人生、事业的成功。日本的渡边淳一，年轻时是一位医生，出于对写作的无比热爱，他最终放弃了从医，选择了写作，后来成为家喻户晓的作家。美国弗吉尼亚的知名画家摩西，曾是一位普通村妇，年逾古稀，凭借对绘画艺术的热爱，她拿起画笔，在80岁那年举办了个人画展，而后一举成名。所以，只要真心热爱，哪怕是常人眼里枯燥、乏味的事情，也是充满吸引力和美感的。很多人不停地创造，并不只是为了结果，也很享受创造的过程。正如诺贝尔奖获得者杨振宁进行科学创造，并不仅仅是因为它是有用的，特别是当代理论物理对自然的探索，离实际应用还有相当远的距离，那么支配他献身于科学的原因是什么？正是自然的美、科学的美。

（四）充分发挥人才的潜质

潜能是创造力的根基。创造力的大小关键在于天赋与潜能是否被充分地开发和释放。美国加利福尼亚州富尔顿学院心理学系的一个报告证实了这一点，报告的结尾写道：“编撰20世纪历史的时候，可以这样写：我们最大的悲剧不是恐怖地震，不是连年战争，甚至不是原子弹投向广岛，而是千千万万人生活着然后死去，却从未意识到存在于他们向上的巨大潜力。”所谓潜力或潜能，是指人们经过后天努力可能发挥出来的最大能量，潜能包括智商潜力和情商潜力，是思维能力和行动能力的统一体。据分析，人的潜能开发几乎是无穷尽的。

1980年，著名心理学家奥托指出："一个人所发挥的能力，只占他全部能力的4%。"即使是爱因斯坦这样伟大的天才，其潜能的发挥也不足个人才智的10%。

潜能的开发与应用决定了创新能力的大小。促使潜能开发与应用的方法和途径多种多样，主要可以通过积极的引导、适度的压力、有针对性的练习和积极主动的学习等途径展开。

首先，积极的引导可以激发人内心渴望成功的欲望与强烈的发展需求。如果对这种发展意识给予有益的暗示、引导、规划和培育，就能把人内在的潜能很好地调动起来、激发出来。积极的心态、明确的目标、有效的时间管理和积极的行动是一条引爆潜能的必由之路，是一条创新之路，一条发展之路。

其次，适度的压力对开发潜能是必不可少的，它是我们前进路上的动力。在激励的比赛竞争中，一项项赛事纪录被刷新，无不是压力的结果；飞将军李广，当年能把一支箭硬生生地射进一块磐石，是何等的情急之下；日本一位母亲能在孩子不慎坠楼的瞬间，狂奔过去并准确接住孩子，不能不说是奇迹……正所谓"没有压力就没有动力"。在看似无法完成的压力面前，人们别无选择，只能破釜沉船、背水一战，往往会激发人们的内在潜质，表现出超常的能力与智慧，创造出一个个奇迹。所以，不仅不要害怕压力，还应该积极主动接受挑战。人的潜能开发遵循着"马太效应"，越开发、越利用，就越迸发出强劲的创新能量。

再次，有针对性的练习可以帮助我们开发潜能，培养创造能力。可以通过细心观察生活来拓展视野；通过反复思考，来尝试多角度思考问题、多种方式解决问题，从而培养逆向思维、发散思维、聚合思维、侧向思维等创新思维；通过组建团队，营造创新氛围；在模仿原型中获得启发，在捕捉灵感中产生顿悟。

最后，积极主动的学习是开发潜能的有效手段。

联合利华公司是世界上最大的食品和饮料公司之一，非常重视充分发挥人才的潜质。它在中国拥有4 000余名员工，其中90%的经理级员工是在本地招募和培训的。作为快速消费品行业的佼佼者，联合利华最青睐有激情、有创意的人才加盟，并期待员工积极主动地工作。公司的工作理念是"没有人阻止你发挥"，哪怕是一名普通员工，只要你有创意，都可以按照你的想法尽情发挥。公司总是赋予员工更大的责任、更重要的工作岗位和类型多样的挑战，让每名员工都有机会充分开发潜能，从而获得更大的个人成功和成长。

（五）主动学习才能赶超

积极主动地学习是获得知识、增长才干、增强竞争力的重要手段。正如国际经合组织在一篇报告中指出："在知识经济中，学习是最为重要的，可以决定个人、企业乃至国家的经济命运。"人类社会正在经历一个前所未有的知识经济时代，科技进步日新月异，知识以空前的速度积累、更新。21世纪的人才必须具备较强的学习能力，即学习新知识、应用新知识和创造知识的能力，只有这样才能紧跟时代步伐，在激励的市场竞争中立于不败之地。

学习是增长知识的重要手段，潜能的大小及其发挥取决于知识的储量。哈里斯说："没有起码的知识，就没有最简单的发明。"正是凭借不懈地追求真理和求知，爱迪生才发明出电灯，贝尔才发明出电话，牛顿才发现"万有引力"……如果说创新是一棵常青树，那么知识就是滋养树木的长流水，求知就是开发潜能的动力。贝弗里奇在《科学研究的艺术》里写道："在其他条件相同的情况下，我们知识的宝藏越丰富，产生重要设想的可能性就越大，此外，如果具有相关学科甚至边缘学科的广博知识，那么独创的见解就更可能产生。"

知识创造财富，知识改变命运。歌德说："人不只是靠他生来就拥有的一切，而是靠他从学习中所得到的一切来造就自己。"李嘉诚说："在知识经济的时代里，如果你有资金，但是缺乏知识，没有新的资讯，无论何种行业，你越拼搏，失败的可能性越大。但是你有知识，没有资金的话，小小的付出都能够有回报，并且很可能达到成功。现在跟数十年前相比，知识和资金在通往成功路上所起的作用完全不同，知识不仅指课本内容，更包括社会经济、文明文化、时代精神等整体要素。"从这个意义讲，谁具备了较强的学习能力，积极主动地进行创造性学习，谁就掌握了创新的先机。很多成功人士对求取新知始终保持积极的态度。我国香港首富李嘉诚告诫年轻人："知识决定命运。"他在一次接受记者采访时说，他是依靠知识来掌握和管理他那巨大的"王国"的。年逾古稀的他，至今每天晚上睡觉前保持着看书的习惯。日本学者谷口正和说："在信息化社会，必须有这样的思想准备：过去的知识未必有用，信息化社会要求有不断积极汲取新事物的姿态，为此，需要多了解变化，不断选择、取舍，做好知识的新陈代谢，更重要的是对新收集的信息进行甄别，从中发现新的生活方式，并以坦率的态度进行再编辑。"所以，必须以积极的心态来主动把握新知识，探索新知识。莎士比亚说："知识就是我们借以飞上天堂的羽翼。"唯有求知才能进步，唯有掌握新知识才能不断创新。

主动学习，开启成功之路。学习的途径很多，方法不一。有的人擅长向书本学习，有的人擅长向他人的成功经验学习，有的人擅长在自己的实践中学习，有的人兼而有之。不管怎样，找到一条适合自己的成才道路才是最合理、有效的。学无止境，亨利·福特说："任何停止学习的人都已进入老年，无论其在20岁还是80岁；坚持学习的人则永葆青春。"人类应该认识到自身知识的局限性，不要被自己的思想所束缚。大浪淘沙，不进则退。"伤仲永""江郎才尽"等一个个鲜活的例子都说明，停止学习就会停滞不前，唯有主动开展创造性学习才能不断赶超。

（六）与时代同进步

不要放松自己，要与时代同进步。当今世界，科技进步日新月异。时代的进步是惊人的。"洞中方七日，世上已千年。"尤其是在信息化时代、知识经济时代里，没有人能坐享其成、一劳永逸，不进步就意味着倒退。长江后浪推前浪，为求生存、为谋发展，我们必须主动适应变化。不与时代同进步，即使是比尔·盖茨似的成功人士也难保不会退出历史舞台。过去不等于未来，过去的成功不意味着将来也会成功。因此，只有主动适应变化，才能紧跟时代步伐，不断开拓创新。

人类的发展史是一部不断创新的历史。每一时代的进步都与重大创新密切相关。火药的出现把骑士阶层炸得粉碎，指南针的出现推进了航海事业的发展，印刷术的出现加速了知识传播与人类文明的步伐。创新是人类文明进步的动力。历史经验表明，哪一个国家善于创新，就等于掌握了发展的先机，就会快速发展、日益强大。国家间的竞争归根到底是经济实力的竞争和创新能力的比拼。联合国有关组织指出："发达国家与落后国家的差距实际上是创造力开发的差距。"在20世纪，美国和日本依靠开发国民的创新能力，实现了经济腾飞。中国欲发展，必须重视培养国民的创新精神和开发国民的创新能力。

不要被拖延捆住手脚，积极的心态是迈出创造步伐的关键。态度是积极还是消极，直接影响一个人的行动和创造能力的发挥。美国成功学院对 1 000 名世界知名人士的研究结果表明：积极的心态决定了成功的 85%。乐观积极、认真负责、不怕失败、充满希望的积极心态，会为我们的成功增添砝码。巴布科克说："最常见同时也是代价最高昂的一个错误，就是认为成功有赖于某种天才，某种魔力，某种我们不具备的东西。"所以，消极的抱怨、等待、逃避，只能蹉跎岁月、错失良机，主动适应变化，积极进取，才会为我们的生活增添乐趣，为我们的发展提供动力，为我们的开拓创新提供保障。

宝洁公司衡量与筛选人才的标准之一就是主动性与跟进到底的精神。正是凭借在用人方面的独到经验和一贯重视创新的发展理念，宝洁公司才一次次抢到了市场先机。

复习思考

1. 从业人员为什么要具备开拓创新的精神和能力？
2. 什么是创新？
3. 在职业活动中，从业人员怎样才能做到创新？

模块十六

职业道德最高境界——奉献社会

学习目标

正确认识和把握奉献社会的内涵；理解从业人员为什么要具备奉献精神；养成和强化奉献意识和奉献社会的职业道德品质，为提高就业和创业能力、自觉承担社会责任打下坚实的基础。

名言警句

1. 我将无我，不负人民。

——习近平

2. 埋在地下的树根使树枝产生果实，却并不要求什么报酬。

——泰戈尔

3. 上天生下我们，是要把我们当作火炬，不是照亮自己，而是普照世界。

——莎士比亚

4. 生命的用途并不在长短而在我们怎样利用它。许多人活的日子并不多，却活了很长久。

——蒙　田

5. 人只有献身社会，才能找出那实际上是短暂而有风险的生命的意义。

——爱因斯坦

6. 生命的意义在于付出，在于给予，而不是在于接受，也不是在于争取。

——巴　金

7. 我们应当在不同的岗位上，随时奉献自己。

——海　涅

8. 即使我们是一支蜡烛，也应该“蜡炬成灰泪始干”；即使我们只是一根火柴，也要在关键时刻有一次闪烁；即使我们死后尸骨都腐烂了，也要变成磷火在荒野中燃烧。

——艾　青

案　例

让美丽的夜空带我们踏过平庸

南仁东（1945 年 2 月—2017 年 9 月 15 日），男，满族，群众，吉林省辽源人，2017 年

5月，获得全国创新争先奖；2017年7月，入选为2017年中国科学院院士增选初步候选人。2017年11月17日，中共中央宣传部追授南仁东“时代楷模”荣誉称号。2018年12月18日，中共中央、国务院授予南仁东同志“改革先锋”称号，颁授“改革先锋”奖章。

22年，8 000多个日夜，500米口径球面射电望远镜（FAST）首席科学家、总工程师南仁东心无旁骛，为崇山峻岭间的“中国天眼”燃尽生命，在世界天文史上镌刻下新的高度。

20世纪90年代，南仁东曾在日本国立天文台担任客座教授，待遇也比较可观。在那个时候，我国天文学家们却面临一个窘境：当时中国的观测设备跟国际上的一些先进的观测设备差距比较大，中国的天文学家要使用这些先进的天文观测数据，得用国外使用过的数据，而且还得看别人的脸色。南仁东看到这些情况，1994年，他毅然返回中国，决心在祖国的土地上建一个世界上最大的单口径射电望远镜，让中国的天文学家看到更为深远的星空，使中国在天文界不用再看别人的脸色。南仁东说：“别人都有自己的大设备，我们没有，我挺想试一试。”当时中国最大的射电望远镜口径只有20多米，而美国的阿雷西博望远镜，口径已达305米，想要赶超美国谈何容易，中间遇到了很多困难，但南仁东从来没有放弃过。

1994年，南仁东带着他的团队开始选择射电望远镜的地址，南仁东说：“我们要选一个坑，坑一定要圆，没有无线的干扰。”当时选坑的团队平均年龄只有30多岁，而南仁东已经49岁了，在选址过程中，很多坡上不去，就手脚并用上去或是别人托着上去。有一次赶上下大雨，南仁东脚下一滑，直接滑了下去，幸好有小树把他挡住。这样的险情，整整伴随南仁东11年，他几乎走遍了贵州所有的洼地，从壮年到了花甲。有的同事开始打退堂鼓，但南仁东从来没有放弃过，为了祖国的射电望远镜他一直在不懈奋斗着。2005年，南仁东一行人来到贵州黔南布依族苗族自治州平塘县，在经过三个半小时的徒步后，在一个人称大窝凼的地方，南仁东发出这样的感慨，我们的FAST台址大窝凼挖坑，地球上独一无二。从1994年到2005年，南仁东走遍了贵州大山里的上百个窝凼。乱石密布的喀斯特石山里，没有路，只能从石头缝间的灌木丛中，深一脚、浅一脚地挪过去。

2007年，FAST成功立项。在建设FAST过程遇到很多困难，有太多的工作需要做。最严重的是索网问题，为了寻找到优质的索网，南仁东每天只睡4个小时，大部分时间不是在飞机上就是在车上，辗转寻找。功夫不负有心人，在南仁东和团队的努力下，两年一百多次实验，他们终于找到合适的索网。

2015年，70岁的南仁东被确诊为肺癌，手术伤及他的声带，说话常常气喘吁吁。手术结束3个月后，他忍着病痛出现在施工现场。

“南老师对自己的要求太高，他要吃透工程建设的每个环节。”学生甘恒谦说，“如果再给他一次机会，是选择‘天眼’还是多活10年，他还是会选择‘天眼’。”

2017年9月15日23时23分，南仁东永远离开了我们。

在南仁东看来，“天眼”建设不由经济利益驱动，而是源自人类的创造冲动和探索欲望。“让美丽的夜空带我们踏过平庸。”这是他留给人世间的最后思考。

案例分析

南仁东用22年的时间投入到射电望远镜的建设，从选址、论证、立项、建设，哪一步都不易。许多工人都记得，即使在炎热的夏天，为亲自测量工程项目的误差，南仁东总是丢下饭碗就往工地上跑。南仁东甘于奉献、乐于付出，把自己的全部献给了 FAST。他身上这种无私奉献和自我牺牲的精神，体现出高尚的品格和崇高的人生境界。

南仁东用崇高、忠诚和无私，成就了他“让美丽的夜空带我们踏过平庸”的追求，他的人生是灿烂的、有价值的、有意义的。从此，天上有一颗星星叫“南仁东星”。

一、奉献精神是职业道德的一种升华

奉献是一种高尚的道德品质，一种崇高的精神境界。奉献精神是职业道德的升华，具有奉献精神，员工才能成就事业，企业才能做大做强，社会才能发展进步。

（一）职业道德的最高境界——奉献社会

奉献社会是社会主义职业道德中的最高境界，体现了社会主义职业道德的最高目标和最终目的。爱岗敬业、诚实守信是对从业人员职业行为的基本要求，是从业人员首先应该做到的，做不到这两项要求，就很难做好工作；办事公道、服务群众比前两项要求高了一些，需要有一定的道德修养做基础；奉献社会则是这五项要求中的最高境界。

所谓奉献社会，是一种对事业忘我的全身心投入，不期望等价的回报和酬劳，而愿意为他人、为社会或为真理、为正义献出自己的力量，包括宝贵的生命，是为人民服务精神的最高体现。在职业活动中，它要求各行各业的从业人员能够在工作中不计较个人得失、名利，不以追求报酬为最终目的地劳动和付出。

当一个人兢兢业业、不计较个人得失，甚至不惜牺牲自己的生命从事某种事业时，他所关注的其实是这一事业对人类、对社会的意义。奉献社会不仅有明确的信念，而且有崇高的行动。发扬无私奉献精神，既可以抑制极端利己主义和享乐主义的蔓延，调节人与人之间的利益关系，也激励人们为社会主义现代化建设事业贡献力量。

杨善洲，1927 年 1 月生，中国共产党党员，生前曾任云南省保山市原地委书记。杨善洲从担任县领导到地委书记 35 年来，一直把自己的根牢牢扎在群众之中。他一年里大部分时间都在乡下跑，很少待在地委机关。保山有 5 个县 99 个乡，每一个乡都留下了杨善洲的脚印。他亲自试验“三岔九垄”插秧法，推动了“坡地改梯田”“改条田”“改籼稻为粳稻”等各种试验田种植推广。1978—1981 年保山的水稻单产量在全省一直排第一。1980 年全国农业会议在保山召开，保山获得“滇西粮仓”的美誉，杨善洲则被人们称为“粮书记”。

杨善洲工作从不讲排场、摆阔气，不占公家一点便宜。由于妻子孩子一直在农村，工作 35 年来他住的是办公室旁一间 10 多平方米的小屋。他下乡除了司机、秘书外，其他随员一个不要。上路直奔田头，碰上饭点老百姓吃什么他吃什么，吃完结账绝无例外。走到哪里看到困难的人家里缺衣少被，遇上哪个群众买种子、买牲口少钱，他就从自己兜里往外掏。有人劝他不必这样，他说：“我是这里的书记，老百姓有困难我能看着不管吗?”他退休后到大亮山植树，妻子跟他坐过 4 次小轿车，他让妻子交了 370 多元油钱。

杨善洲从不让亲属沾一点光。堂堂的地委书记，自己的妻子和孩子却一直生活在农村。按照国家政策，他的家属从 1964 年就可以“农转非”，可杨善洲却几次都拒绝了县里、区里的安排。在他的眼里，手中的权力是党和人民给的，绝不能用来办私事。

1988 年 6 月，杨善洲从保山地委书记岗位上退休，他婉拒到昆明安享晚年的邀请，为实现“帮家乡办点实事”的诺言，杨善洲执意在施甸县城东南 44 千米处的大亮山植树造林。

退休当天，杨善洲就背起铺盖，赶到了离大亮山最近的黄泥沟。第二天挂起了“大亮山国社联营林场”的牌子，他带人把粮食、行李搬到离公路14千米远的地方，临时搭建了一个简易棚住下来。深夜，狂风四起，大雨倾泻，棚子被掀翻，几个人只好钻到马鞍下，躲过一个风雨交加的夜晚。就这样，杨善洲带着县里抽调的几个同志开始了艰苦创业。

杨善洲和工人们在一排简易的油毛毡房里一住就是近10年。10年后才盖起砖瓦平房。1999年11月，杨善洲手提砍刀给树修枝时，不幸踩着青苔滑倒，左腿粉碎性骨折，但半年后他又执意爬上了大亮山。从此，他再也离不开拐杖了。

没钱买苗木，只好去街上捡果核。每年的端阳花市是保山的传统节日，也是果核最多的时候，杨善洲就会发动全林场工人，一起到街上去捡果核。有的工人嫌丢人不愿跟他去捡，他就教育工人，果核育出树苗，绿化荒山没有什么丢人的。一次在街上捡果核时，杨善洲不小心撞到了一个小伙子的自行车上，小伙子发起脾气，冲着杨善洲骂起来。旁边有人赶紧过来，告诉小伙子此人就是原来的地委书记。小伙子顿时傻了，他怎么也不会想到这个毫不起眼的在他看来甚至有些卑微的老人会当过那么大的官。杨善洲却丝毫不理会这些，依然低着头自顾自地捡他的果核。如今一个个小小的果核，都已在岁月轮回中长成了一棵棵枝繁叶茂的果树。

人们真正体会到杨善洲造林之举的功德无量是在一场百年一遇的旱灾中。2010年春天，已持续半年的干旱让云南很多地方缺水，禾苗旱死，牲口渴死，老百姓的饮水变得异常困难。施甸县大亮山附近群众家里的水管却依然有清甜的泉水流出，他们的水源地正是大亮山林场。老百姓说：“多亏了老书记啊，要不是他，不知道现在会是什么样子。”

大亮山林场最显著的社会效益表现在有效解决了当地群众的人畜饮水难题上。场长董继军说：“林场现在承担着3个乡镇11个村委会70个村民小组2.5万人的饮水供给任务和两个糖厂的蔗区灌溉任务。”

杨善洲用创办林场之初，省林业厅、财政厅给大亮山林场拨付的100多万元在大亮山修了一条18千米的林区公路，架起了5千米长的高压线，盖了一排简易的油毛毡房，并挤出7万元为附近的四平寨通了电。通路、通电为植树造林奠定了基础，也大大推动了当地群众发展生产、改善生活。

2006年，林场建起了一所木材加工厂，加工抚育间伐的林材。到2008年，3年间林场向当地村民支付间伐林木、加工林材的劳务费超过了36万元。

2009年4月，杨善洲把自己用20年时间辛苦创办的大亮山林场的经营管理权，正式无偿移交给施甸县林业局。有人算过一笔账：大亮山林场共占地7.2万亩，其中5.8万亩华山松中有3万亩已郁闭成林，按1亩地种200棵树，一棵树最低价30元计算，大亮山林场的活立木蓄积量价值已经超过3亿元。

2009年年底，保山市委、市政府为杨善洲颁发特别贡献奖，并给予一次性奖励20万元。2010年5月，杨善洲将其中的10万元捐给了保山一中，6万元捐给了林场和附近的村子搞建设，剩下4万元留给了他愧对了一辈子的妻子。

杨善洲“奉献一辈子”的精神弥足珍贵，一辈子严于律己，淡泊名利；一辈子以身作则，艰苦创业；一辈子坚守共产党人的精神家园，为党和人民奉献了一辈子。

奉献社会是一种人生境界，是做人的最高境界。一个人只要达到一心为社会做奉献的境界，他的工作就必然能够做得很好，这就是全心全意为人民服务。马克思在《青年在选择职业时的考虑》中指出："如果一个人只为自己劳动，他也许能够成为著名的学者、大哲人、卓越诗人，然而他永远不能成为完美无疵的伟大人物。"

半杯水的故事告诉我们，当你手中有一杯水的时候，要想到其中的一半留给别人，这叫奉献。因为杯子里的水只有不断地进、不断地出，才是活水，杯子才有存在的意义。人生也是如此。人生的意义不在于财富和社会地位，而在于努力和贡献。人生的意义在于奉献，奉献是人发自内心的高层次需要，是对社会有担当的表现，体现着一种高尚的人生境界。无私奉献是奉献的最高境界，像孔繁森所说的和所做的那样，"把自己当作泥土，让众人把你踩成一条路"，这就是无私奉献精神的最好写照，也是做人的最高境界。

在职业活动中，不同的价值追求所体现的人生境界是不同的，所产生的价值和意义也是不同的。正所谓"三百六十行，行行出状元"，孔祥瑞、李素丽、马永顺、许振超、王涛、钟南山等人的价值追求，归根到底是以报效祖国、奉献社会为最高目标和最终目的。这种崇高的职业理想和人生境界，是值得当代大学生选择职业时学习和追求的。

（二）奉献是社会主流价值观的最高体现

社会价值观决定和制约着个人价值观的选择和实现。在社会主义市场经济条件下，在利益多元化的今天，存在着各种不同的人生价值观，其中有些不符合社会发展规律，如拜金主义、享乐主义和极端利己主义。选择这样的价值观，就可能走错人生之路，使人生之路越走越窄，甚至误入歧途。而社会主流价值观认为，人生的价值在于奉献，把奉献当作人生的幸福和追求，就像俄国作家列夫·托尔斯泰说的："人所能得到的最大幸福，最自由、最快乐的心境，莫过于爱别人和为别人献身。"

对人生价值的态度和看法，在深层次上影响和制约着人们的实践活动。当代大学生只有用科学的世界观和方法论为指导，明辨是非、善恶、荣辱，确立与我国社会主义主流价值观相一致的人生事业目标，才能在实践中最大限度地创造人生价值，成就辉煌的人生。

二、奉献社会是一种发自内心的高层次需要

人总是需要社会支撑的，总是在一定的社会环境中成长的，人需要奉献社会。人在奉献社会中得到社会的认可和尊重，获得快乐，人格得到升华，不但得到精神的满足，也会得到物质上的奖励。人在奉献中成就自我，完善自我。

（一）奉献社会是安身立命的根本

自人类社会产生以来，社会是个人生存和发展的基础。在高度社会化的今天，任何人都不能完全脱离社会而独立存在。我们今天所处的社会主义社会，是一个"人人为我，我为人人"的社会。个人在为社会做贡献的同时，也获得来自社会的肯定与回报。奉献是不受特定社会体制和特定时代局限的永恒性美德，在社会生活中有其广阔的价值空间。因此，个人的生存和发展必须以其对社会的责任和贡献为前提条件，离开了对社会的奉献，自我价值的实现就无从谈起。

马克思主义认为："人的本质不是单个人所固有的抽象物，在其现实性上，它是一切社会关系的总和。"社会属性是人的本质属性。人的社会性决定了人生价值的最基本内容是人的社会价值。在我们今天所处的社会主义社会中，衡量人生价值的标准就在于一个人是否以

自己的劳动和聪明才智为中国特色社会主义事业真诚奉献，为人民群众尽心尽力服务。正如臧克家所说的："有的人活着，他已经死了；有的人死了，他还活着。"只有把有限的生命投入到无限的奉献社会之中的人生，才是有意义、有价值的人生。可见，奉献社会主要体现为个人对他人和社会需要的满足，即体现为人的社会价值。

其美多吉，男，藏族，1963 年 9 月出生，现任中国邮政集团公司四川省甘孜县分公司邮运驾驶组组长。

作为四川省甘孜县邮政分公司邮车的一名驾驶员，其美多吉承担川藏邮路甘孜到德格段的邮运任务。这段路全程往返 1 208 千米、平均海拔在 3 500 米以上，来自四面八方的邮件通过这条邮路送往雪域的各个角落。其美多吉在雪线邮路上工作了 29 年，他爱岗敬业，29 年如一日，以螺丝钉精神紧紧钉在川藏线上，累计行驶里程 140 多万千米，相当于绕赤道 35 圈。他驾驶的邮车从未发生一次责任事故，圆满完成了每一次的邮运任务。

为了邮件安全，其美多吉挺身而出，遭遇歹徒袭击身负重伤，他以坚韧的毅力重新走上工作岗位，用真情奉献为促进藏区经济社会发展作出了积极贡献，被群众誉为"雪线邮路的幸福使者"。

2019 年 1 月 25 日，中共中央宣传部向全社会发布其美多吉的先进事迹，授予他"时代楷模"称号；2019 年 2 月 18 日，其美多吉获得"感动中国 2018 年度人物"荣誉；2019 年 4 月，获得"全国五一劳动奖章"荣誉。

其美多吉事迹向我们诠释了一个既普通又深刻的道理：伟大出自平凡。其美多吉通过日复一日的真诚奉献，体现出自身的社会价值，体现了人生价值。工作只有社会分工不同，没有高低贵贱之分，只要乐于奉献，人生总会绚丽璀璨。

（二）奉献社会是构筑健全人格的一种需要

人类社会发展到今天，始终没有放弃对人自身发展、进步的追求，无私奉献是我们个人健康成长的重要内涵。在社会主义市场经济条件下，始终存在着一些负面思想的影响，如拜金主义、享乐主义、极端利己主义等，它们将长期制约着我们的发展，因此我们需要以崇高的精神境界、高尚的道德情操和完善的人格修养，自觉抵制错误思想的侵蚀。而奉献作为一种高尚的道德品质，一种崇高的精神境界，在人类历史长河中不断提升着人们的人格修养，促进着人类自身的进步。

讲奉献就是要讲大局意识、牺牲精神，提倡局部服从整体、眼前服从长远，甚至为了维护整体利益，不惜牺牲某些局部利益和个人利益。无论是生死攸关时刻舍生取义的壮举还是日常生活中尽己所能默默无闻的奉献，只要是在社会需要之时，抑或是他人危难之际，伸出援助之手，尽己所能献出爱心，都是无私奉献精神的最好写照。它可以具体体现在抗震救灾、抗击"非典"的关键时刻，也可以体现在见义勇为、青年志愿者、希望工程等活动中。大力发扬无私奉献精神，不断进行道德修养，能使自己不断进步、不断完善，从而达到较高的人格境界，成为品德高尚的人。

龚全珍，女，1923 年出生，山东烟台人，中国共产党党员，毕业于西北大学教育系，开国将军甘祖昌夫人。1957 年 8 月，甘祖昌回家乡江西省莲花县务农，龚全珍一起回老家并一直从事教育事业。1961 年，龚全珍到南坡小学任校长。1986 年，甘祖昌将军去世。此后，龚全珍开始进行革命传统和理想信念教育，关心帮助困难群众、因为家庭原因上不起学的孩子、孤寡老人，传承将军精神。在一次下乡宣讲时，龚全珍偶然认识了下坊乡湾溪小学三年级学生郭兰燕，当得知她的父母亲均患病，全家生活非常困难，小兰燕随时面临辍学的情况后，龚全珍承担了郭兰燕所有的学习费用和部分生活费，让她完成了中小学教育。龚全珍成立了“龚全珍工作室”和“龚全珍爱心救助基金”，帮助那些贫困学生和困难群众，让越来越多的孩子带着笑脸走进校园。龚全珍爱心志愿者队伍在莲花县落地生根。

近年来，龚全珍先后荣获“全国道德模范”“全国优秀共产党员”“感动中国2013年度人物”“感动江西十大教育年度人物”等称号，她的家庭被评为第一届“全国文明家庭”，2018年9月，龚全珍被授予萍乡市首届“最美老干部”称号。

龚全珍的先进事迹和崇高精神具有鲜明的时代特征，集中体现了共产党员的高度政治觉悟和优秀教师的高尚师德师风。龚全珍一生追随革命，跨越万水千山，脚步总是坚定，而爱越发宽广。

（三）在奉献中成就自我

根据马斯洛的层级需要论，每个人都有生存的需要、发展的需要和自我实现的需要，希望通过社会活动，取得和改善自己生存和发展的条件，实现自身利益。我们应该正确理解和运用马克思主义的利益原则，不仅承认个人利益，而且将个人利益的实现程度作为衡量社会进步的重要标志之一。在从业人员中大力倡导奉献社会精神，是希望每位从业人员都能够站在人生的制高点上，高瞻远瞩，不局限于个人利益，努力为人类、为社会做出自己的贡献。

奉献社会并不意味着只讲牺牲精神，不讲物质利益。因为在社会主义市场经济条件下，个人利益和国家利益在根本上是一致的，个人在为国家、为社会、为他人做贡献的同时，也成就着自我。尽管奉献者本意并不在于追求名利、贪图回报，但无论是企业还是社会，都不会忘记那些默默奉献的人。因为他们在为企业创造更多的利益，为社会的进步做出更大的贡献，企业和社会理应给以认可和丰厚的回报。科学家爱迪生一生勤于钻研、积极工作，凭借坚强的意志和忘我的钻研最终获得了人生、事业的成功，为科学发展和人类进步做出了巨大贡献。可见，从业人员在努力为企业、为社会、为他人多做贡献的同时，同样可以收获人生、事业的成功。我们今天倡导奉献精神和开展奉献活动，必须让奉献社会的人有所得，建立起奉献与索取的正向关系，实现个人利益与社会利益的有机统一。

在中国革命和社会主义事业建设过程中，涌现出一大批具有奉献精神的模范人物，如雷锋、孔繁森、丛飞、李桂林、陆建芬、武文斌等，是我们学习的榜样。他们之所以能受到人民的尊敬和社会的褒奖，都是同无私奉献精神分不开的。他们有的在平凡的工作岗位上，倾尽全力、无怨无悔，把艰难和困苦留给自己，把幸福和欢乐留给人民；有的用自己的实际行动，扶危济困，让许多人感受到和谐社会的温暖；有的在灾难和生死抉择面前，大义凛然、不畏艰险，把生机和平安留给他人，用鲜血和生命为人们化解灾难和危机。他们在无私奉献中成就了辉煌的人生。

（四）快乐，在奉献中获得

奉献社会是中华民族的传统美德，我国自古就有“君子成人之美”“为善最乐”“博施济众”等广为流传的格言。把尽己所能、多做贡献当作自己应做的事情，看作自己的快乐，这是每位社会成员应有的社会公德。奉献是不图回报的一种善举，更是为人的素质体现。正所谓“予人玫瑰，手有余香”，正是有全国各族人民共同奋斗、无私奉献，我们的事业才能够取得卓越成就，我们个人才实现和提升了人生价值，赢得了尊重和幸福。

奉献对于大学生来说显得尤为重要，养成无私奉献的美德和习惯，将是一生取之不尽、用之不竭宝贵的精神财富。我们应当“以团结互助为荣、以损人利己为耻”，积极参与公益事业，力所能及地关心和帮助他人，积极地为社会做贡献。马克思在《青年在选择职业时的考虑》中指出：“如果我们选择了最能为人类福利而劳动的职业，那么，重担就不能把我们压倒，因为这是为大家而献身；那时我们所感受到的就不是可怜的、有限的、自私的乐趣，我们的幸福将属于千百万人，我们的事业将默默地、但是永恒发挥作用地存在下去，而面对我们的骨灰，高尚的人们将洒下热泪。”在无私奉献中可以领悟美好的人生真谛，体验生活的快乐和幸福。

杨小玲，女，汉族，1976 年 6 月生，中国共产党党员，湖北省武汉市第一聋校舞蹈教师。

杨小玲从事特殊教育工作 28 年来，她成为很多聋哑学生的代理家长，是千余名寄宿学生的爱心港湾，她将一批批学生培养成全国顶尖残疾人艺术人才，被聋哑孩子亲切地称为“鼓舞妈妈”。

1990 年初夏，杨小玲来到武汉市第一聋校。透过窗户，她无意中看到一群聋哑孩子在教室里跳舞。谈不上姿态，谈不上美感，动作甚至有些僵硬，但孩子们的那股子认真劲，让她的眼泪“刷”地一下掉下来。就这样，心系聋哑孩子的杨小玲，从师范学校毕业后，放弃了到条件更好的小学、幼儿园工作的机会，执意选择了武汉市第一聋校。

从此，杨小玲一脚跨入无声的世界。第一道“门槛”，学手语。看到学生“聊天”，她就上前请教，勤学苦背，很快她成了“手语活字典”。但跳舞的困难超出她的预料，音乐再悠扬，节拍再鲜明，学生们都听不见，必须“翻译”成肢体语言。杨小玲创立“鼓舞教学法”，敲击大鼓，鼓声震动，通过地板传递到孩子们脚心。她还自创“呼吸传递法”，在《千手观音》表演中，后面的人张开双手的同时，往前面吹一口气，前面的学生感知后立刻张开双臂。“听见”音乐的孩子们，终于找到前行的路。邰丽华在春晚舞台上一鸣惊人，《千手观音》家喻户晓；王志刚通过舞蹈《秦俑魂》被中国残疾人艺术团看中，成为一名专业舞蹈演员，随团出访 20 多个国家和地区……2009 年，在一次训练中，杨小玲左脚跟腱不幸断裂。医生说，180 天内必须卧床休息。当时离一次重要比赛只有三个月，杨小玲坐着轮椅来到教室辅导学生排练。最后到上海比赛时，杨小玲拄着拐杖上台指挥，赢得了湖北省在这次比赛上的唯一金奖。

2006 年，杨小玲被借调到中国残疾人艺术团工作，团长三番五次要留下她，承诺把她的家人安排到北京。她动心了，毕竟这是一个更高的事业平台。但武汉学生的短信每天如雪片般飞来，她觉得，这些孩子就像风筝线一样扯着她，不管飞多远，心里总系着他们。一年后，杨小玲回到聋校。孩子们一拥而上，杨小玲为自己的选择感到幸福。

2008 年残疾人奥林匹克运动会在北京举行，杨小玲被开幕式节目组选中，带领 34 名演员去北京参加大型手语舞《星星 你好》的排练和演出。杨小玲任该节目的首席指挥，此次演出获得了圆满成功，她展现出中国特殊教育工作者的风采。

2013 年 6 月杨小玲获“全国师德楷模”荣誉称号；2013 年 9 月被评为“第四届全国道德模范——全国敬业奉献模范”；2017 年 6 月，当选为中共十九大代表。

> 她是一个执着的人，她是一个有追求的人，她是一个善良的人，28年来，杨小玲把自己最美好的年华奉献给了这群特殊的学生。很多学生也和她一样，成为特殊教育工作者，薪火相传。
>
> （摘自：中国文明网.）

杨小玲，为千千万万新时代的普通劳动者树立了一个光辉的榜样，在她的身上体现了高尚的职业道德和为他人服务的奉献精神。杨小玲的事迹告诉我们，只要怀着对工作的满腔热情，不计较个人得失，尽职尽责为群众服务，在平凡的工作岗位上同样会收获人生的快乐、工作的价值。

（五）奉献是有爱心的表现

奉献是一种精神、一种境界、一种情怀。正是凭借对祖国、对人民无限热爱的深厚感情，才会转化为奉献社会的实际行动。无私奉献是对国家、对人民、对事业的无限热爱的真情流露，是有社会责任感、有爱心的表现，体现了个人高尚的品质，传承着伟大的中华文明。多接触社会、多做贡献，可以使自己的精神境界和道德素养在奉献社会的过程中得到提高和升华。大学生要通过积累善行，逐渐凝结成优良的品德，养成肩负责任、奉献爱心的行为习惯。积极参与学雷锋、“三下乡”、抗震救灾、无偿献血、捐献骨髓、环境保护、希望工程等形式的青年志愿者活动和社会实践活动，对我们了解社会、拓展工作能力、增强社会责任感有很大的帮助。

> 黄大年从小就立志为中国的地质事业做贡献。1977年，他放弃了北大清华，以超过高考录取分数线80分的成绩，毅然地选择了长春地质学院这所地质类的重点高校。1992年秋天，“老同学，我要走了！等着我，我一定把国外的先进技术带回来。咱们一起努力，研制出我们国家自己的地球深部探测仪器！”就这样黄大年怀着远大的志向踏上了英国深造之路。
>
> 2009年，身为国际知名战略科学家的黄大年，带着一身本领，回到了祖国。从零开始的黄大年，领着团队日夜奋战。“每天晚上两三点睡，没有周末。一天休息5个小时，有时只休息3个小时。中午打个盹儿，十几分钟不到半小时，有时周末能补半天觉。”黄大年曾如此向大家讲述自己的作息。工作的繁忙，让他和家人聚少离多。虽心怀愧疚，但他还是将全部的精力都投入到科研中。最终，他和团队仅用5年的时间完成了西方发达国家20多年走过的路程，创造了多项“中国第一”，为中国“巡天探地潜海”填补多项技术空白，为深地资源探测和国防安全建设做出了突出贡献。他们研发出的地壳一号钻探专用钻机，钻探深度达1万米，让中国在该领域成为世界上第3个掌握该项技术的国家。俄罗斯媒体评价：短短的7年，黄大年给中国在这一领域带来百年进步，让中国成为世界上一流的地质勘测强国。黄大年这一切成就的取得，都源于他立志于让中国成为地质勘探强国、振兴中华的初心。

黄大年怀揣一颗报国之心回到祖国，他是新时期归侨侨眷和海外侨胞为民族振兴不惜以身许国的先进楷模，是用生命叩开地球之门的海归教授，在他身上，集中展现了新一代归侨心系家国、鞠躬尽瘁的赤子情怀，在侨界树立起一座矢志创新、勇攀科技高峰的精神丰碑。

三、奉献社会从我做起

社会是人的社会，人人都需要帮助，人人都应该奉献。青年人在成长过程中应该把奉献社会作为不懈追求的优良品德，在实现自我的同时奉献社会，在奉献社会的过程中提升自我。这样的人生才是有价值的人生，才是幸福的人生。

（一）提高素质，在成长中奉献社会

每个人在天赋、能力、职业上存在这样那样的差异，在努力为社会做贡献的过程中不可避免地受到自身条件的限制，但这并不意味着个人的能力以及对社会的贡献程度是一成不变的。从业人员的主观努力，在很大程度上决定着未来的发展空间和对社会贡献的实现程度。个人可以通过学习和锻炼积累经验、增长能力，不断拓展发展空间，获得自身成长，从而有能力为社会和他人做出更大的贡献。大学生正处于汲取知识、增长才干的关键时期，可以通过各种途径和方式，全面提高自身的素质和能力，努力创造奉献社会的良好条件。

当今时代，经济社会发展日新月异，知识发展得快、更新得快。面对激烈的市场竞争，每位员工都要具备较强的竞争意识和竞争能力，“活到老，学到老”，刻苦钻研，勤奋学习，努力掌握新知识，提高技术水平，创造新方法，争取成为同行业里业务精、能力强、肯钻研、能吃苦的一员。建筑家罗瓦奇说过：“坚持不懈地追求是前进的本钱，丰富的知识是拼搏的资本。只有不停地追求，持续加油、学习新知识，才能攀登到最高点，与时代同步前进。”

徐本禹，男，中共党员，1982 年生，山东聊城人，华中农业大学 1999 级经济学专业学生，2003 年以优异成绩考取本校经济管理专业研究生。为履行承诺，他放弃深造机会，志愿到一年前“三下乡”志愿服务过的贵州某山村小学义务支教，并拿出自己仅有的生活费资助当地贫困学生。2004 年，他来到条件更加艰苦的大方县大水乡大石小学支教。为了整理贫困学生资料和好心人捐助的善款和物品，他几乎每天往返于大石小学到大水乡近 14 千米的山路上。2005 年，结束贵州支教的徐本禹返回华中农业大学读研究生。读研期间，他和几名同学一起成立了“红杜鹃爱心社”。几年来，爱心社为贵州近 20 所中小学建立了图书室，为贵州的贫困学生募集到 100 多万元的物资，并为贵州培训了 90 余名乡村教师，累计资助了 500 多名贫困学生。

从结束贵州支教到现在，徐本禹先后 19 次回贵州山区看望孩子们，每年暑假都带着华中农业大学的志愿者去贵州山区支教。在他的感召下，全国先后有 100 多名大学生志愿者到大水乡进行暑期志愿服务，有 30 多人在大水乡中小学长期支教。通过他的牵线搭桥，修建了 8 所希望小学。2007 年他作为共青团中央海外援助志愿者，远赴非洲津巴布韦继续其支教事业。2008 年，汶川特大地震发生后，徐本禹先后 3 次到绵阳重灾区志愿服务。同年 8 月，他作为一名北京奥运会志愿者参与奥运会志愿服务。徐本禹先后荣获“湖北省优秀共产党员”“全国十大社会公益之星”“全国十大杰出志愿者”“全国十大杰出青年”“感动中国年度人物”“改革开放 30 年中国教育时代人物”等荣誉称号。2007 年当选党的十七大代表。

2004 年 2 月—2017 年 12 月，任共青团湖北省委学校部部长，2017 年 12 月至今，任湖北省秭归县委副书记。

徐本禹展示的是一段不断从挑战中完善自我、在成长中奉献社会的人生历程。他用自己的行动诠释和践行了奋发成才、乐于奉献的高尚品质，担负起了当代大学生的社会责任，是我们学习的楷模。

（二）胸怀祖国志存高远，用爱心回报社会

在社会主义条件下，各种各样的社会职业都是社会主义现代化建设的重要组成部分。人们所从事的职业活动，归根到底都是为了不断满足人民日益增长的物质文化生活需要，把我国建设成为富强、民主、文明、和谐、美丽的社会主义现代化强国，为中华民族屹立于世界民族之林做贡献。“青年强则国家强”，青年人代表着国家的希望、民族的未来。各行各业的从业者，尤其是青年大学生要胸怀祖国、志存高远，肩负起实现中华民族伟大复兴、社会主义事业兴旺发达的历史使命，以高度的社会责任感和历史使命感，发愤图强、多做贡献，满怀深情地回报社会、奉献爱心。

爱心蕴藏着巨大的力量，它能使人激发工作热情，产生源源不断的奉献动力。正是凭借对祖国、对人民的无限热爱，才使许多人在平凡的工作岗位上甘于奉献、乐于付出，做出不平凡的成绩。乔万尼·薄伽丘说：“真爱能够鼓舞、唤醒人内心沉睡的力量和潜能。”李素丽通过她的言行证明了这个道理：“微笑是学不出来的，关键是对乘客有真心、爱心、诚心，对工作有恒心，服务的好坏取决于是否有一颗水晶般的爱心。”

中国农村改革发源地安徽凤阳县小岗村党委第一书记、村委会主任沈浩，2004 年从安徽省财政厅下派到小岗村任职。六年来，他安心基层工作，扎根小岗群众，竭诚为民服务，为小岗村的发展默默地工作着、奉献着。他先后为村里修了公路，为 26 户村民盖了住宅楼，在村里成立了大包干纪念馆……带领小岗村走上了一条发展新路。当地群众说：“沈浩到小岗村的六年是小岗村发展最快的六年，老百姓得实惠最多的六年。”小岗村村民人均纯收入从 2 300 元上升至 6 600 元。为了挽留沈浩，在三年任职期满后，小岗村村民用摁手印的方式将他留下，村民们本想留他再干三年，但不幸的是，沈浩因积劳成疾，于 2009 年 11 月 6 日溘然长逝，年仅 45 岁。

六年来，沈浩满腔热情，以无私奉献精神带领村民发展致富，先后荣获全国农村基层干部、“十大新闻人物”特别奖、安徽省第二批选派干部标兵、安徽省改革开放“三十人三十事”先进个人、“全国百名优秀村官”等荣誉称号。沈浩的去世牵动举国上下。他一生胸怀祖国、志存高远，为促进中国农村经济发展、带领小岗村人民致富，倾注了全部心血，用行动体现了一名共产党员的无私奉献精神。

（三）立足企业，扎实工作

无论是职业集体还是从业人员，对社会的贡献最直接的表现是做好本职工作。对于从业人员而言，企业是我们成就事业的平台，工作岗位是施展才华的舞台。员工既然选择了自己效力的企业，就要全身心地投入到工作中去。俗话说：“没有卑微的工作，只有卑微的工作态度。”工作之中无小事，任何一件工作都需要认真地对待。简·奥斯丁说：“有的人本领平庸，但做事尽心竭力，他们比那些本领出众但做事敷衍塞责的人强。”从业人员只有立足企业、扎实工作，全神贯注、一心一意地把本职工作做好，才能实现职业理想，获得事业成功。

天津港（集团）有限公司总工程师张丽丽，1986 年大学毕业被分配到天津港工作。20 多年来，她刻苦钻研，主持过多项重点攻关课题，完成 10 多篇有价值的论文，为港口建设和管理积累了宝贵经验。由她参与并主持的重点工程项目达 200 余项，总投资额超过 300 亿元，一大批国家及市重点建设工程的优质高效竣工，都凝结着她的智慧和汗水。在国内规模最大、开放度最高的保税港区——天津东疆保税港区的开发建设中，作为总指挥的张丽丽，面对时间紧、工程量大、技术难度高的现实，以超常规的理念和行动，兢兢业业、科学组织，带领广大建设者艰苦奋战，仅用 20 个月就完成了原计划 3 年完成的首期 4 平方千米封关工程，并顺利通过了国务院联合验收小组的验收，创造了我国港口建设的奇迹。如今张丽丽一如既往地以坚强的毅力和硬朗的作风，带领她的建设军团一道摸爬滚打，创造一个又一个奇迹。

张丽丽在自己的工作岗位上恪尽职守、兢兢业业，默默奉献着青春、贡献着才华，先后获得"天津市十大女杰""天津市三八红旗手""天津市五一劳动奖章""天津市劳动模范""天津市道德模范""第七届中国十大女杰提名奖"等荣誉称号。

（四）团结协作、开拓创新是多做贡献的保证

俗话说："人心齐，泰山移。"一个人、一个企业的力量总是有限的，真正伟大的力量出自团结协作。团结协作可以孕育凝聚力、向心力、创造力。在当今社会必须加强团结协作，在团结协作、公平竞争的原则下各展所长，推动共同进步，为社会的进步、企业的发展多做贡献。在职业生涯中，团结协作就是要求从业人员坚持集体利益至上的原则，胸怀集体，不计较个人得失，时时以集体利益为重，处处为企业利益着想，忠诚于企业，努力维护企业形象，为企业的长远发展贡献自己的力量。

只顾个人利益而不顾企业利益、社会利益，甚至为谋求眼前的个人利益而损害集体利益、社会利益的做法都是不正确的，是违反社会主义道德具体要求的，是应该坚决反对的。全国劳动模范徐虎说："如果你不奉献，我不奉献，谁来奉献？"设想大家都不讲付出，都不愿意奉献，不仅工作得不到有效配合，就连最基本的、正常的工作流程都无法完成，集体利益的实现就无从谈起，企业最终也无法生存下去。"皮之不存，毛将焉附"，员工也将失去施展个人才华、实现职业理想的平台。所以，从业人员要想取得人生、事业的成功，就必须具有整体观念、大局观念，时时将企业利益、社会利益放在首位，立足工作岗位，加强团结合作。

开拓创新是指人们根据确定的目标与需要，运用已知的知识与信息，不断打破常规、推陈出新，创造出某种具有社会价值的新事物、新思想的活动。创新意味着飞跃、突破和提升，体现了人们的思维和实践活动把握时代性、符合规律性、富有创造性。勇于创新之所以能成为一种精神，是因为不仅需要有强烈的创新意识、较强的创新能力，更要有长期的创新行动。创新是一个民族进步的灵魂，是一个国家兴旺发达的不竭动力，特别是在我国建设创新型国家的战略时期，具备创新意识和创新能力至关重要。我们只有不断发扬创新精神，开拓创新、锐意进取、与时俱进，不断提高开拓创新的品质和才干，才能紧跟时代步伐，更好地投身于社会主义现代化建设事业和祖国统一大业，为国家、为社会、为企业多做贡献。联想、TCL、华为、海尔集团的企业文化都主张团队作战、拼搏创新，不赞成个人英雄主义，认为不创新是最大的风险。他们的用人标准，除了具备敬业、诚信、忠诚、勤奋、自信等品

质外，还必须具备创新精神和团队合作精神。因此，具有团结开拓品质，立足工作岗位多做贡献，是从业人员成就事业的必要准备。

（五）把尽己所能、奉献社会作为不懈追求的事业

伟大的事业需要崇高的精神，崇高的精神推动着伟大的事业。各行各业的从业者，如果把奉献社会作为不懈追求的高层次的职业理想，甚至当作一项事业来做，必然能满怀激情，获得推动事业成功的无穷力量。比尔·盖茨在谈到自己心目中的最佳员工时说过，“一个优秀的员工应该对自己的工作满怀热情，当他对客户介绍本公司的产品时，应该有一种传教士传道般的狂热!”可见，以奉献社会作为职业理想，甚至当作一项长期追求的事业来做，以全心全意、尽忠竭智、不为名利、埋头苦干的无私奉献精神，认真地去做好工作，最终将会成为一名优秀的员工。

奉献社会是事业发展的需要，更是一种使命、一种责任。每个人，不论能力大小，都有奉献社会的义务，都必须担当社会责任。也只有回报社会、奉献社会，才能实现自己的最大价值。

王珏（1970 年 3 月—2017 年 10 月），化名“兰小草”，生前为温州洞头区大门镇岙面村乡村医生。20 岁的王珏踏上洞头大门岛，成为一名乡村医生，岛上医务人员紧缺，工作环境艰苦，王珏一干就是 28 年。28 年来，王珏踏踏实实工作、立志在平凡的工作岗位上为病人服务，王珏每天全天候为病人服务，为患者排忧解难。他人好、细心，岛上的老百姓有点小毛病、小问题，都会找他。大伙都亲切地称他为“生命守护神”。

2002 年开始，王珏每年以“农民的儿子兰小草”匿名捐款两万元，把钱捐给那些急需帮助的孤儿寡母，王珏已经坚持了 15 年，从未间断过，并承诺希望能捐够 33 年。“兰小草”的秘密，他始终未主动提起。他常对家人说，帮助别人不需要说，做了就好了，为什么一定要让别人知道呢？人们曾试图揭开他的身份，但是直到 2017 年他的真实身份才被公开。

2017 年 7 月，王珏突然觉得身体不适，经诊断，发现是肝癌晚期。尽管这样，他却与往常一样，继续热心村里的公益事业，直到生命的最后一刻，他仍念念不忘的是“星雨心愿”公益捐款，他和妻子说：“捐款的日子要到了，你把那两万块钱准备好……”

“兰小草”先后被评为“温州改革开放三十年十大慈善人物”“感动温州十大人物”“2014 腾讯·大浙网十大年度人物”等，但每次表彰大会“兰小草”均缺席，也没有委托他人领奖，身份成谜。

2017 年 10 月 23 日，温州市委宣传部、市文明办追授“兰小草”王珏为“最美温州人”。

2018 年 3 月 1 日，王珏当选“感动中国 2017 年度人物”。2018 年 9 月，获得民政部第十届“中华慈善奖”慈善楷模。

王珏一诺千金，长期做好事不留名，他是一个纯粹的人，一个不可多得的好人，把尽己所能、奉献社会作为不懈追求的事业。王珏是一名普通的乡村医生，他兢兢业业、甘于付出、乐于奉献，直到生命的尽头，在他身上集中体现了高度的岗位责任感、社会使命感和无私奉献精神。他不但体现了社会主义核心价值观，续写中华民族的文明华章，也彰显着人性之善，心灵之美。

复习思考

1. 从业人员为什么要具备奉献社会的职业道德品质?
2. 什么是奉献?
3. 在职业活动中，从业人员怎样才能做到奉献社会?

参 考 文 献

陈浩，王宏凯，2010. 职业精神［M］. 北京：中华工商联合出版社.

丁立群，2008. 高职学生文明礼仪［M］. 北京：中国农业大学出版社.

高伟峰，张时春，2005. 职业道德与就业创业指导［M］. 北京：清华大学出版社.

《〈公民道德建设实施纲要〉学习问答》编写组，2001.《公民道德建设实施纲要》学习问答［M］. 北京：中共中央党校出版社.

胡善林，2009. 有一种美德叫诚信［M］. 北京：中国纺织出版社.

金正昆，1999. 服务礼仪教程［M］. 北京：中国人民大学出版社.

金正昆，2009. 行业服务礼仪［M］. 北京：北京大学出版社.

林永和，2008. 素质教育实践教程［M］. 北京：经济管理出版社.

陆才俊，1999. 服务业：美国经济的常青树［N］. 经济参考报，02－10.

罗国杰，夏伟东，2009. 思想道德修养与法律基础［M］. 北京：高等教育出版社.

麻美英，2005. 现代服务礼仪［M］. 杭州：浙江大学出版社.

沙仁行，1980. 老革命家遵纪守法的故事［M］. 太原：山西人民出版社.

树堂，2009. 优秀的员工从不抱怨［M］. 北京：中国致公出版社.

文柯，2008. 你为谁工作全集［M］. 沈阳：白山出版社.

易遥，2009. 素质成就品质［M］. 长春：吉林大学出版社.

于法鸣，刘康，2007. 职业道德［M］. 北京：中国广播电视大学出版社.

张大均，吴明霞，2007. 大学生心理健康［M］. 北京：清华大学出版社.

张丽宏，张丽娟，2008. 职业道德与就业创业指导［M］. 北京：机械工业出版社.

张玉樑，董新良，2006. 职业道德与就业指导［M］. 北京：电子工业出版社.

郑复生，2009. 优秀员工必修的 25 堂课［M］. 北京：北京工业大学出版社.

朱德泉，2006. 海尔服务精髓论［N］. 中国消费者报，03－17.

图书在版编目（CIP）数据

大学生职业道德教育 / 张守琴，陈德奎主编．—3版．—北京：中国农业出版社，2019.8（2023.8重印）
“十二五”职业教育国家规划教材　经全国职业教育教材审定委员会审定　高等职业教育农业农村部“十三五”规划教材
ISBN 978-7-109-25735-1

Ⅰ．①大…　Ⅱ．①张…②陈…　Ⅲ．①职业道德－高等职业教育－教材　Ⅳ．①B822.9

中国版本图书馆CIP数据核字（2019）第163275号

中国农业出版社出版
地址：北京市朝阳区麦子店街18号楼
邮编：100125
责任编辑：许艳玲
版式设计：杜　然　　责任校对：周丽芳
印刷：北京通州皇家印刷厂
版次：2010年8月第1版　2019年8月第3版
印次：2023年8月第3版北京第5次印刷
发行：新华书店北京发行所
开本：787mm×1092mm　1/16
印张：15.25
字数：380千字
定价：42.00元
